RECAPACITAÇÃO DE LINHAS AÉREAS DE TRANSMISSÃO

Blucher

José Maurício de Barros Bezerra
Alexsandro Aleixo Pereira da Silva
Lígia Verônica Genésio Pessoa
Juliana Maciel Maia Beça
Jonatan Esaú Mejia Quijada

RECAPACITAÇÃO DE LINHAS AÉREAS DE TRANSMISSÃO: DESENVOLVIMENTO SUSTENTÁVEL DO SISTEMA ELÉTRICO

Recapacitação de linhas aéreas de transmissão: desenvolvimento sustentável do sistema elétrico

Publisher Edgard Blücher

Editor Eduardo Blücher

Coordenação editorial Jonatas Eliakim

Produção editorial Lidiane Pedroso Gonçalves

Preparação de texto Maurício Katayama

Diagramação Taís Lago

Revisão de texto Vânia Cavalcanti

Capa Leandro Cunha

Imagem da capa José Maurício de Barros Bezerra

Blucher

Rua Pedroso Alvarenga, 1245, 4° andar
04531-934 – São Paulo – SP – Brasil
Tel 55 11 3078-5366
contato@blucher.com.br
www.blucher.com.br

Segundo o Novo Acordo Ortográfico, conforme 6. ed. do *Vocabulário Ortográfico da Língua Portuguesa*, Academia Brasileira de Letras, julho de 2021.

Dados Internacionais de Catalogação na Publicação (CIP)
Angélica Ilacqua CRB-8/7057

Bezerra, José Maurício de Barros... [et al]
Recapacitação de linhas aéreas de transmissão : desenvolvimento sustentável do sistema elétrico / José Maurício de Barros Bezerra...[et al]. - São Paulo : Blucher, 2023.
224 p.

Bibliografia
ISBN 978-65-5506-418-6

1. Energia elétrica – Transmissão I. Bezerra, José Maurício de Barros

22-4884 CDD 621.3192

Índices para catálogo sistemático:
1. Energia elétrica - Transmissão

AGRADECIMENTOS

Os autores gostariam de agradecer aos professores e à equipe administrativa que compõem o Programa de Pós-Graduação em Engenharia Elétrica da Universidade Federal de Pernambuco (PPGEE/UFPE) por todos os ensinamentos e apoios disponibilizados.

Agradecem ao Grupo de Pesquisa em Transmissão e Distribuição de Energia Elétrica da Universidade Federal de Pernambuco (GpTD/UFPE), aos professores, estudantes e técnicos pelo suporte acadêmico-científico e estrutural, o qual viabilizou o desenvolvimento dos diversos modelos matemáticos e computacionais descritos neste livro.

Ficam os agradecimentos também às empresas Companhia Hidro Elétrica do São Francisco (Chesf), à antiga Companhia Energética de Pernambuco (Celpe) e à antiga Companhia Energética de Alagoas (Ceal), as quais, por meio de Projetos de Pesquisa e Desenvolvimento gerenciados pela Agência Nacional de Energia Elétrica (Aneel), propiciaram infraestruturas, permuta de ideias e até mesmo os seus sistemas de transmissão e distribuição para que fossem elaborados estudos de caso, os quais conduziram às validações dos modelos matemáticos e computacionais registrados ao longo desta obra literária. Os autores agradecem também à Consultoria em Transmissão e Distribuição de Energia Elétrica (CONSTDEEL), que viabilizou o encontro de ideias em torno de um nobre objetivo: a elaboração deste livro.

Registram ainda os agradecimentos às indústrias Nexans, Minnesota Mineração e Manufatura (3M), Composite Technology Corporation (CTC), Arteche, Sigma/Onset – Estações Meteorológicas, Fiso Technologies Inc., Power Line – Systems Inc. e MathWorks pela disponibilização de informações e pelo suporte no manuseio e/ou instalação dos seus produtos durante os processos de simulação e montagens de campo.

Por fim, agradecem aos pais, aos entes queridos e a Deus por incentivarem-nos e fazerem-nos crescer espiritual e intelectualmente, permitindo, hoje e sempre, que difundam os ensinamentos acumulados ao longo da vida, em prol de uma sociedade cada vez mais plural e crescentemente fraterna.

PREFÁCIO

O desafio de escrever um livro já é por si só de enorme magnitude. Focar em um tema tecnológico voltado especificamente para a descrição de modelos e procedimentos de recapacitação de um segmento que representa a espinha dorsal de um sistema elétrico de potência faz crescer ainda mais esse desafio.

Não obstante essas dificuldades inerentes à colossal empreitada abraçada, fica o sentimento prazeroso de colocar à disposição da sociedade acadêmica e empresarial uma obra literária que procura transmitir as experiências adquiridas ao longo do percurso acadêmico e profissional de cada um dos autores.

Recapacitar linhas de transmissão com o propósito de dar sobrevida a um equipamento elétrico de potência é um tema que introduz, além de metodologias, a visão concreta de agregar capacidade adicional de transmissão ao sistema elétrico, sem perder de vista os aspectos relacionados à confiabilidade, segurança e sustentabilidade das soluções concebidas.

Assim como grandes bairros residenciais de grandes cidades cresceram demograficamente com o surgimento de arranha-céus, gerando uma maior concentração populacional por metro quadrado, é possível, por meio de desenvolvimento tecnológico, aumentar cada vez mais os blocos de energia transportados nas faixas já existentes de linhas de transmissão por metro quadrado, aumentando a sua eficiência e minimizando a construção de novas faixas de passagem.

Nesse contexto, a busca por alternativas tecnológicas que incorporem o aproveitamento máximo da linha de transmissão em operação representa um objetivo sempre presente. A minimização dos impactos ambientais está também entranhada em toda a sua plenitude, uma vez que se evita ou se posterga a construção de uma nova linha, com todos os seus fatores impactantes.

Os primeiros passos para estruturar ações no setor elétrico voltadas para corrigir e/ou expandir a capacidade de transmissão das linhas foram dados na década de 1980. Desde aquela época já se tinha em mente não apenas a necessidade de identificar os limites operacionais do sistema de transmissão, mas também a possibilidade de expandir esses limites. A busca para o equacionamento dessas questões foi intensificada, dadas a carência de recursos e a expansão no consumo da energia elétrica propulsora do desenvolvimento social e industrial.

A Companhia Hidro Elétrica do São Francisco (Chesf) foi precursora desses estudos, dadas as necessidades prementes de dotar os seus órgãos operacionais de balizamentos que permitissem operar com segurança o seu sistema de transmissão. As metodologias elaboradas foram disseminadas em todo o Sistema Elétrico Nacional, uma vez que o problema foi diagnosticado como similar aos das demais empresas congêneres.

O advento de programas de pesquisa e desenvolvimento do Setor Elétrico Nacional, coordenados pela Agência Nacional de Energia Elétrica (Aneel), alavancou o aprofundamento do tema. No tocante às metodologias descritas neste livro, os seguintes projetos de pesquisa contribuíram de forma significativa:

- Análise dos Métodos de Correção de Limites de Carregamento das Linhas de Transmissão da Celpe, concluída em 2006;
- Desenvolvimento de Metodologia para Mitigar Interferências Eletromagnéticas em LT - Chesf, concluído em 2009;
- Pesquisa de Novas Tecnologias para Repotencialização de Linhas de Subtransmissão - ED-AL (antiga Ceal), concluído em 2012;
- Novos Materiais Isolantes e Condutivos para Redução de Perdas Técnicas na Distribuição de Energia Elétrica - ED-AL (antiga Ceal), concluído em 2016.

Além disso, pesquisas acadêmicas se somaram complementarmente para embasar as alternativas de recapacitação descritas ao longo deste livro. Entre elas, destacam-se:

- *Modelagem para repotencialização de linhas de transmissão através da aplicação de condutores especiais* - dissertação de mestrado de Alexsandro Aleixo Pereira da Silva, defendida no PPGEE/UFPE em outubro de 2009;
- *Proposta de tecnologia para recapacitação de linhas de transmissão baseado na relocação de estruturas de concreto* - dissertação de mestrado de Lígia Verônica Genésio Pessoa, defendida no PPGEE/UFPE em janeiro de 2017;
- *Modelagem e validação de técnicas de recapacitação de linhas de transmissão* - dissertação de mestrado de Juliana Maciel Maia Beça, defendida no PPGEE/UFPE em fevereiro de 2019;
- *Recapacitação de linhas de transmissão de energia elétrica através da incorporação de condutor adicional em subvãos* - dissertação de mestrado de Jonatan Esaú Mejia Quijada, defendida no PPGEE/UFPE em abril de 2019;

- *Desenvolvimento e validação de modelo para recapacitação de linhas de transmissão através de tramos mistos* – tese de doutorado de Alexsandro Aleixo Pereira da Silva, defendida no PPGEE/UFPE em novembro de 2020.

Neste contexto acadêmico, vale ressaltar o essencial suporte fornecido pelo Grupo de Pesquisas em Transmissão e Distribuição de Energia Elétrica (GpTD). O grupo, localizado no Departamento de Engenharia Elétrica da UFPE, formado em 2007 e credenciado pelo CNPq, reúne estudantes de pós-graduação e professores que realizam pesquisas voltadas para o aumento da confiabilidade e da capacidade de transmissão do Sistema Elétrico Nacional. Mantém diversas parcerias com empresas do setor elétrico, órgãos de fomento e outros grupos de pesquisa internos à UFPE e em outras universidades, o que permite aportar apoios fundamentais aos projetos desenvolvidos.

Alguns dos resultados das pesquisas realizadas sobre o tema foram divulgados no cenário técnico-científico por meio de congressos e revistas nacionais e internacionais, destacando-se:

- BECA, J. M. M.; QUIJADA, J. E. M.; PESSOA, L. V. G.; SILVA, R. R.; BEZERRA, J. M. B. A performance analysis of uprating techniques on a 230 kV overhead transmission line. *In:* BTSym – BRAZILIAN TECHNOLOGY SYMPOSIUM, 2018, Campinas. Meio digital.
- BEZERRA, J. M. B.; FURTADO, R. C.; DACONTI, J. R.; SOARES, F. G. The incorporation of environmental costs into the planning of a power system interconnection in Brazil. *In:* BIENAL-CIGRÉ, 2000, Paris.
- BEZERRA, J. M. B.; LIBERATO, J. A. L.; EDUARDO, J. V. Aplicação de processos semi-probabilísticos na definição de limites de carregamento de LTS em condições normais e de emergência. *In:* SEMINÁRIO NACIONAL DE PRODUÇÃO E TRANSMISSÃO DE ENERGIA ELÉTRICA, 9., 1987, Belo Horizonte. Anais do IX-SNPTEE-GLT, 1987.
- BEZERRA, J. M. B.; MELO NETO, M. T.; SILVA, A. A. P.; PESSOA, A.; RÉGIS JR., O.; SANTOS, A.; FORMIGA, A. M.; LIMA, R. A. A.; COSTA, C. L. G. Aplicação de técnicas de LPNE em linhas de distribuição. Eletricidade Moderna, v. 400, p. 186-195, 2007.
- BEZERRA, J. M. B.; RAMOS, F.; RÉGIS JR., O. Refurbishment of Transmission Lines, Costs and Benefits, Economic Decision. *In:* CEPSI – CONFERENCE ON ELECTRIC POWER SUPPLY INDUSTRY, 12., 1998, Nonthaburi.
- BEZERRA, J. M. B.; RÉGIS JR., O. Aplicação de condutores de liga de Al termo resistente na repotencialização de LT's 69 kV a 230 kV. *In:* ERLAC – ENCUENTRO REGIONAL LATINO-AMERICANO DE LA CIGRÉ, 8., 1999, Ciudad del Este. VIII ERLAC – ENCUENTRO REGIONAL LATINO-AMERICANO DE LA CIGRÉ, 1999.
- BEZERRA, J. M. B.; RÉGIS JR., O. Aplicação de termovisores de última geração no controle e ampliação da ampacidade de linhas de transmissão. *In:* SEPOPE

– Symposium of Specialists in Electric Operational and Expansion Planning, 7., 2000, Curitiba/PR. *Anais do VII SEPOPE*, 2000.

- BEZERRA, J. M. B.; RÉGIS JR., O. Monitoração de parâmetros eletromecânicos de linhas de transmissão com vistas à avaliação do estado operacional e recapacitação. *In:* SNPTEE – SEMINÁRIO NACIONAL DE PRODUÇÃO E TRANSMISSÃO DE ENERGIA ELÉTRICA, 15., 1999, Foz de Iguaçu. *Anais do XV SNPTEE*, 1999.
- BEZERRA, J. M. B.; SILV, A. A. P.; LINS, Z. D.; JUNIOR, J. C. O.; SANTOS, E. L. Field validation of a new model for uprating transmission lines. *Electric Power Systems Research*, v. 134, p. 30-37, 2016.
- BEZERRA, J.M.B.. Diagnóstico de linhas de transmissão com vistas à implementação do processo de recapacitação. *In:* ENEAT – ENCONTRO NACIONAL DE ENGENHARIA DE ALTA TENSÃO, 3., 2000, Campina Grande/PB.
- PESSOA, L. V. G.; BEZERRA, J. M. B.; S NETO, A. G. Novo modelo para recapacitação de linhas de transmissão baseado na relocação de estruturas de concreto. *In:* ERIAC – ENCUENTRO REGIONAL IBEROAMERICANO DE CIGRÉ, 17., 2017, Ciudad del Este, Paraguay.
- RÉGIS JR., O.; BEZERRA, J. M. B. Sobrecarga em ativos do agente de transmissão: a questão das linhas aéreas. *In:* SNPTEE – Seminário Nacional de Produção e Transmissão De Energia Elétrica, 16., 2001, São Paulo, 2001.
- RÉGIS JÚNIOR, O.; BEZERRA, J. M. B.; FREIRE, A. R. F. Sobrecarga em ativos do agente de transmissão: a questão das linhas de transmissão. *EletroEvolução – Sistemas de Potência*, Cigré, v. 28, p. 44-48, 20 set. 2002.
- SABINO, F. R. Jr.; BEZERRA, J. M. B.; MEDEIROS, L. H. A.; LOPES, A. A.; SILVA, T. T.; ARCANJO, M. A. C. Desenvolvimento de metodologias para mitigar interferências eletromagnéticas em LT's. *In:* SNPTEE – SEMINÁRIO NACIONAL DE PRODUÇÃO E TRANSMISSÃO DE ENERGIA ELÉTRICA, 21., 2011, Florianópolis. CD-ROM com artigos apresentados no XXI SNPTEE, 2011.
- SILVA, A. A. P.; BEZERRA J. M. B. A Model for uprating transmission lines by using HTLS conductors. *IEEE Transactions on Power Delivery*, v. 26, p. 2180-2188, 2011.
- SILVA, A. A. P.; BEZERRA, J. M. B. Análise crítica de modelos de ampacidade para condutores especiais. *In:* SIMPÓSIO BRASILEIRO DE SISTEMAS ELÉTRICOS, 2010, Belém. CD-ROM do evento, 2010.
- SILVA, A. A. P.; BEZERRA, J. M. B. Applicability and limitations of ampacity models for HTLS conductors. *Electric Power Systems Research*, v. 93, p. 61-66, 2012.
- SILVA, A. A. P.; BEZERRA, J. M. B.; EMERENCIANO, V. R. A.; LINS, Z. D.; OLIVEIRA JR., J. C. Aplicabilidade e limitações dos modelos de ampacidade para condutores especiais. *In:* 2010 IEE/PED T&D – TRANSMISSION & DISTRIBUTION LATIN AMERICA, 2010, São Paulo. CD-ROM com artigos apresentados no T&D 2010, 2010.

Este livro representa, portanto, uma retrospectiva tecnológica de um tema tão importante e, ao mesmo tempo, um registro histórico e um sonho que se torna realidade, graças a apoios e aspectos motivacionais diversos que impulsionaram a sua concretização. Fica o desafio para que o tema seja cada vez mais aprofundado, pelo bem do meio ambiente em que vivemos.

Uma boa leitura a todos!

José Maurício de Barros Bezerra
Alexsandro Aleixo Pereira da Silva
Lígia Verônica Genésio Pessoa
Juliana Maciel Maia Beça
Jonatan Esaú Mejia Quijada

SOBRE OS AUTORES

José Maurício de Barros Bezerra: engenheiro eletricista, graduado pela Universidade Federal de Pernambuco (UFPE) em 1975; pós-graduado em Análise de Sistemas de Potência, em 1982, pela Escola de Engenharia de Itajubá/MG. Mestre em Engenharia de Sistemas pela UFPE em 1995; e doutor em Engenharia Elétrica pela Universidade Federal de Campina Grande/PB em 2004. Trabalhou como engenheiro eletricista na Companhia Hidro Elétrica do São Francisco de 1975 a 1997 e, como professor e pesquisador da UFPE, no período de 1997 a 2019, nas áreas de Transmissão e Distribuição de Energia Elétrica. Criou e lidera o Grupo de Pesquisas em Transmissão e Distribuição de Energia Elétrica (GpTD), credenciado pelo CNPq, desde 2007. Atualmente é o diretor-presidente da CONSTDEEL e colaborador do Programa de Pós-graduação em Engenharia Elétrica da UFPE. Currículo Lattes: http://lattes.cnpq.br/0461594575161558. E-mail: jmbb.ufpe@gmail.com.

Alexsandro Aleixo Pereira da Silva: engenheiro eletricista, graduado pela Universidade Federal de Pernambuco (UFPE) em 2006; pós-graduado na área de A Moderna Educação – Metodologia, Tendências e Foco no Aluno, em 2021, pela Pontifícia Universidade Católica do Rio Grande do Sul (PUCRS). Mestre e doutor em Engenharia Elétrica pela UFPE em 2009 e 2020, respectivamente. Trabalhou como professor na Faculdade Escritor Osman da Costa Lins (Facol) de 2011 a 2013; como professor de 2013 a 2015 e como coordenador do curso de Engenharia Elétrica de 2015 a 2017 no Centro Universitário de Maceió (Cesmac); como professor no Centro Universitário Vale do Ipojuca (UniFavip) de 2018 a 2019 e como engenheiro eletricista na Equatorial Alagoas de 2019 a 2020. É membro do Grupo de Pesquisas em Transmissão e Distribuição de Energia Elétrica (GpTD), credenciado pelo CNPq, desde 2007. Currículo Lattes: http://lattes.cnpq.br/8552836547826032. E-mail: alexsandro.aleixo@yahoo.com.br.

Lígia Verônica Genésio Pessoa: engenheira eletricista, graduada pela Universidade Federal de Pernambuco (UFPE) em 2002; mestre na área de Recapacitação de Linhas de Transmissão pela UFPE em 2017. Trabalha como engenheira eletricista na Companhia

Hidro Elétrica do São Francisco desde 2004. Atua principalmente nos seguintes temas: Recapacitação de Linha de Transmissão de Alta e Extra-Alta Tensão, Homologação de Materiais para LT e Projetos Básicos de Linhas de Transmissão (Aneel). Currículo Lattes: https://wwws.cnpq.br/cvlattesweb/PKG_MENU.menu?f_cod=98F2C7B381B-FFC17C75D295762C00C9F. E-mail: ligiapessoa@gmail.com.

Juliana Maciel Maia Beça: engenheira eletricista graduada pela Universidade Federal de Pernambuco (UFPE) em 2016. Mestra em Engenharia Elétrica em modelagem e validação de técnicas de capacitação em linhas de transmissão pela UFPE em 2019. Atualmente, está em seu PhD pela University of Manchester, em investigação que inclui o estudo do fenômeno da arborescência em materiais sólidos isolantes poliméricos. E-mail: juliana.beca@postgrad.manchester.ac.uk.

Jonatan Esaú Mejia Quijada: engenheiro eletricista, graduado pela Universidade Nacional Autônoma de Honduras (UNAH) em 2013. Mestre em Engenharia Elétrica com orientação em Processamento de Energia pela Universidade Federal de Pernambuco (UFPE) em 2017. Trabalhou como engenheiro eletricista na Companhia Avícola de Centro América (Cadeca) de 2013 a 2017. Desde 2017 é colaborador do Grupo de Pesquisas em Transmissão e Distribuição de Energia Elétrica (GpTD). Além disso, desde 2019 trabalha como engenheiro eletricista na companhia Geotérmica Platanares (Ormat), uma companhia de geração de energia geotermal. Currículo Lattes: http://lattes.cnpq.br/4509069725253379. E-mail: jonatanm683@gmail.com.

APRESENTAÇÃO

O livro é composto de seis capítulos sequenciados no sentido de conduzir o leitor a se familiarizar com o tema, abordando desde aspectos embrionários até a consolidação das características tecnologicamente mais complexas. Os capítulos são descritos a seguir, com um breve resumo dos atributos metodológicos de cada um deles.

Capítulo 1 - Introdução e contextualização: aborda os aspectos conceituais envolvidos e registra os primeiros passos voltados para a identificação de limites de carregamento de linhas de transmissão, assim como técnicas ainda preliminares para correção e expansão desses limites.

Capítulo 2 - Técnica de recondutoramento: o foco é a substituição do condutor original por outro para que ocorra aumento na temperatura de projeto da linha de transmissão ou aumento na temperatura na qual o condutor será submetido na maior parte de sua vida útil e, consequentemente, aumento na capacidade de transmissão de energia elétrica.

Capítulo 3 - Técnica de relocação de estruturas de concreto: são abordadas metodologias voltadas para a relocação de estruturas de concreto, embasadas principalmente na revisão do levantamento topográfico. Modernas técnicas de topografia são analisadas e criteriosamente recomendadas. O reprojeto da linha é, então, avaliado a partir de estudos estruturados de casos.

Capítulo 4 - Técnica de inserção de condutor: são incorporadas estruturação acadêmica e validações práticas à técnica de recapacitação de linhas de transmissão, a qual está voltada para a introdução de um condutor adicional em subvãos, aplicando o conceito de linha de potência natural elevada. A proposta é implementada pela incorporação de um condutor de bitola menor, cujo projeto final tem recebido o nome de "superfestão".

Capítulo 5 – Técnica de tramo misto – uso de cabos especiais: a motivação maior deste capítulo é a implementação de cabo condutor adicional, em trechos críticos, em série com os condutores existentes. A metodologia está alicerçada no desenvolvimento dos cabos condutores, os quais passaram a intensificar a sua característica condutiva e o desempenho térmico, além de minimizar o seu peso específico. Novos modelos eletromecânicos são introduzidos para viabilizar a tecnologia proposta.

Capítulo 6 – Considerações finais: são registrados os avanços alcançados nas alternativas de recapacitação abordadas ao longo do livro, assim como melhorias que podem ser incorporadas às metodologias propostas. Ao final, é feito o convite aos leitores para que se debrucem sobre o aprimoramento dessas tecnologias, aprofundem-se em estudos das diversas alternativas tecnológicas não abordadas e até mesmo que pesquisem novas formas de recapacitar linhas, com o objetivo nobre de dar sobrevida a um equipamento elétrico em prol da sustentabilidade ambiental.

CONTEÚDO

CAPÍTULO 1
INTRODUÇÃO E CONTEXTUALIZAÇÃO

José Maurício de Barros Bezerra

Nos estudos de um sistema de potência, surge a necessidade de geração e transmissão da energia elétrica no sentido do atendimento às diversas demandas por esse insumo essencial à sociedade moderna.

Entretanto, as distâncias entre a fonte de geração e os centros de consumo nem sempre são pequenas, caracterizando a necessidade de linhas de transmissão extensas e de elevadas classes de tensão. Esses estudos envolvem ações detalhadas de: planejamento; projeto; construção, e comissionamento, até chegar às fases de operação, manutenção e monitoração propriamente ditas. O passar dos anos pode levar a linha concebida à submissão de processos de recapacitação, diante da superação dos seus limites operacionais.

A etapa de planejamento envolve principalmente as seguintes subetapas: escolha do traçado; estudos de impacto ambiental; definição da classe de tensão; estudos da geometria da torre; escolha do condutor; e definição do limite térmico. É uma etapa que agrega profissionais de áreas multidisciplinares com o objetivo de estabelecer o traçado menos impactante ao meio ambiente, quer seja em seus aspectos físico, biótico ou socioeconômico.

Já a etapa de projeto procura detalhar as diversas premissas levantadas no planejamento, incorporando as seguintes subetapas: levantamento topográfico; projeto de locação das torres; definição de alturas; projetos de fundações; ferragens; acessórios; e aterramento (FUCHS, 2015).

A etapa de construção, por sua vez, busca concretizar o projeto concebido, executando as subetapas relacionadas com a montagem das fundações, içamento das torres, lançamento dos condutores, nivelamento e fixação destes e, finalmente, numeração das torres e sinalização.

Ao final da construção, inicia-se a etapa precursora da operação, a qual se denomina "comissionamento". Nesta etapa, são aferidas as conformidades da linha de transmissão com o projeto e, principalmente, o atendimento aos critérios de mantenabilidade da nova instalação, ressaltando-se as seguintes verificações: distâncias de segurança; posicionamento das cadeias de isoladores; escalonamento das estruturas; limpeza da faixa de servidão e das estradas vicinais de acesso às estruturas.

Não obstante todos esses passos, criteriosamente cumpridos, a linha pode ser objeto de acidente, causando o colapso no fornecimento de energia elétrica a diversos consumidores. Em alguns desses casos, a ocorrência se deve à superação de parâmetros ambientais, diante de critérios minunciosamente estabelecidos. São situações prescritas em normas, nas quais ações da natureza levaram a esforços estatisticamente não considerados.

Na etapa de operação são importantes a identificação e o atendimento aos diversos limites que a linha tem, agrupados em sistêmicos, econômicos e físicos. A linha é um equipamento que requer cuidados especiais de operação. As limitações sistêmicas estão associadas às condições impostas pela carga elétrica demandada pela linha. Caso a demanda seja muito baixa (carga leve), a tensão tende a se elevar, desde o terminal emissor até o terminal receptor, devido ao efeito Ferranti (a linha se torna muito capacitiva). Caso a demanda seja muito grande (carga pesada), a linha será submetida a uma queda de tensão. Esses dois casos podem ser compensados por reatores em paralelo e bancos de capacitores em série, respectivamente, de tal forma a atender às restrições normativas do setor elétrico (a queda ou aumento de tensão não deve ser superior a 5%).

Outro aspecto a ser considerado se refere à perda de estabilidade, na qual a defasagem entre os fasores tensão do lado emissor e receptor não deve ser superior a 45 graus (valor típico, o qual depende da inércia da máquina supridora de energia). Essa compensação também pode ser realizada por meio de bancos de capacitores em série, exaustivamente aplicados. Vale ressaltar que a perda de estabilidade acarreta perda de sincronismo entre as barras e, consequentemente, o não atendimento à carga demandada (UCHS, 2015; ELGERD, 1971).

Por sua vez, o limite econômico está relacionado com a condição de que a linha venha a transmitir uma potência menor ou maior do que a sua potência natural. Esse valor referencial assegura o atendimento à demanda com menores perdas. Representa um estado operacional ótimo, no qual as perdas associadas ao suprimento dos campos elétricos e magnéticos da linha são zeradas. Nesse estado, ocorre uma espécie de ressonância paralela entre os componentes indutivos e capacitivos da linha. Essa é uma condição operacional que deve ser considerada na otimização do fluxo de carga do sistema de potência.

Já os limites físicos estão relacionados com o limite térmico da linha de transmissão e o limite térmico do cabo condutor. No primeiros caso, são fundamentais os atendimentos às distâncias de segurança preconizadas pelas normas. No segundo caso, o foco é o cabo condutor para que não ocorra o seu recozimento, levando à perda de suas características elásticas.

No contexto dessa análise panorâmica das etapas que compõem o complexo "transmissão de energia elétrica", as ações voltadas para a recapacitação da linha de transmissão representam o foco central deste livro. A título ainda introdutório, serão feitas análises preliminares sobre os conceitos básicos inerentes a essas ações.

1.1 CONCEITOS SOBRE RECAPACITAÇÃO

A recapacitação de uma linha de transmissão representa uma ação estruturada no sentido de melhorar ou de restabelecer o seu desempenho do ponto de vista quantitativo (capacidade de transmissão) ou qualitativo (continuidade de transmissão). Esta ação pode ser classificada de acordo com as formas descritas a seguir (IEEE, 1996).

1.1.1 REFURBISHMENT

Visa restaurar as características originais da linha (exemplo: substituição generalizada de isoladores oxidados por outros novos, mas com as mesmas características dos anteriores).

1.1.2 UPRATE

Objetiva aumentar a capacidade de transmissão. Diversos exemplos serão enfocados ao longo deste livro.

1.1.3 UPGRADE

Procura aumentar a disponibilidade da linha (exemplo: substituição de isoladores de vidro por cadeias poliméricas em região de alto índice de vandalismo).

1.2 MONITORAÇÃO DO ESTADO DA LINHA DE TRANSMISSÃO

A monitoração de parâmetros eletromecânicos das linhas de transmissão é uma ação fundamental na aferição do seu estado operacional, não apenas com o enfoque no desencadeamento de ações preditivas rotineiras, como também para aferir com precisão a vida útil remanescente de seus componentes, visando a uma avaliação econômica criteriosa da viabilidade de recapacitação da instalação (CIGRÉ, 2000).

São descritos a seguir os principais parâmetros que requerem uma avaliação permanente, mediante análise de registros estatísticos ou de instrumentações adequadas (BEZERRA *et al.*, 1998; BEZERRA, 2000).

1.2.1 INDICADORES DE DESEMPENHO

Os indicadores de desempenho (taxas de falha permanente e transitória, principalmente) são registros estatísticos que, associados com as causas desses eventos, fornecem subsídios fundamentais a ações de melhoramentos estruturados da instalação.

Na Figura 1.1, é ilustrado um gráfico de barras ressaltando as causas das diversas ocorrências em uma linha de transmissão.

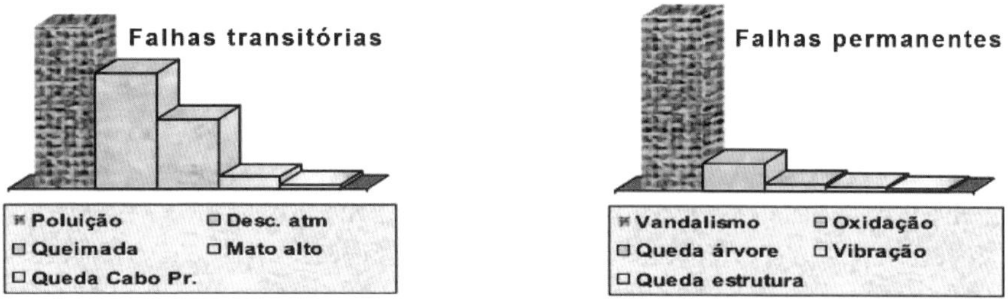

Figura 1.1 – Falhas em linhas de transmissão, por causa.

1.2.2 VIBRAÇÕES EÓLICAS

As vibrações eólicas são causadas por ventos transversais brandos (em torno de 2 m/s), os quais incidem sobre os condutores, que, quando submetidos a trações mecânicas superiores a 20% de suas cargas de rupturas, absorvem essas energias e transmitem-nas aos pontos de suspensão. Esses pontos podem ser gradativamente deteriorados por fadiga mecânica do material, requerendo cuidados especiais de montagem e monitoração.

A forma preditiva de atacar o problema direciona-se a identificar a presença do fenômeno, pela instalação de vibrógrafos, os quais necessitam permanecer na linha, registrando o fenômeno durante um período mínimo de 7 dias, diante do surgimento aleatório dele. Durante esses ensaios, são também registradas a temperatura ambiente, a velocidade do vento e a sua direção. O perfeito desempenho da linha quanto a vibrações eólicas estará assegurado a partir da identificação da ausência do fenômeno, mesmo tendo ocorrido ventos brandos transversais à linha de transmissão (1 a 6 m/s) e temperaturas baixas (< 20 °C).

Existe instrumental totalmente direcionado a esta monitoração, utilizando recursos computacionais que permitem, inclusive, a predição da vida útil remanescente dos cabos condutores.

1.2.3 RESISTÊNCIA DE PÉ DE TORRE

A resistência de aterramento de estruturas (resistência de pé de torre) representa um parâmetro que responde diretamente pelo desempenho das linhas de transmissão quando submetidas a descargas atmosféricas. A medição dessas resistências deve ser realizada periodicamente (no mínimo a cada 10 anos) ou se o desempenho da linha quanto a descargas atmosféricas estiver além dos padrões esperados.

1.2.4 TEMPERATURA DE CONEXÕES

O aquecimento das conexões elétricas é um problema grave em um sistema de potência, diante de sua característica evolutiva que pode conduzir a dilatações que eliminam por completo os contatos elétricos necessários ao transporte de energia elétrica. Geralmente, é fruto de inadequação de materiais utilizados nessas conexões ou do projeto de fixação do conector ou, ainda, dos torques utilizados em sua fixação.

Convencionalmente, são utilizados termovisores para avaliar o "estado térmico" dessas conexões. Existem modelos que permitem a realização dos ensaios durante o dia, pela utilização interna de filtros solares, além de viabilizar essas inspeções por via aérea, incorporando facilidades como a gravação das imagens visuais e térmicas para posterior processamento digital.

1.2.5 OXIDAÇÃO DE FERRAGENS

O processo degenerativo dos materiais componentes de uma linha de transmissão tem a oxidação das partes metálicas como uma das mais preocupantes, tendo em vista a redução gradativa de sua seção e de suportabilidade mecânica, com consequente risco de ruptura/queda de componentes que podem levar ao colapso no fornecimento de energia elétrica.

No que tange às partes aéreas, as inspeções minuciosas realizadas por técnico especializado ainda são a forma mais adequada de avaliar o estado das peças metálicas. Inspeções com drone vêm sendo introduzidas com bons resultados, não obstante as questões relacionadas com a autonomia do voo. Quanto às partes metálicas estruturais enterradas, procuram-se correlacionar medições eletroquímicas do solo com possíveis estados degenerativos sem a necessidade de proceder a dispendiosas escavações. Técnicas de análise de reflexões de sinais de alta frequência aplicadas a ferragens subterrâneas vêm sendo usadas experimentalmente em hastes de âncora de estruturas estaiadas (BEZERRA *et al.*, 2014).

1.2.6 POLUIÇÃO EM ISOLADORES

A poluição de isoladores ocorre pela deposição de material contaminante, quer seja de origem industrial, marítima ou ambiental. Esses depósitos, junto com a presença de umidade e tensão elétrica mais elevada, propiciam o surgimento de descargas superficiais que podem evoluir para o fechamento de um arco de potência sobre a cadeia de isoladores e consequente interrupção no fornecimento de energia (Karaday, 1999).

Os processos de monitoração da contaminação dos isoladores mais utilizados são:

- inspeções noturnas;

- medição de ESDD (densidade equivalente de sal depositado);
- medição de corrente de fuga.

1.2.7 OXIDAÇÃO DE CONDUTORES

A oxidação em condutores ocorre nos tentos de alumínio próximo à alma de aço, após longos períodos de operação, e pode ser acelerada em decorrência da agressividade do meio ambiente (umidade, acidez etc.). A preocupação reside no enfraquecimento mecânico do condutor e na consequente ruptura.

Como método de monitoração, são utilizadas medições especiais que permitem aferir o estado dos tentos de alumínio próximos à alma de aço sem a necessidade de desligamento da linha. Pode-se, inclusive, inferir o tempo de vida útil remanescente do cabo condutor.

A medida para evitar esses problemas, principalmente em meios mais agressivos, tem sido a utilização de cabos condutores com alma de liga de alumínio, eliminando, dessa forma, a pilha galvânica existente entre o alumínio e o aço (SHANNON TECHNOLOGY, 1998).

1.2.8 ANÁLISE DE AMPACIDADE

A ampacidade de uma linha de transmissão está intrinsicamente relacionada com as distâncias verticais (*clearences*) condutor-solo. Representa um parâmetro fundamental na identificação da capacidade de carregamento elétrico de linhas de transmissão, no sentido de assegurar que os condutores, mesmo aquecidos pelo efeito Joule e ação do sol, não violem as condições de segurança estabelecidas em normas técnicas. A aferição dessas distâncias requer uma avaliação do comportamento eletromecânico da linha de transmissão, a partir do qual se possam identificar vãos críticos a serem corrigidos ou monitorados em condições de carregamento normal ou emergenciais.

Os modelos para cálculo dos limites operacionais de uma linha, no que tange à temperatura máxima que o condutor pode atingir sem violar as distâncias verticais, são aplicados quando do projeto e da construção da linha; entretanto, com o passar do tempo, requerem aferições específicas de campo no intuito de levantar e/ou comparar premissas adotadas que podem ter sido alteradas ou por interferências de terceiros ou por distorções ambientais presentes. Outra situação aferida é a possibilidade de incorreções no modelo adotado ou em critérios construtivos.

Por meio de instrumentações específicas, em levantamento de campo, é possível aferir as alturas dos condutores na ocasião do levantamento e inferir se essas alturas estão compatíveis com os critérios de segurança quando da operação da linha em seu limite térmico (BEZERRA; LIBERATO; EDUARDO, 1987). Essa metodologia permite expressar os limites operacionais em uma curva similar à apresentada na Figura 1.2.

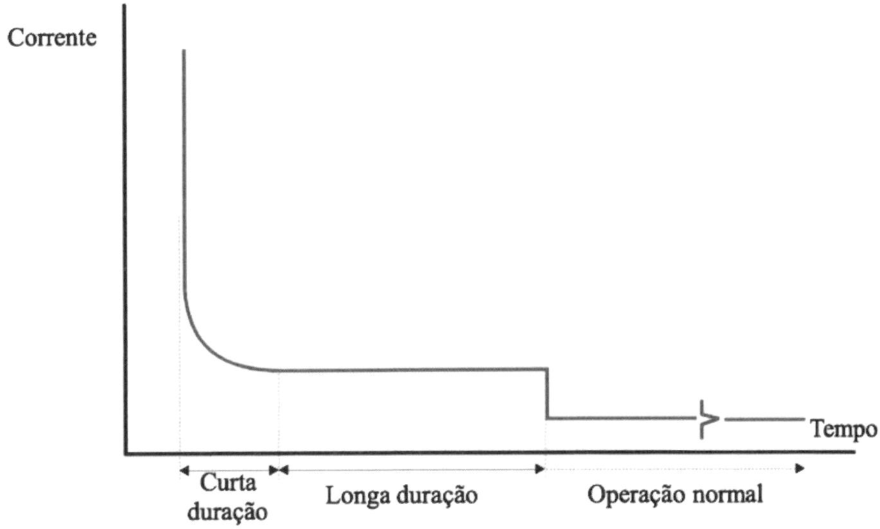

Figura 1.2 – Curva de carga de uma linha de transmissão.

A identificação de correções de altura a ser feita está diretamente associada à recuperação da ampacidade nominal da linha para que ela possa operar em seu limite térmico nominal (*refurbishment*), enquanto a busca de um perfil de alturas maiores do que as definidas no projeto da linha está associada ao aumento da ampacidade nominal, ou *uprate*, conforme definições anteriores.

Para proceder à aferição dos limites de carregamento de uma linha já em operação, os levantamentos de campo podem ser realizados de forma expedita e simplificada em relação aos processos tradicionais associados a levantamentos topográficos. Podem ser realizados quando de inspeções terrestres rotineiramente realizadas para aferir o estado da linha de transmissão. Os procedimentos ora descritos visam definir as diretrizes necessárias para estabelecer de forma padronizada e uniforme os limites de carregamento em linhas aéreas de transmissão.

Para subsidiar as simulações computacionais posteriores, devem ser levantadas, por vão e por fase, as seguintes informações: a menor distância vertical do condutor ao solo ou obstáculo; a menor distância vertical entre condutores, no caso de travessia linha-linha; a distância do vértice da catenária ao solo. Para cada um dos pontos levantados, devem ser medidas também as distâncias horizontais do ponto à estrutura mais próxima.

Os tipos de travessia devem ser identificados/codificados em consonância com o que estabelecem as normas técnicas (ABNT, 1986). A título de exemplo, na Tabela 1.1 é registrada a codificação já praticada (BEZERRA; LIBERATO; EDUARDO, 1987), (BEZERRA; RAMOS; RÉGIS JR., 1998):

Tabela 1.1 – Exemplo de codificação de tipos de travessia

Código	Descrição
01	Locais acessíveis apenas a pedestres ou águas não navegáveis
02	Locais onde circulam máquinas agrícolas
03	Rodovias, ruas e avenidas
04	Ferrovias não eletrificadas
05	Ferrovias eletrificadas
06	Suporte de linhas pertencentes a ferrovias
07	Águas navegáveis
08	Linhas de energia elétrica
09	Linhas de telecomunicação
10	Telhados e terraços
11	Paredes, instalações transportadoras, veículos rodoviários e ferroviários e encostas

Quando do levantamento de campo, são necessários, ainda, os seguintes registros: data e hora em que o levantamento foi realizado; registro da temperatura ambiente; e registro da leitura da corrente de carga da linha quando do levantamento.

São necessários basicamente os seguintes equipamentos para a realização do levantamento de campo: vara telescópica; termômetro; trena; e relógio.

Os dados levantados permitem a utilização de modelos de cálculo da temperatura do cabo condutor, a qual depende das condições ambientais e operacionais reinantes (HOUSE; TURTTLE, 1958; MORGAN, 1982; (IEEE, 2007), conforme ilustração contida na Figura 1.3. Ressalta-se que, mesmo com a disponibilidade de termovisores, a metodologia mantém o uso dos modelos de cálculo para inferir também a temperatura do cabo quando do levantamento de campo por dois motivos: minimização dos custos envolvidos; e a imprecisão da temperatura absoluta obtida por esses equipamentos, os quais são precisos na aferição de temperaturas referenciais (ponto observado em relação ao corpo adjacente).

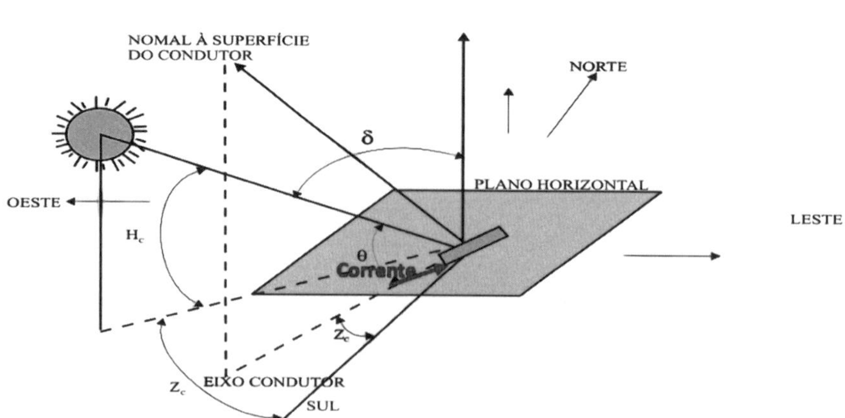

Figura 1.3 – Ilustração posicionamento linha × Sol.

A inferência de variações da altura dos condutores, nos pontos específicos levantados, é possível por meio de formulações tradicionais do comportamento mecânico de cabos condutores suportados em dois pontos (FUCHS; ALMEIDA, 2005), conforme ilustração contida na Figura 1.4.

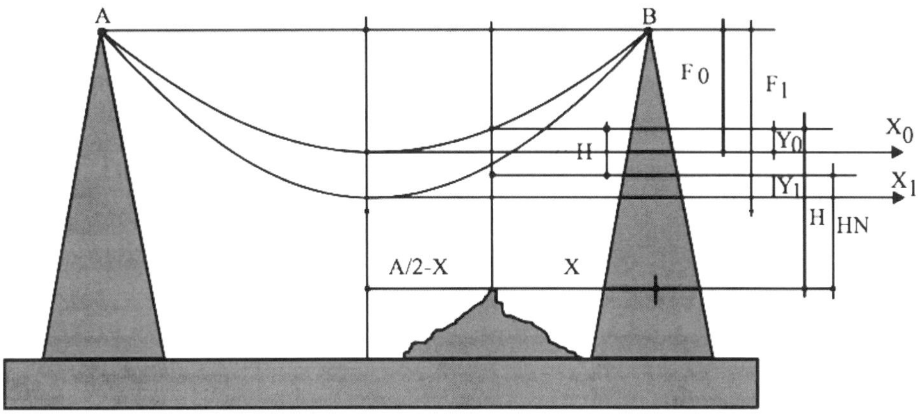

Figura 1.4 – Ilustração para cálculo das variações de altura em pontos específicos da linha.

Nesta figura, pode ser demonstrado que a variação de altura é obtida por (1.1).

$$\Delta H = F_1 - Y_1 - F_0 + Y_0 \tag{1.1}$$

em que:

$$Y_0 = \frac{P(a/2 - X)^2}{2T_{01}} \tag{1.2}$$

$$Y_1 = \frac{P(a/2 - X)^2}{2T_{02}} \tag{1.3}$$

$$F_0 = \frac{P \cdot a^2}{8T_{01}} \tag{1.4}$$

$$F_1 = \frac{P \cdot a^2}{8T_{02}} \tag{1.5}$$

X = distância do ponto crítico do vão à estrutura mais próxima em m;

θ_1 = temperatura inicial do condutor em °C;

θ_2 = temperatura final do condutor em °C;

a = vão da LT em m;

P = peso condutor por unidade de comprimento em Kgf/m;

T_{O1} = tensão de esticamento em Kgf à temperatura θ_1 em °C;

T_{O2} = tensão de esticamento em Kgf à nova temperatura θ_2 em °C;

Para o cálculo dos novos valores da tração após a dilatação térmica do condutor, é utilizada a "equação de mudança de estado" dada por (1.6).

$$T_{02}^3 + T_{02}^2 \left\{ \frac{S \cdot E \cdot P_1^2 \cdot A^2}{24 \cdot T_{01}^2} + E \cdot S\left[\varepsilon + -\left(,_{2} - ,_{1}\right)\right] - T_{01} \right\} = \frac{E \cdot S \cdot P_2^2 \cdot A^2}{24} \tag{1.6}$$

em que:

T_{O1} = tensão de esticamento em Kgf à temperatura θ_1 em °C;

T_{O2} = tensão de esticamento em Kgf à nova temperatura θ_2 em °C;

$$P_2 = \sqrt{P_1^2 + F_v^2};$$

$$F_v = 0,047 \cdot v^2 \cdot d;$$

v = velocidade do vento em m/s;

d = diâmetro do condutor em m;

S = área total da seção do cabo em m^2;

P_1 = peso unitário do cabo em Kgf/m;

A = vão básico da LT em m;

E = módulo de elasticidade em Kgf/mm^2;

ε = alongamento calculado em m/m;

α = coeficiente de dilatação térmica do material em 1/°C;

P_2 = peso virtual do cabo (com vento) em Kgf/m – na ausência de vento $P_2=P_1$;

F_v = esforço do vento transversal ao condutor em Kgf/m.

Já para o carregamento de curta duração, condição temporária associada à necessidade de operações especiais de remanejamento de cargas, quando da perda de algum componente do sistema de potência, há de se considerar que a temperatura do condutor não sobe instantaneamente. Existe toda uma dinâmica, a qual viabiliza a aplicação de sobrecargas específicas em intervalos de tempo determinados (DAVISON *et al.*, 1969), conforme ilustração registrada na Figura 1.5.

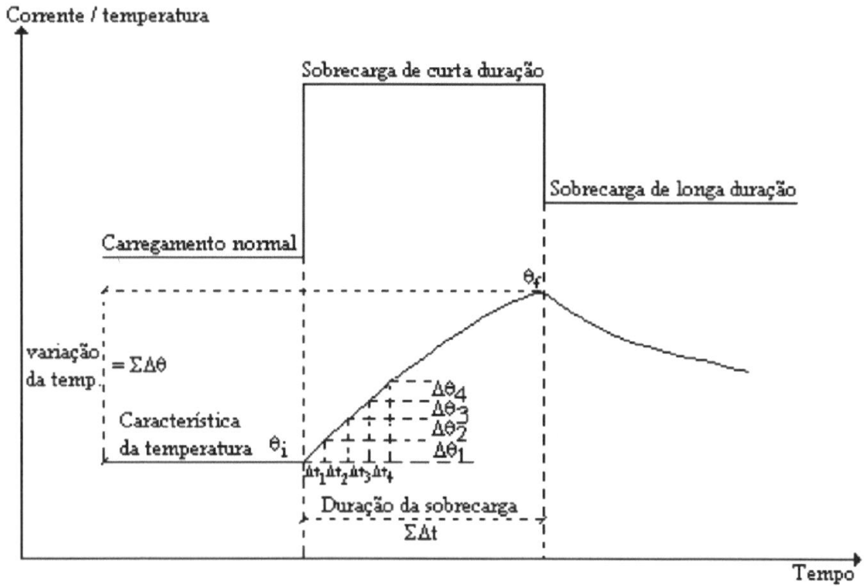

Figura 1.5 – Variação da temperatura do condutor em função da duração da sobrecarga.

Os cálculos associados às diversas alturas dos condutores, para cada regime de operação, na condição de limite térmico da linha, são realizados por meio de algoritmo computacional similar ao ilustrado na Figura 1.6.

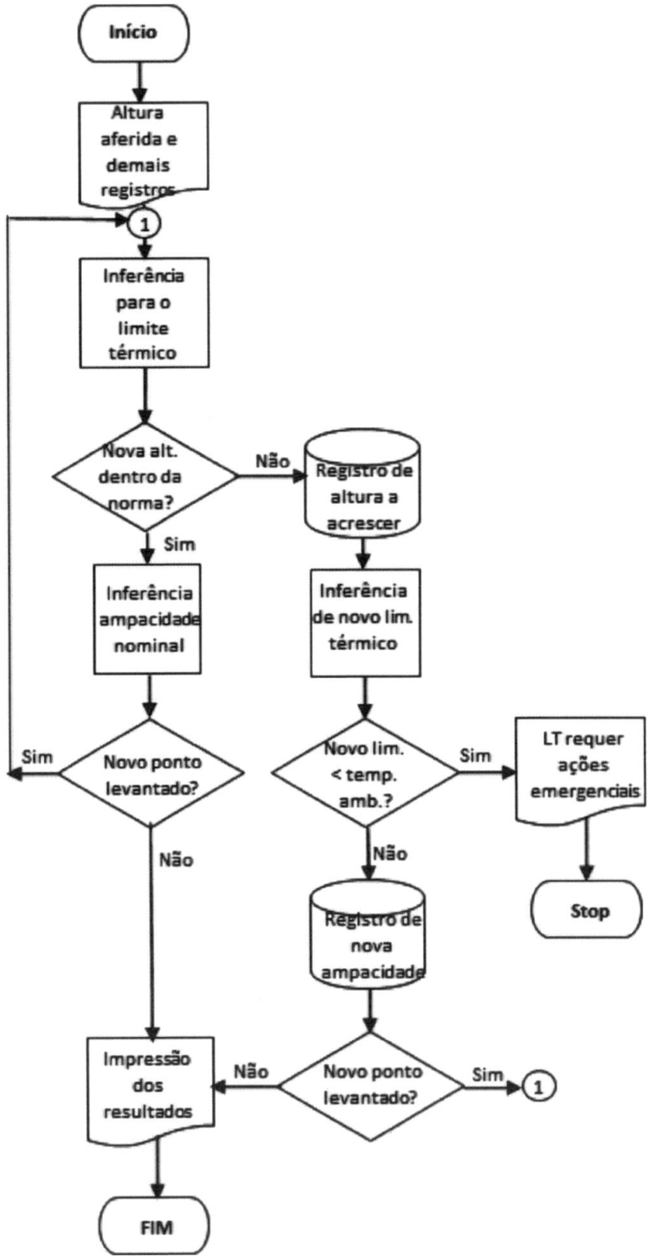

Figura 1.6 – Algoritmo computacional – cálculo da ampacidade.

As saídas dos resultados seriam do tipo ilustrados nas Tabelas 1.2, 1.3, 1.4 e 1.5, nas quais são identificados os vãos de frente das estruturas que violam as alturas de segurança normatizadas e a ampacidade da linha, em conformidade com o regime operacional, em sua condição nominal e eventual restrição temporária.

Tabela 1.2 – Simulação de carregamento em linha de transmissão

SITUACAO DA LT PARA O CARREGAMENTO EM CONDICOES NORMAIS DIURNA E NOTURNA

LT AGL-MSI-04M7

ESTRU	VAO	CODIGO TRAVESSIA	HORA	TEMP AMB.	DADOS DE CAMPO ALTURAS MEDIDAS A	B	C	DIST. EST. M/ PROX A	B	C	CORRENT MEDIDA	CRUZ LT	ALT. MAST	ALTURA PARA LIM. TERMICO A	B	C
I042/2	361.0	14	11	29.0	5.0	5.0	5.0	137.0	137.0	137.0	360.0	230	.0	4.4	4.4	4.4
I042/2	361.0	3	11	29.0	11.0	11.0	11.0	137.0	137.0	137.0	360.0	0	.0	10.4	10.4	10.4
I043/2	399.0	3	15	37.0	11.2	11.2	11.2	145.0	145.0	145.0	320.0	0	.0	10.7	10.7	10.7
I043/3	260.0	2	15	38.0	8.6	8.6	8.6	84.0	84.0	84.0	320.0	0	.0	8.4	8.4	8.4
I043/3	260.0	14	15	38.0	9.7	9.7	9.7	59.0	59.0	59.0	320.0	230	.0	9.5	9.5	9.5
I043/4	260.0	2	15	30.0	10.5	10.5	10.5	85.0	85.0	85.0	370.0	0	.0	10.2	10.2	10.2
I043/4	260.0	14	15	30.0	4.4	4.4	4.4	85.0	85.0	85.0	370.0	230	.0	4.1	4.1	4.1
I044/1	315.0	1	16	37.0	9.0	9.0	9.0	150.0	150.0	150.0	320.0	0	.0	8.6	8.6	8.6
I044/3	335.0	1	16	35.0	7.3	7.3	7.3	166.0	166.0	166.0	320.0	0	.0	6.8	6.8	6.8
I045/1	362.0	1	9	33.0	7.2	7.2	7.2	132.0	132.0	132.0	320.0	0	.0	6.7	6.7	6.7

Tabela 1.3 – Limites operacionais

```
*****************************************************************
*                                                               *
* CONDICOES LIMITANTES PARA OPERACAO NORMAL                     *
* -----------------------------------------                     *
*                                                               *
*    TEMPERATURA DO CONDUTOR PARA ATENDER A NBR-5422 = 46.0     *
*                                                               *
*      CORRENTE DIURNA =  217.0                                 *
*                                                               *
*      CORRENTE NOTURNA =  586.4                                *
*                                                               *
*    LIMITE TERMICO DA LT =  60.0                               *
*                                                               *
*      CORRENTE PARA O LIMITE TERMICO DIURNO =  583.1           *
*                                                               *
*      CORRENTE PARA O LIMITE TERMICO NOTURNO =  788.8          *
*                                                               *
* CONDICOES LIMITANTES PARA OPERACAO DE EMERGENCIA              *
* ------------------------------------------------              *
*                                                               *
*    TEMPERATURA DO CONDUTOR PARA ATENDER A NBR-5422 = 51.0     *
*                                                               *
*      CORRENTE DIURNA =  392.5                                 *
*                                                               *
*      CORRENTE NOTURNA =  667.4                                *
*                                                               *
*****************************************************************

   O B S E R V A C A O - A LT SE ENCONTRA FORA DE NORMA.
       FAVOR CONSULTAR LISTAGEM DE ALTURAS A ACRESCER
```

Tabela 1.4 – Restrições verificadas

RELACAO DAS ALTURAS NECECARIAS A ACRESCER AOS CONDUTORES NOS DIVERSOS PONTOS CRITICOS

OBSERVADOS PARA RESTABELECER A LT AGL-MSI-04M7 AS CONDICOES NORMAIS DE OPERACAO

NUM. ESTR.	SITUACAO ATUAL PARA O LIMITE TERMICO				ACRESCIMO DE ALTURA			TIPO DE TRAVESSIA
	H.NORM.	FASE A	FASE B	FASE C	FASE A	FASE B	FASE C	
004/1	6.5	6.1	6.1	6.1	.4	.4	.4	ACESSO APENAS A PEDESTRES
004/2	6.5	4.5	7.0	7.0	2.0	-.5	-.5	ACESSO APENAS A PEDESTRES
007/1	6.5	5.1	6.2	6.2	1.4	.3	.3	ACESSO APENAS A PEDESTRES
018/1	6.5	6.1	6.6	6.6	.4	-.1	-.1	ACESSO APENAS A PEDESTRES
021/2	6.5	6.1	6.1	6.1	.4	.4	.4	ACESSO APENAS A PEDESTRES

Observação: valores negativos indicam que a altura está com folga.

Tabela 1.5 – Contingências de curta duração

LT AGL-MSI-04M7 TEMP. INICIAL DO CONDUTOR 46.0 TEMP.FINAL DO CONDUTOR 51.0

VELOCIDADE DO VENTO 1.0 TEMPERATURA AMBIENTE 30.0

CONDICOES DIURNAS		CONDICOES NOTURNAS	
TEMPO MAXIMO (MIN.)	CORRENTE LIMITE (A)	TEMPO MAXIMO (MIN.)	CORRENTE LIMITE (A)
5	597.0	5	806.4
10	477.0	10	726.4
15	437.0	15	696.4
20	407.0	20	676.4
25	397.0	25	676.4
30	387.0	30	666.4

Essas tabelas viabilizam a montagem da curva de carregamento ilustrada na Figura 1.2. Há de se ressaltar que são procedimentos que incorporam facilidade/dinâmica a um baixo custo, não obstante, inclusive, o aproveitamento que se faz das inspeções periodicamente realizadas nas linhas. Entretanto, aferições mais precisas requereriam levantamentos topográficos com todo o requinte tecnológico envolvido, porém a um custo bem superior. Todavia, mesmo na aplicação da metodologia simplificada, quando da identificação de restrições, se faz necessário acionar levantamentos topográficos com o intuito de se projetar com precisão a melhor solução para as violações pontuais encontradas.

Nos capítulos a seguir, serão abordadas diversas técnicas voltadas tanto para a correção da ampacidade como para o aumento dessa característica. As técnicas são denominadas "recondutoramento", "relocação de estruturas", "inserção de condutor", "retracionamento" e "tramo misto", as quais serão abordadas em capítulos específicos a seguir.

Por fim, é importante ressaltar que as ações de recapacitação devem ser precedidas do levantamento do estado da instalação para que o investimento a ser feito considere também eventual recuperação desse estado a níveis compatíveis com a linha devidamente recapacitada, não apenas repotencializada. Esse enfoque é importante, pois a linha repotencializada sem a recuperação do seu estado operacional aumentará o indicador relacionado ao DEC, uma vez que atenderá a uma quantidade de consumidores maior e/ou a uma demanda de energia elétrica em um patamar mais elevado. A definição quanto a recapacitar é, portanto, uma escolha entre custo e benefício, enfatizando os aspectos de preservação dos níveis de confiabilidade e disponibilidade desejáveis.

REFERÊNCIAS

ABNT. *Projeto de linhas aéreas de transmissão de energia elétrica* – Procedimento. NBR-5422. 1986.

BEZERRA, J. M. B.; LIBERATO, J. A. L.; EDUARDO, J. V. Aplicação de processos semi-probabilísticos na definição de limites de carregamento de LTS em condições normais e de emergência. *In*: IX SEMINÁRIO NACIONAL DE PRODUÇÃO E TRANSMISSÃO DE ENERGIA ELÉTRICA, 1987, Belo Horizonte. *Anais do IX-SNPTEE-GLT*, 1987.

BEZERRA, J. M. B.; RAMOS, F.; RÉGIS JR., O. Refurbishment of transmission lines, costs and benefits, economic decision. *In*: CEPSI – CONFERENCE ON ELECTRIC POWER SUPPLY INDUSTRY, 12., 1998, Nonthaburi, 1998.

BEZERRA, J. M. B.; Regis, O.; Amaral, W. *Limites de carregamento de linhas de transmissão. definição e expansão*. [*S. l.*]: UFPE, 1998. (Curso de Extensão Universitária).

BEZERRA J. M. B. Diagnóstico de linhas de transmissão com vistas a implementação do processo de recapacitação. *In*: ENEAT, 2., Campina Grande/PB. 2000.

BEZERRA, J. M. B *et al.* Location and diagnosis of stay rod of V guyed towers corrosion. *In*: ICHVE, Poznan, Poland, 2014.

CIGRÉ. The thermal behaviour of overhead conductors. Section 1 and 2: mathematical model for evaluation of conductor temperature in the steady state and the application thereof. *Electra*, n. 144, p. 107-125, out. 1992.

CIGRÉ. Management of Existing Overhead Transmission Lines. [*S. l.*], 2000. (Brochura Técnica, 175).

DAVISON, G. *et al.* Short-time thermal rating for bare Osverhead conductors. *IEEE Transactions PAS-88*, n. 3, , p. 194-199, Mar. 1969.

ELGERD, O. I. *Electric energy systems theory*: an introduction. New York: McGraw-Hill, 1971.

FUCHS, R. D.; ALMEIDA, M. T.. *Projetos mecânicos das linhas aéreas de transmissão*. Itajubá: Editora da Escola Federal de Engenharia de Itajubá, 2005.

FUCHS, R. D. Transmissão de energia elétrica. Uberlândia: Editora Edufu, 2015.

HOUSE, H. E.; TUTTLE, P. D. Current-carrying capacity of ACSR. Power apparatus and systems, part III. *Transactions of the American Institute of Electrical Engineers*, v. 77, n. 3, p. 1169-1173, abr. 1958.

IEEE. The New IEEE Standard Dictionary of Electrical and Electronic Terms. IEEE Std 100. [*S. l.*: *s. n.*], 1996.

IEEE standard for calculating the current-temperature of bare overhead conductors, IEEE Std 738-2006 (Revision of IEEE Std 738-1993). [*S. l.*: *s. n.*], 2007.

KARADAY, G. G. Flashover mechanism of non-ceramic insulators. *IEEE Transactions on Dielectric and Electrical Insulation*, 1999.

MORGAN, V. T. The thermal rating of overhead-line conductors part I: The steady-state thermal model. *Electric Power Systems Research*, n. 5, p. 119-139, 1982.

SHANNON TECHNOLOGY. Conductor Corrosion Assessment Services. Home page da Shannon Technology. Canadá, 1998.

CAPÍTULO 2
TÉCNICA DE RECONDUTORAMENTO

Juliana Maciel Maia Beça[1]
José Maurício de Barros Bezerra

O constante aumento da demanda por energia elétrica implica a necessidade de expandir os sistemas de geração, transmissão e distribuição, em conformidade com o desenvolvimento econômico de um país. Entretanto, a implantação de novas linhas de transmissão está enfrentando dificuldades devido a fatores externos que impactam diretamente no custo dessas linhas. Primeiro, a minimização do impacto ambiental causado pelo uso de estruturas mais altas e consequentemente mais pesadas (CAVASSIN, 2012). Em segundo lugar, uma preocupação generalizada dos órgãos governamentais e das concessionárias devido ao alto custo de construção, incluindo os contratos de faixa de servidão para constituição do direito de passagem.

Diante disso, surgem as técnicas de aumento da capacidade de transmissão de energia elétrica em linhas de transmissão já existentes para que satisfaçam a necessidade de aumento no fornecimento de energia elétrica com a confiabilidade e a qualidade necessárias e a custos compatíveis com os recursos disponíveis.

A técnica de recondutoramento mostra-se como solução de recapacitação por substituir o condutor originalmente projetado por outro para que ocorra aumento na temperatura de projeto da linha de transmissão ou aumento na temperatura na qual o condutor será submetido na maior parte de sua vida útil e, consequentemente, aumento na capacidade de transmissão de energia elétrica. Todavia, a opção pela técnica de recondutoramento deve ser criteriosamente ponderada por se tratar de uma alternativa bastante custosa, por envolver a troca total do condutor de uma linha de transmissão.

---

1 Este capítulo baseia-se na dissertação de mestrado da Juliana Maciel Maia Beça, defendida no Programa de Pós-Graduação em Engenharia Elétrica da Universidade Federal de Pernambuco (BEÇA, 2019).

Segundo Pessoa (2017), o recondutoramento tem se tornado uma alternativa cada vez mais atrativa no setor elétrico, tendo em vista a necessidade de aumento de carregamento das linhas de transmissão. Entretanto, a troca dos condutores por outros de maior seção implica, na grande maioria dos casos, a necessidade de reforçar ou substituir algumas das estruturas existentes, para que possam suportar os novos esforços mecânicos, além de introduzir novas estruturas para manter as distâncias de segurança (MENDES *et al.*, 2006).

2.1 TIPOS DE CONDUTORES UTILIZADOS

Os tipos de condutores comumente utilizados no setor elétrico são citados a seguir, como também condutores especiais que serão objeto de análise ao longo deste capítulo.

2.1.1 CONDUTORES TRADICIONAIS

Os condutores tradicionalmente utilizados no setor elétrico são descritos a seguir.

CA (cabo de alumínio): o cabo de alumínio liga 1350 é constituído pelo encordoamento concêntrico de um ou mais fios de alumínio liga 1350, conhecido em inglês como ASC (*aluminum stranded conductor*). As linhas de transmissão e de distribuição têm utilizado largamente o Al 1350 desde o início do século XX. Esta liga apresenta uma boa condutividade, acima de 60% IACS (*International Annealed Copper Standard*), justificando a sua grande utilização por sua resistência mecânica. Essa constatação criou a necessidade de desenvolvimento de outras ligas mais resistentes, com maior carga na tensão de ruptura (NEXANS, 2013). De acordo com esse código, há para cada tipo de cabo uma família de nomes por meio dos quais cada bitola fica completamente definida. Então, para os cabos CA, as palavras-código são nomes de flores no idioma inglês. Assim, o cabo CA deve ser utilizado em vãos pequenos, pois suas flechas são grandes com o aumento do vão e da temperatura, normalmente utilizado em linhas urbanas e subestações (PESSOA, 2017). A Figura 2.1 ilustra um exemplo do cabo citado.

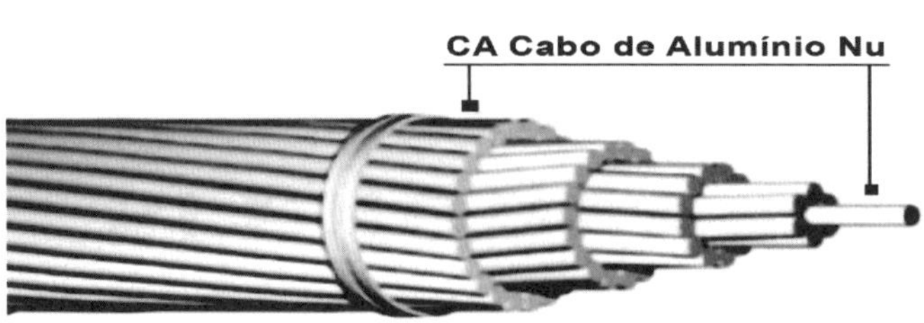

Figura 2.1 – Amostra de cabo CA. Fonte: Nexans (2013).

CAA (cabo de alumínio liga 1350 com alma de aço): conhecido internacionalmente como ACSR (*aluminum conductor stranded reinforced*), o cabo CAA é formado por uma alma de aço, sólida ou composta por vários fios do aço galvanizado, envolvida por uma ou mais camadas de fios alumínio liga 1350 (SILVA, 2009). Os cabos CAA são os mais utilizados em linhas de transmissão, compostos por fios de alumínio 1350 e de aço galvanizado concentricamente enrolados. O núcleo é feito de aço galvanizado e a camada externa é de alumínio (CAVASSIN, 2012). O aço oferece sustentabilidade mecânica e é recoberto com zinco para proteção contra a corrosão. O alumínio que fica por fora forma uma coroa condutiva e é também coberto de zinco (galvanizado a quente) (PESSOA, 2017). Denomina-se por nome de pássaros no idioma inglês. Comumente, os cabos CAA apresentam teor de aço entre 10% e 30%, mas esse valor pode atingir 40% nos casos em que é requerida uma elevada resistência mecânica como na utilização de cabos guarda, vãos longos, travessias de rios etc. (SILVA, 2009). O teor de aço está intimamente relacionado com o encordoamento do cabo. Para os condutores com o tipo de alumínio 1350 amplamente utilizado nos condutores tradicionais CAA, a temperatura máxima permitida na operação normal é de 90 °C (DOMINGUES *et al.*, 2004). Um exemplo deste cabo pode ser verificado na Figura 2.2.

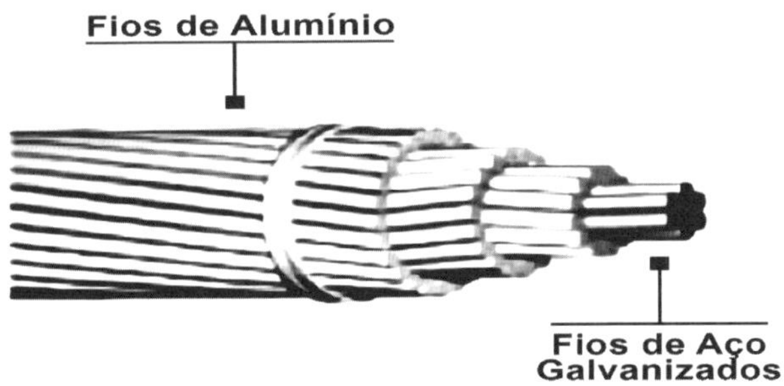

Figura 2.2 – Amostra de cabo CAA. Fonte: Nexans (2013).

CAL (cabo de alumínio liga 6201): desenvolve-se a liga 6201 (liga de alumínio--magnésio-silício), que, em determinadas situações, pode eliminar os fios de aço como reforço mecânico dos cabos de alumínio nu com alma de aço, com um custo menor nos projetos de linhas de transmissão e distribuição. A liga 6201 é conhecida em inglês como AAAC (*all aluminium alloy conductor*); trata-se de um condutor homogêneo encordoado concentricamente e formado por fios de alumínio liga 6201. Assim, todos os fios são em alumínio liga 6201, permitindo uma boa relação carga de ruptura/peso unitário, obtendo-se menores flechas do que o cabo CAA de mesmo diâmetro (NEXANS, 2013). Nos condutores tradicionais CAL, a temperatura máxima permitida na operação normal é de 95 °C (CAVASSIN, 2012). O cabo tipo CAL, que tem fio de alumínio nu, 6200, têmpera H-19 com encordoamento concêntrico, pode ser verificado na Figura 2.3.

Figura 2.3 – Amostra de cabo CAL. Fonte: Nexans (2013).

ACAR (cabo de alumínio reforçado com liga de alumínio): são cabos de alumínio liga 1350 com cabos de alumínio 6201. Esse cabo é mais leve do que o cabo CAA e tem menos flecha do que o CA. O alumínio 6201 dá mais sustentabilidade mecânica, enquanto a capacidade de corrente aumenta e a resistência elétrica por unidade de comprimento diminui devido à ausência da alma de aço. O cabo ACAR é uma outra forma de condutor composto encordoado, constituído de fios 1350-H19 encordoados, reforçado por um núcleo e/ou por fios distribuídos de liga 6201-T81 de maior resistência mecânica (NEXANS, 2013).

CALA (cabos de alumínio liga 6201 com alma de aço): o cabo CALA é semelhante ao cabo CAA. A diferença está na substituição dos fios de alumínio 1350-H19 por fios de liga de alumínio 6201-T81. Condutores liga 6201 são mais duros, portanto têm maior resistência à abrasão do que os condutores de alumínio 1350. Esse cabo chega a ter de 40% a 60% a mais de carga de ruptura mecânica e conduzir 8% a 10% a mais de corrente do que o seu equivalente CAA. As Figuras 2.4 e 2.5 ilustram os cabos comentados.

Figura 2.4 – Amostra de cabo ACAR. Fonte: Nexans (2013).

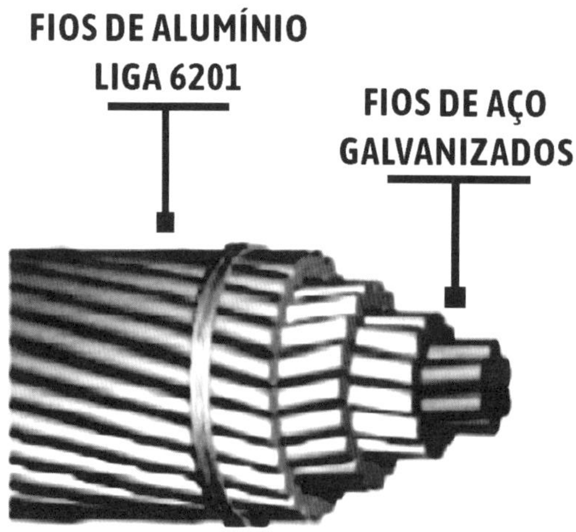

Figura 2.5 – Amostra de cabo CALA. Fonte: Nexans (2013).

2.1.2 CONDUTORES ESPECIAIS

O termo "condutores especiais" está relacionado com condutores que podem operar a altas temperaturas, com flechas reduzidas, também conhecidos como HTLS (*high temperature low sag*). Esses condutores têm características e constituições específicas, de tal forma que para escolher o condutor é necessário conhecer todos os tipos, seus atributos e limitações. Existem trabalhos que mostram que a recapacitação através do recondutoramento da linha de transmissão para um cabo especial do tipo HTLS consome cerca de 30% de todos os custos dos materiais de uma linha de transmissão, comparado com um cabo convencional ACSR (BERYOZKINA; SAUHATS, 2015). As suas principais caraterísticas são descritas a seguir.

T-CAA ou T-ACSR (cabo de alumínio termorresistente com alma de aço): este cabo contém zircônio no alumínio 1350; elemento que possibilita que a liga opere a 150 °C e 180 °C nas condições normais e de emergência (WIEDMER *et al.*, 2007), em que o alumínio 1350 sem zircônio opera a 90 °C e 120 °C; essa característica se deve ao maior teor de zircônio encontrado na liga, 2,4 vezes o valor encontrado na liga Al 1350. Além disso, este cabo normalmente deve ser utilizado para aumento de condução de corrente ou diminuição dos esforços nas estruturas (PESSOA, 2017). O alumínio termorresistente (TAl) pode ser utilizado em regime contínuo em temperaturas até 150 °C e em regime de emergência a 180 °C, sem que haja deterioração de suas propriedades mecânicas (NEXANS, 2013).

O cabo T-CAA tem uma capacidade de condução de corrente até 50% superior à de um cabo CAA de mesma bitola e considerando as mesmas condições ambientais. Pode, então, ser aplicado para elevar o limite térmico das linhas de transmissão, quando esse limite está sendo restringido pela capacidade térmica do condutor em uso. Uma alternativa típica para solucionar esse problema seria a utilização de um condutor de maior bitola. Dessa forma, os esforços sobre as estruturas aumentariam, o que não é desejado devido ao tempo em que elas estão em operação e ao seu estado de conservação. O T-CAA também pode ser utilizado em linhas novas com aumento da capacidade de 50%. A desvantagem do cabo T-CAA é o preço, cerca de 10% superior ao cabo CAA; esse aumento tem de ser compensado pelo ganho na capacidade de transmissão da linha (SILVA, 2009).

Existem outros condutores que utilizam ligas de alumínio-zircônio em sua coroa. Entre eles, estão o condutor de liga de alumínio ultratermorresistente (*ultra thermal resistant aluminum alloy steel reinforced* – ZTACSR) e o condutor de liga de alumínio extratermorresistente (*extra thermal resistant aluminium alloy steel reinforced* – XTACSR), que podem operar em regime contínuo a 210 °C e 230 °C, respectivamente. Na Figura 2.6, são ilustradas as características comentadas.

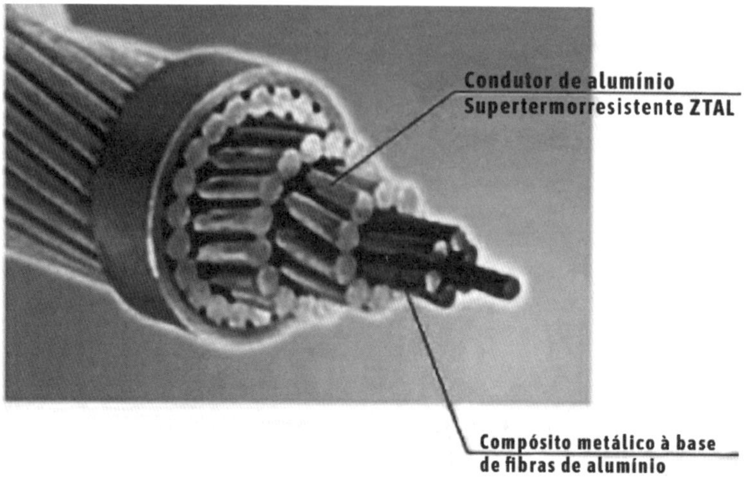

Figura 2.6 – Amostra de cabo T-CAA.

ACCR (cabo de alumínio reforçado por compósito): o condutor 3M Minnesota Minning and Manufacturing Company ou, na sigla em inglês, ACCR (*aluminum conductor composite reinforced*) foi desenvolvido com alta tecnologia para oferecer soluções para aumentar a ampacidade sem aumentar as cargas sobre as estruturas (3M COMPANY, 2018). É um condutor de alumínio de alta capacidade, alta resistência mecânica e baixo peso. Os múltiplos fios da alma são formados por fibras contínuas de óxido de alumínio embebidas em alumínio puro (3M COMPANY, 2022). O cabo ACCR pode aumentar significativamente a capacidade de transmissão de energia das linhas aéreas existentes apenas fazendo a troca dos condutores instalados por um condutor 3M ACCR de diâmetro equivalente; tem a alma com finíssimos tentos metalocerâmicos e uma coroa com tentos de liga de alumínio-zircônio – essa propriedade possibilita que o cabo conduza muito mais, seja mais leve e praticamente não tenha flecha. É um cabo que pode triplicar a capacidade de condução de um cabo equivalente em peso e diâmetro.

Por suas excelentes características e exaustivos testes em laboratório e em campo realizados pela 3M, o cabo ACCR teve rápida aceitação. Está operando em ambientes altamente corrosivos (linha de 46 kV no Havaí desde 2002) e em regiões de altas temperaturas (linhas de 230 kV, em Phoenix desde 2004), sujeitas a ventos intensos (linha de 115 kV na travessia do rio Columbia), temperaturas baixíssimas, vibração e galope (linha de 230 kV, na Dakota do Norte) com desempenho satisfatório.

ACCC (cabo de alumínio com alma de compósito): o condutor conhecido em inglês como ACCC (*aluminum conductor composite core*) da CTC Global (Composite Technology Corporation) utiliza um núcleo híbrido de fibra de carbono e vidro incorporado em uma matriz epóxi termoendurecível de alto desempenho. O núcleo central de fibra de carbono consiste em dezenas de milhares de fibras de carbono unidirecionais de alta resistência e de alto módulo, que são envolvidas por uma camada protetora de fibras de vidro. As fibras de vidro externas melhoram a tenacidade e a flexibilidade, ao mesmo tempo em que fornecem uma barreira galvânica para evitar a corrosão com os fios de alumínio condutores (GLOBAL, 2018).

O núcleo híbrido do ACCC Conductor é duas vezes mais forte do que o aço e também 70% mais leve. O peso mais leve permite que o condutor da ACCC – de qualquer tamanho – utilize 28% mais alumínio sem uma penalidade de peso ou diâmetro. Os fios compactos trapezoidais e o núcleo compósito de superfície lisa trabalham em conjunto para dissipar a vibração induzida pelo vento. Enquanto os fios de alumínio são totalmente recozidos, oferecendo o mais alto grau de condutividade para qualquer alumínio hoje disponível, o núcleo composto oferece um coeficiente de expansão térmica cerca de dez vezes menor do que o aço. Além disso, o baixo coeficiente de expansão térmica atenua o afundamento do condutor sob condições de carga elétrica pesada. Embora o núcleo compósito seja totalmente elástico e não se deforme ou se dobre plasticamente como os fios de núcleo de aço condutores convencionais, o módulo geral do núcleo do condutor CTCC Global ACCC é menor do que o do aço. O módulo mais baixo permite que o condutor ACCC se estique em graus durante eventos extremos de carga de gelo e vento. No entanto, quando o evento desaparece, o núcleo composto retorna totalmente à sua condição de pré-esforço, permitindo que os fios de alumínio relaxem na sequência. Este tipo de evento melhora ainda mais as características de autoamortecimento do condutor ACCC, reduzindo ainda mais o afundamento do condutor sob condições de carga elétrica pesada (GLOBAL, 2018).

O cabo ACCC pode operar em regime permanente a 180 °C e, em regime de emergência, a 200 °C. Quando comparado ao cabo CAA de mesma bitola, tem o mesmo peso, redução de 18% das perdas elétricas e resistência mecânica 25% superior. O cabo também oferece ótimas características de autoamortecimento, alta resistência à corrosão e só ocorre *creep* a partir de 235 °C e se a tração no condutor exceder 70% da tração de ruptura. Desde 2004, a CTC vem realizando vários testes em laboratórios e em campo para aprimoramento e consolidação do cabo ACCC, e mais de 20 instalações experimentais estão em operação na França, Estados Unidos e China (SILVA, 2009).

Em 2009, uma linha de transmissão de 220 kV situada na Romênia foi estudada para realização de uma recapacitação de técnica de recondutoramento por um condutor ACCC. Anteriormente, estavam equipados, com poucas exceções, com condutores ACSR 450/75 mm^2 (um condutor por fase). Com este tipo de condutor, uma única linha de circuito pode transportar cerca de 240 MVA. Para aumentar a capacidade de carga da linha, há a solução de recondutoramento, com condutores capazes de operar a temperaturas mais altas. Inicialmente, foram feitas análises técnicas para a utilização de condutores do tipo HTLS, para dobrar a capacidade de transporte da linha, sem alterações na linha e sem aumento dos afundamentos dos novos condutores sobre os existentes. Os custos diretos totais, incluindo a aquisição, instalação e atualização de manutenção, são os mais baixos para o condutor ACSS, seguidos pelos do ZTACSR. Assim, a comparação dos custos totais (custo das perdas + custos diretos) revelou que o ACSS (cabo de alumínio suportado pelo aço) e o ACCC foram os condutores mais recomendados para o caso examinado. Na Figura 2.7, está registrada uma ilustração do cabo ACCC.

Figura 2.7 – Amostra do cabo ACCC. Fonte: Global (2018).

Nas Tabelas 2.1 e 2.2, são registradas características de condutores candidatos a serem considerados em processos de recondutoramento.

Tabela 2.1 – Cabos condutores CAL

Cabos de alumínio liga 6201 - CAL - Dados técnicos

AAAC - All Aluminium Alloy Conductor

• *Formações equivalentes aproximadas aos cabos de alumínio nu com Alma de aço*

Condutor	Bitola (MCM)	Seção transversal (mm²)	Formação do condutor		Diâmetro nominal condutor (mm)	Peso nominal (kg/km)	Carga de ruptura (kgf)	Resistência elétrica (ohm/km)		Raio médio geométrico (m)	Reatância		Ampacidade (A)
			Nº de fios	Diâmetro (mm)				CC 20°C	CA-60 Hz 75°C		Indutiva (ohm/km)	Capacitiva (Mohm.km)	
Akron	**30,58**	15,50	7	1,679	5,04	42,5	502	2,1611	2,5725	0,00183	0,4754	0,2856	120
Alton	**48,69**	24,66	7	2,118	6,35	67,7	799	1,3584	1,6156	0,00230	0,4580	0,2746	161
Ames	**77,47**	39,25	7	2,672	8,02	107,7	1272	0,8534	1,0191	0,00291	0,4404	0,2635	215
Azuza	**123,3**	62,48	7	3,371	10,11	171,4	1939	0,5361	0,6388	0,00367	0,4229	0,2524	288
Anaheim	**155,4**	78,64	7	3,782	11,35	215,8	2440	0,4260	0,5071	0,00412	0,4142	0,2469	333
Amherst	**195,7**	99,16	7	4,247	12,74	272,1	3077	0,3378	0,4027	0,00462	0,4055	0,2414	384
Alliance	**246,9**	125,09	7	4,770	14,31	343,2	3882	0,2678	0,3194	0,00519	0,3967	0,2358	445
Butte	**312,8**	158,49	19	3,259	16,30	434,9	4765	0,2114	0,2523	0,00618	0,3836	0,2296	517
Canton	**394,5**	199,90	19	3,660	18,30	548,5	6009	0,1676	0,2001	0,00693	0,3749	0,2241	599
Cairo	**465,4**	235,79	19	3,975	19,88	647,0	7088	0,1421	0,1696	0,00753	0,3687	0,2201	664
Darien	**559,5**	283,54	19	4,359	21,80	778,0	8524	0,1181	0,1417	0,00826	0,3617	0,2157	744
Elgin	**652,5**	330,62	19	4,707	23,54	907,2	9939	0,1013	0,1218	0,00892	0,3559	0,2121	819
Flint	**740,8**	375,36	37	3,594	25,16	1029,9	11041	0,0892	0,1075	0,00966	0,3499	0,2089	887
Greeley	**927,2**	469,85	37	4,021	28,15	1289,2	13821	0,0713	0,0864	0,01081	0,3414	0,2035	1018

Fonte: Nexans (2013).

Tabela 2.2 – Cabos condutores tradicionais e especiais utilizados em projetos de recondutoramento

Tipo	Condutor	Bitola	Seção transversal (mm²)		Formação do condutor				Diâmetro Nominal (mm)		Peso Nominal (kg/km)		
		AWG ou MCM	Alumínio	Total	Alumínio		Alma		Alma	Total	Alumínio	Alma	Total
					Nº de fios	Diâmetro (mm)	Nº de fios	Diâmetro (mm)					
CAA	Grosbeak	636,0	322,2	374,8	26	3,973	7	3,089	9,27	25,16	893,0	409,8	1302,8
T-ACSR	T-Grosbeak	636,0	322,3	374,8	26	3,973	7	3,089	9,27	25,16	893,0	409,8	1302,8
CAL	Flint	740,8	375,4	375,4	37	3,594	–	–	–	25,16	1029,9	–	1029,9
ACSS	Grosbeak	636,0	375,0		26		7			25,15			1301
ACCC	Grosbeak	825,0	414,0	–	19	–	–	–	8,13	25,14	1140,0	98	1238
ACCR	636-T16	636,0	323,0	375,0	26	4,0	7	3,1	9,3	25,2	892	181	1073
ACCC	HAWK	611,0	291,0	309,0	26	3,8	7	2,9	8,8	21,79	803		853,8
ACCR	Grosbeak	636,0	238,0	374,8	26	3,4	7	2,7	8,0	25,2	1073		1073
ACCR	397-T16	397,0	205,0	239,0	26	3,2	7	2,5	7,4	20,1	568	116	684
ACCR	336-T16	336,0	172,0	200,0	26	2,9	7	2,3	6,8	18,4	476	98	573
CAA	Drake	795,0	402,9	468,5	26	4,442	7	3,454	10,36	28,13	1116,3	512,3	1628,6

Fonte: Silva (2009).

Abordam-se, a seguir, algumas aplicações específicas relacionadas a estudos de recondutoramento, abordando também a ferramenta de simulação utilizada.

2.2 ESTUDOS DE RECONDUTORAMENTO

Neste tópico, são descritos o aplicativo computacional utilizado, os estudos realizados e os resultados obtidos.

2.2.1 O APLICATIVO COMPUTACIONAL

Para os estudos de recondutoramento, foi utilizado o aplicativo computacional PLS-CADD®, ou Power Line Systems – Computer Aided Design and Drafting. Como o nome diz, é um *software* desenvolvido pela Powerline, em 1984, com o intuito de dar suporte às atividades de projeto e locação de linhas aéreas de transmissão de energia elétrica.

O aplicativo computacional integra em um só lugar todos os componentes necessários para o desenvolvimento geométrico e estrutural de uma linha de transmissão; com isso, o *software* tem como objetivo encontrar as melhores estruturas entre as alternativas disponibilizadas, os menores pesos estruturais, otimizar a locação das estruturas sobre o terreno, o retracionamento dos cabos condutores, redefinir o grampeamento das cadeias de suspensão dos cabos, os custos devido ao investimento no aumento da potência a ser transmitida, assim como a aplicação de técnicas de recapacitação.

Com isso, por meio de dados topográficos do terreno, é possível obter todo o perfil do terreno onde a linha será instalada e, então, importar esses dados para o programa. Dessa forma, percebe-se que o programa melhora a produtividade do trabalho e diminui a chance de erros devido à inclusão de várias áreas envolvidas com o projeto mecânico e elétrico (ISOTECH, 2018).

2.2.2 METODOLOGIA APLICADA

Em cada um dos casos estudados, foram adotados os seguintes procedimentos: levantamento da situação atual das linhas de transmissão analisadas; avaliação preliminar da adequabilidade das tecnologias a serem aplicadas; identificação e implantação do modelo de cálculo de ampacidade, aferindo-se os resultados obtidos e direcionando-se eventuais adequações.

Desta forma, os estudos de caso foram direcionados para as seguintes linhas:

- derivação-Suape II: a linha de transmissão de 500 kV conecta a derivação (SE) de Suape, localizada no estado de Pernambuco, e está implantada em uma faixa de servidão passando pelos municípios de Jaboatão dos Guararapes, Recife e Suape, e com comprimento de 44 km.
- morro do Chapéu-Irecê: a linha de transmissão de 230 kV conecta a subestação (SE) de Morro do Chapéu à SE de Irecê, localizada no estado da Bahia, e está implantada em uma faixa de servidão passando pelos municípios de América Dourada, Prevenido e Lapão, com comprimento de 65 km.
- ibiapina-Sobral: a linha de transmissão de 230 kV conecta a subestação (SE) de Ibiapina à SE de Sobral, localizada no estado do Ceará, e está implantada em uma faixa de servidão passando pelos municípios de Mucambo, Rafael Arruda e São José do Torto, com comprimento de 74 km.

2.2.3 ESTUDO DE CASO 1 – DERIVAÇÃO-SUAPE II

As simulações foram realizadas no *software* PLS-CADD® com o cabo de alumínio liga 1350 classe A com alma de aço (CAA), o Grosbeak. De acordo com o aumento da capacidade de transmissão de energia elétrica, foi solicitada uma temperatura de longa duração de 75 °C e de curta duração de 89 °C, já que, como premissa para a recapacitação, de acordo com Domingues *et al.* (2004), a temperatura máxima permitida na operação normal é de 90 °C, uma vez que, acima dessa temperatura, o processo de recozimento se inicia.

Nas Figuras 2.8 e 2.9, são apresentados trechos de 1,5 km da linha Derivação Suape II, da Chesf, nas quais são observados os obstáculos que estão sendo ultrapassados e as notações G (Bom) e (OK) devido à não ocorrência de nenhuma violação nos pontos ilustrados. Essa simulação foi feita utilizando-se o cabo condutor original, as condições térmicas ora definidas, as percentagens equivalentes aos esforços mecânicos, as violações no balanço de cadeia e a relação vão de peso e vão de vento.

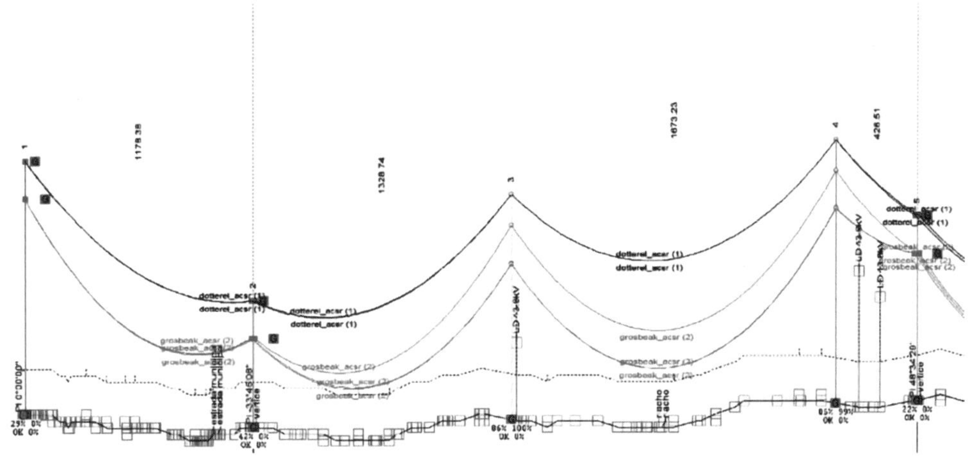

Figura 2.8 – Trecho de 1,5 km da linha de transmissão Derivação-Suape II com o condutor Grosbeak.

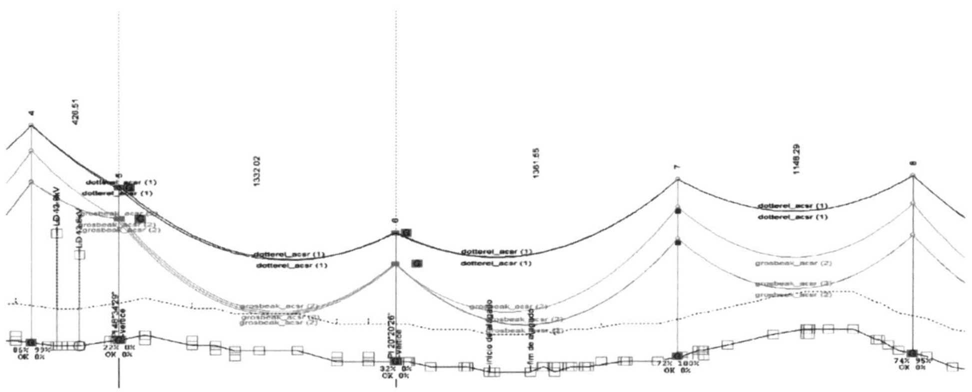

Figura 2.9 – Outro trecho de 1,5 km da linha de transmissão Derivação-Suape II com o condutor Grosbeak.

Com o aumento na capacidade de transmissão em virtude da solicitação da carga, ocorreram 15 violações na altura de segurança. Assim, foram necessárias técnicas de recapacitação para minimizar as violações que ocorreram nas distâncias do cabo condutor ao solo. Na Tabela 2.3, encontra-se registrado o relatório das alturas mínimas condutor-solo, no qual são ressaltadas, em vermelho com a denominação NG, as 15 violações ocorridas. Em preto, ilustram-se as distâncias não violadas com a denominação "OK".

Tabela 2.3 – Relatório das violações de alturas de segurança

From Station of Structure	To Station of Structure	Controlling Weather Case	-Clearance--- ---Margin---- Vert. (m)	Horiz. (m)	OK	Comment
1	2	Temp max longa duracao recap	4,74	-4,71	OK	
2	3	Temp max longa duracao recap	0,70	0,48	OK	
3	4	Temp max longa duracao recap	0,16	7,83	OK	
4	5	Temp max longa duracao recap	-0,50	-2,32	NG	
5	6	Temp max longa duracao recap	-0,60	-4,54	NG	
6	7	Temp max longa duracao recap	0,16	1,96	OK	
7	8	Temp max longa duracao recap	-0,03	-1,11	NG	
8	9	Temp max longa duracao recap	4,01	11,32	OK	
9	10	Temp max longa duracao recap	-0,48	-1,26	NG	Ground clear controls.
10	11	Temp max longa duracao recap	-1,28	-1,04	NG	
11	12	Temp max longa duracao recap	-1,96	-1,00	NG	
12	13	Temp max longa duracao recap	-2,13	-1,00	NG	
13	14	Temp max longa duracao recap	-1,73	-1,00	NG	
14	15	Temp max longa duracao recap	-2,13	-1,00	NG	
15	16	Temp max longa duracao recap	-1,59	-1,00	NG	
16	17	Temp max longa duracao recap	6,30	0,22	OK	
17	18	Temp max longa duracao recap	-1,13	-1,27	NG	
18	19	Temp max longa duracao recap	-0,78	-1,08	NG	
19	20	Temp max longa duracao recap	3,88	0,68	OK	
20	21	Temp max longa duracao recap	0,33	-1,93	OK	
21	22	Temp max longa duracao recap	-0,19	-4,75	NG	

13 spans with clearance violations NG
8 spans without clearance violations

Após analisadas algumas alternativas básicas de recapacitação (encurtamento da cadeia de isoladores, retracionamento e inserção de estruturas) sem sucesso, optou-se pelo recondutoramento da linha.

O projeto original da linha foi realizado com o cabo condutor Grosbeak 636 MCM liga 1350 classe A, e, de acordo com as características e propriedades análogas ao cabo condutor CAL Flint liga 1601, a recapacitação torna-se aparentemente viável, pois, com as similaridades em resistência mecânica e elétrica, o cabo CAL Flint pode chegar a ser 30% mais leve do que o cabo condutor CAA Grosbeak convencional, de acordo com o peso (kg/km) de cada cabo condutor. Essa característica faz com que as flechas nos vãos utilizando esse condutor CAL Flint sejam mais de 10% inferiores ao cabo CAA Grosbeak para grandes vãos. O cabo também apresenta maior resistência à corrosão em razão da ausência da alma de aço, a qual é constituída por liga de alumínio.

Do ponto de vista econômico, o custo do cabo CAL Flint tem sido competitivo em relação ao cabo CAA Grosbeak equivalente, tornando o seu uso cada vez mais frequente em empreendimentos de recapacitação e na escolha mais econômica na concepção de novas linhas de transmissão (JUNIOR *et al.*, 2005). Esta solução tem sido utilizada em várias concessionárias com sucesso (WIEDMER, 2005; HOFFMANN; FONSECA, 2003).

Portanto, para que ocorra a correção da altura de segurança do projeto realizado com o cabo condutor Grosbeak, a técnica de recapacitação de recondutoramento no PLS-CADD® do cabo condutor Grosbeak foi realizada com o cabo condutor Flint, aplicando-se todas as suas características comentadas anteriormente. Na Figura 2.10, é ilustrado o projeto de 1,5 km da linha com o cabo Flint, mostrando que esse cabo condutor apresenta menores flechas quando comparado com o condutor original Grosbeak, apresentado na Figura 2.8. Verifica-se também que as violações de altura foram devidamente eliminadas.

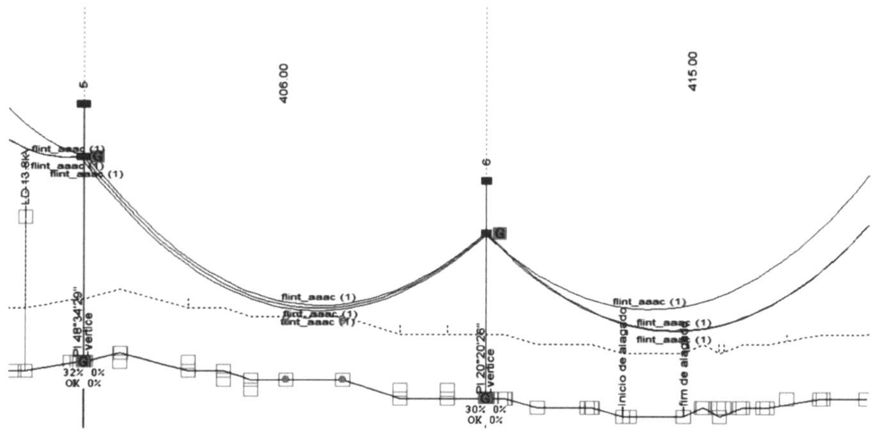

Figura 2.10 – Trecho de 2 km da linha de transmissão com o condutor Flint.

Como aferição da técnica de recondutoramento, na Tabela 2.4, é apresentado um relatório no qual são explicitadas as violações ainda existentes, após a substituição pelo cabo condutor Flint (uma única violação em vermelho). Então, pode-se analisar que esse tipo de escolha é próspero e adequado já que, para o aumento de temperatura do projeto para 89 °C ocorre apenas uma única violação, que pode ser corrigida por outra técnica convencional.

Tabela 2.4 – Relatório de violação das alturas de segurança, com o cabo Flint

1	2 Temp max longa duracao recap	5,52	-4,69	OK
2	3 Temp max longa duracao recap	0,80	0,47	OK
3	4 Temp max longa duracao recap	2,58	32,19	OK
4	5 Temp max longa duracao recap	-0,38	-2,31	NG
5	6 Temp max longa duracao recap	-4,30	84,67	??
6	7 Temp max longa duracao recap	1,65	1,95	OK
7	8 Temp max longa duracao recap	1,02	-1,11	OK
8	9 Temp max longa duracao recap	4,41	11,33	OK
9	10 Temp max longa duracao recap	1,02	-1,25	OK
10	11 Temp max longa duracao recap	1,04	7,97	OK
11	12 Temp max longa duracao recap	0,36	-1,00	OK
12	13 Temp max longa duracao recap	1,63	-1,00	OK
13	14 Temp max longa duracao recap	0,93	-1,00	OK
14	15 Temp max longa duracao recap	2,84	0,00	OK
15	16 Temp max longa duracao recap	2,14	8,00	OK
16	17 Temp max longa duracao recap	7,88	0,26	OK
17	18 Temp max longa duracao recap	3,97	0,29	OK
18	19 Temp max longa duracao recap	3,02	0,10	OK
19	20 Temp max longa duracao recap	4,22	0,74	OK
20	21 Temp max longa duracao recap	0,80	-1,05	OK
21	22 Temp max longa duracao recap	3,97	-5,00	OK

Evidencia-se também que, para as condições solicitadas, no projeto de recapacitação, o cabo condutor soluciona fortemente as restrições ambientais, como as temperaturas relativamente altas, já que se situa na região metropolitana do Recife.

2.2.4 ESTUDO DE CASO 2 – MORRO DO CHAPÉU-IRECÊ

O projeto de locação da linha de transmissão seguiu os mesmos princípios do projeto comentado no caso anterior. Foram adotados os seguintes parâmetros nos cálculos, em consonância com a recomendação do edital analisado (ANEEL, 2011):

- temperatura ambiente (máxima média da região): 30 °C;
- atmosfera limpa;
- radiação solar máxima: 1200 W/m^2;
- coeficiente de absorção: 0,78
- coeficiente de emissividade: 0,77.

As Tabelas 2.5 e 2.6 representam as características de longa e curta duração admissível para o projeto da linha de transmissão estudada.

Tabela 2.5 – Regime de longa duração

Corrente na fase (A)	Corrente no condutor (A)	Temperatura (°C)
2.524	631	61

Tabela 2.6 – Regime de curta duração

Corrente na fase (A)	Corrente no condutor (A)	Temperatura (°C)
3.180	795	74

No sentido de maximizar a corrente admissível da linha e em conformidade com a NBR-5422 (ABNT, 1985), foram consideradas as seguintes condições mais favoráveis:

- temperatura mínima média: 24 °C;
- radiação solar: 0 W/m^2 (sem sol);
- temperatura para flecha máxima: 74 °C.

Na Figura 2.11, é apresentado o resultado da simulação de um trecho da linha com o seu condutor original (Flint).

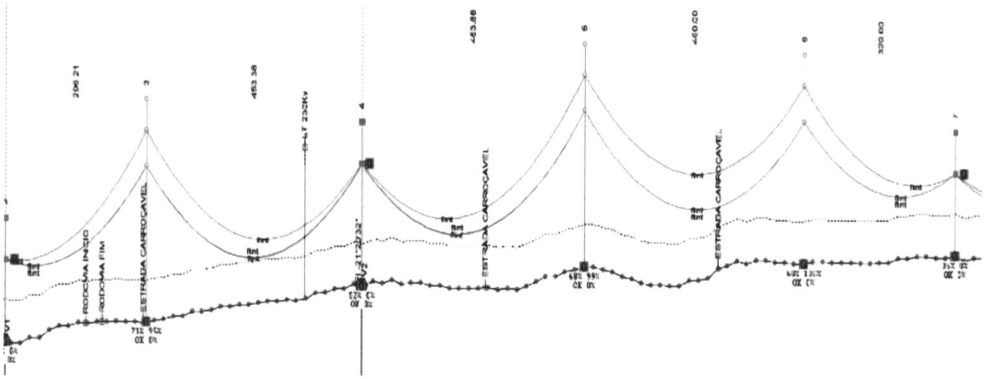

Figura 2.11 – Trecho de 1,5 km da linha de transmissão com o condutor ACCC.

Com o aumento na capacidade de transmissão devido à solicitação da carga, ocorreram 17 violações na altura de segurança. Para recondutoramento, foi escolhido o condutor Hawk, um condutor ACCC da CTC Global, com núcleo híbrido de fibra de carbono e vidro incorporado em uma matriz epóxi termoendurecível de alto desempenho. As fibras de vidro externas melhoram a tenacidade e a flexibilidade, ao mesmo tempo em que fornecem uma barreira galvânica para evitar a corrosão com os fios de alumínio condutores, e seu núcleo composto oferece um coeficiente de expansão térmica cerca de 10 vezes menor do que o aço. Além disso, o baixo coeficiente de expansão térmica atenua o afundamento do condutor sob condições de carga elétrica pesada. Além disso, o Hawk pode operar em regime permanente a 180 °C e, em regime de emergência, a 200 °C (GLOBAL, 2018).

Adicionalmente, o condutor Hawk tem as seguintes características vantajosas se comparado com o Flint: peso menor, o que traz a contribuição de menores flechas, baixo coeficiente de dilatação térmica e módulo de elasticidade final, evidenciando uma diminuição na capacidade de alongamento e maior permanência sem deformação quando submetido a maiores temperaturas.

Na Tabela 2.7, encontra-se registrado o relatório das alturas dos vãos de frente das estruturas que apresentaram violações quando da simulação com o condutor original. Observa-se que o recondutoramento com o cabo Hawk não levaria a nenhuma violação nas alturas de segurança. Os resultados apontaram que o recondutoramento permitiria o aumento de carga da linha, sem violação das alturas de segurança, credenciando o uso do condutor Hawk como solução para a repotencialização pretendida da linha de transmissão.

Tabela 2.7 – Registro das alturas do condutor por vão, após recondutoramento pelo Hawk

140	141 Flecha maxma conductor 74 C	1,74	-5,25	OK
141	142 Flecha maxma conductor 74 C	2,85	-5,55	OK
142	143 Flecha maxma conductor 74 C	4,37	-3,07	OK
143	144 Flecha maxma conductor 74 C	2,51	-4,89	OK
144	145 Flecha maxma conductor 74 C	2,57	-3,05	OK
145	146 Flecha maxma conductor 74 C	1,05	-6,22	OK
146	147 Flecha maxma conductor 74 C	1,75	-5,13	OK
147	148 Flecha maxma conductor 74 C	8,62	-4,94	OK
148	149 Flecha maxma conductor 74 C	1,95	-3,08	OK
149	150 Flecha maxma conductor 74 C	1,26	-4,72	OK
150	151 Flecha maxma conductor 74 C	0,68	-5,91	OK
151	152 Flecha maxma conductor 74 C	10,14	-3,10	OK
152	153 Flecha maxma conductor 74 C	7,78	-3,00	OK
153	154 Flecha maxma conductor 74 C	4,08	-3,09	OK
154	155 Flecha maxma conductor 74 C	3,05	-6,14	OK
155	156 Flecha maxma conductor 74 C	2,08	-5,43	OK
156	157 Flecha maxma conductor 74 C	8,03	-3,08	OK
157	158 Flecha maxma conductor 74 C	4,93	-3,00	OK
158	159 Flecha maxma conductor 74 C	3,94	-4,93	OK
159	160 Flecha maxma conductor 74 C	1,35	-5,79	OK
160	161 Flecha maxma conductor 74 C	1,30	-5,55	OK
161	162 Flecha maxma conductor 74 C	1,52	-5,29	OK
162	163 Flecha maxma conductor 74 C	5,20	-6,49	OK
163	164 Flecha maxma conductor 74 C	2,26	-3,12	OK
164	165 Flecha maxma conductor 74 C	2,56	0,78	OK
165	166 Flecha maxma conductor 74 C	1,06	-5,74	OK
166	167 Flecha maxma conductor 74 C	3,08	-5,11	OK
167	168 Flecha maxma conductor 74 C	0,62	-6,06	OK
168	169 Flecha maxma conductor 74 C	6,12	0,68	OK

0 spans with clearance violations OK

2.2.5 ESTUDO DE CASO 3 – IBIAPINA-SOBRAL

Para o caso em tela, foram adotados os seguintes parâmetros, voltados para a repotencialização da linha, inicialmente com o condutor ACSR Grosbeak:

- temperatura média (EDS): 26 °C;
- radiação solar máxima: 1200 W/m^2;
- coeficiente de absorção: 0,78;
- coeficiente de emissividade: 0,77;
- temperatura máxima: 40 °C.

A repotencialização da linha levará ao aumento de sua capacidade de transporte de potência de curta duração de 437 A (174 MVA) para 621 A (247 MVA). Nas Tabelas 2.8 e 2.9, são registradas condições operativas atuais e após a pretendida repotencialização.

Tabela 2.8 – Condição operativa atual

Capacidade operativa atual (A)	Temperatura de curta duração (°C)
437	50

Tabela 2.9 – Condição operativa após repotencialização

Capacidade operativa atual (A)	Temperatura de curta duração (°C)
621	65

Observa-se também que a linha de transmissão está implantada no eixo de uma faixa de servidão de 40 m largura, sendo 20 m de cada lado. Ou seja, a recapacitação é ainda mais necessária quando comparada a uma faixa de servidão tão larga que geraria uma varredura de terra e desmatamento da região por onde a linha atravessasse.

Com o aumento na capacidade de transmissão devido à solicitação da carga, ocorreram violações na altura de segurança. Dessa forma, as técnicas de recapacitação surgem como solução à construção de uma nova linha de transmissão em resposta ao aumento na demanda solicitada. Foram necessárias técnicas de recapacitação para minimizar as violações que ocorreram entre as distâncias do cabo condutor ao solo.

Para aplicação do recondutoramento, neste caso, foram testados dois condutores: o ACCC da CTC e o ACCR da 3M. O primeiro foi escolhido por ser mais compacto, ter núcleo central de carbono e apresentar alta resistência. Quanto ao segundo, sua escolha foi motivada porque seu núcleo é composto por fibras contínuas de óxido de alumínio mergulhados em alumínio puro e coroas de liga alumínio-zircônio, contribuindo para uma grande diminuição na flecha e para aumento na capacidade de condução de corrente elétrica. Além disso, o baixo peso, o reduzido coeficiente de dilatação linear e a alta resistência justificam sua escolha e evidenciam sua contribuição para o estudo. Ambos os condutores permitem operação em altas temperaturas: o condutor Grosbeak da CTC Global tem temperatura de emergência de 180 °C, e o condutor Grosbeak da 3M tem temperatura de emergência de 210 °C.

Nas Figuras 2.12 e 2.13, são apresentados trechos da linha de transmissão com a aplicação dos condutores ACCC e ACCR, respectivamente.

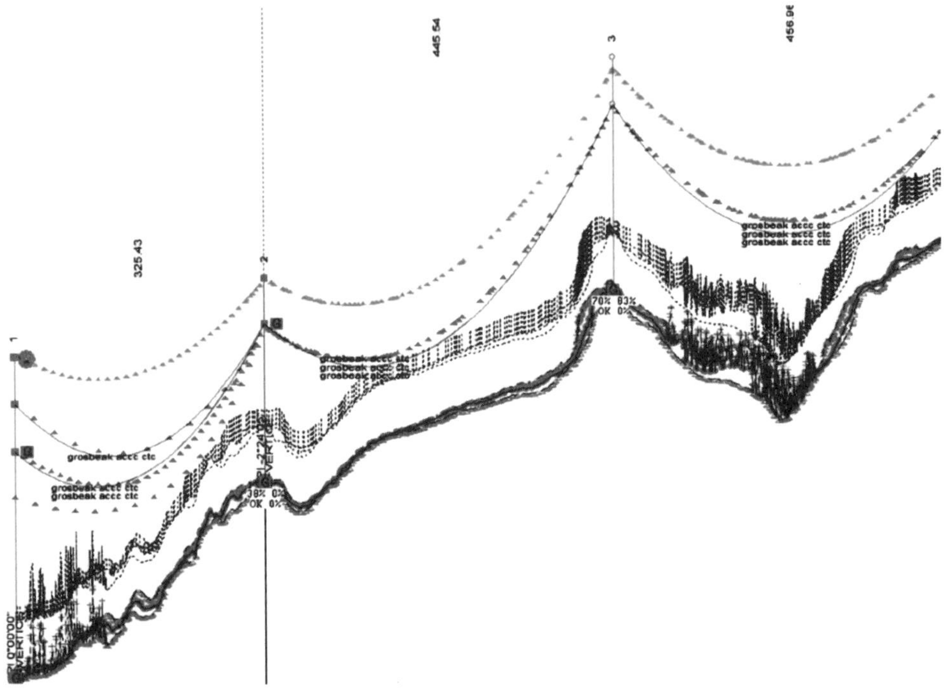

Figura 2.12 – Trecho de 1,5 km da linha de transmissão com o condutor ACCC.

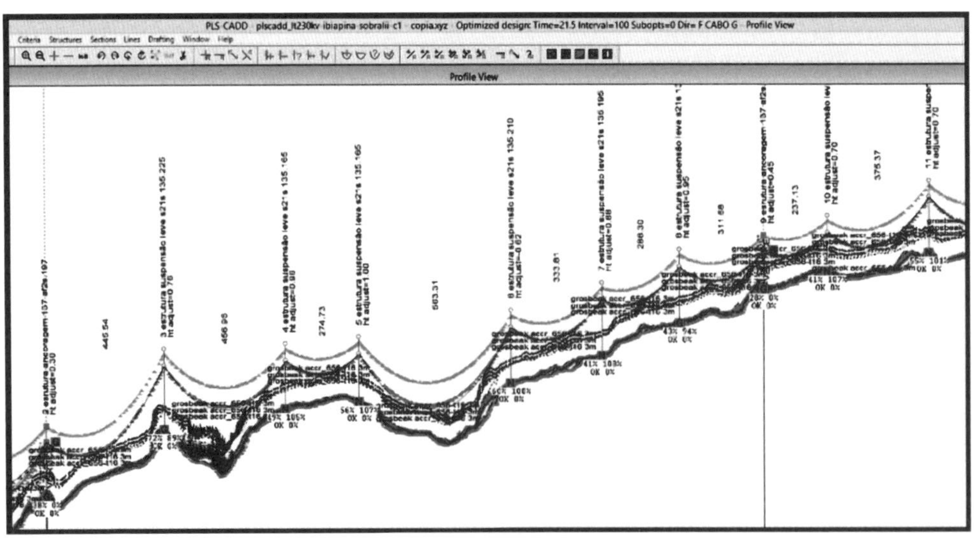

Figura 2.13 – Trecho de 1,5 km da linha com o condutor ACCR.

Observa-se que ambos os condutores levariam a um comportamento operacional compatível com a expansão da demanda de transmissão de energia elétrica sem comprometer as alturas de segurança preconizadas.

Economicamente, esses cabos apresentam custos elevados, entretanto há compensações favoráveis associadas à minimização de reforços estruturais e/ou de fundações diante dos baixos pesos desses cabos.

Pelos exemplos analisados, a técnica de recondutoramento representa uma alternativa que deve ser sempre considerada para a recapacitação de uma linha de transmissão. Nos próximos capítulos, serão abordadas outras técnicas, cada uma delas incorporando suas especificidades e aplicabilidades.

REFERÊNCIAS

3M COMPANY. *ACCR Conductors.* [*S. l.*],. Disponível em: https://multimedia.3m.com/mws/media/478270O/3mtm-accr-technical-summary-english-units.pdf. Acesso 2m 10/06/2022.

ABNT. NBR 5422 – Projeto eletromecânico de linhas aéreas de transmissão de energia elétrica. Rio de Janeiro, 1985.

ANEEL. Sub*estação Morro do Chapéu 230/69 kV e LT Morro do Chapéu* – Irecê 230 kV. [*S. l.*], 2011. Disponível em: http://www2.aneel.gov.br/aplicacoes/editais_transmissao/documentos/ANEXO_LOTE_B_SE_Morro.do.Chapéu_LT_Morro.do.Chapéu_10mai2011.pdf. Acesso em: 1 jun. 2022.

BEÇA J. M. M., *Modelagem e validação de técnicas de repotencialização de linhas de transmissão.* Dissertação (Mestrado) – Programa de Pós-Graduação em Engenharia Elétrica da Universidade Federal de Pernambuco, 2019.

BERYOZKINA, S.; SAUHATS, A. Research and simulation of overhead power line uprating using advanced conductors. *In*: IEEE. *Power and Electrical Engineering of Riga Technical University (RTUCON)*, 2015 56th International Scientific Conference on. [*S. l.*], 2015.

CAVASSIN, T. S. P. F. R. S. Uma abordagem multicritérios para recapacitação de linhas de transmissão. *Revista Controle e Automação*, v. 23, n. 6, p. 749-765, Dec. 2012.

DOMINGUES, I. *et al.* Uprating of transmission lines-reconductoring acsr by conductors thermo-resistant tacsr and tacir (invariable). *In*: IEEE. *Transmission and Distribution Conference and Exposition*: Latin America, 2004 IEEE/PES. [*S. l.*], 2004.

FUCHS, R. D. *Transmissão de energia elétrica.* Uberlância: Editora Edufu, 2015.

GLOBAL, C. *ACCC Conductors CTC Global.* [*S. l.*], 2018. Disponível em: https://www.ctcglobal.com/accc-conductor/. Acesso em: 1 jun. 2022.

HOFFMANN, J.; FONSECA, H. Custo de estruturas metálicas em projetos de linhas de transmissão, em função do cabo condutor, temperatura de projeto e perfil do terreno. *In*: XVII SEMINÁRIO NACIONAL DE PRODUÇÃO E TRANSMISSÃO DE ENERGIA ELÉTRICA, Rio de Janeiro, 2003.

ISOTECH. *PLS-CADD.* [*S. l.*], 2018. Disponível em: https://isotechqualidade.com.br/pls-cadd/#page-content. Acesso em: 1 jun. 2022.

JUNIOR, A. E. *et al.* Utilização de cabos de alumínio liga 6201 em linhas de transmissão 230 kv. *In*: XVIII SNPTEE - SEMINÁRIO NACIONAL DE PRODUÇÃO E TRANSMISSÃO DE ENERGIA ELÉTRICA, Curitiba, 2005.

MENDES, L. M. R. et al. Recapacitação de linhas de transmissão aérea com aproveitamento da infraestrutura existente. *In*: *Seminário Nacional de Distribuição de Energia Elétrica*, Belo Horizonte/MG. [*S. l.*: *s. n.*], 2006.

NEXANS, C. *Alumínio condutores nus.*[*S. l.*: *s. n.*], maio 2013. (Catálogo).

PESSOA, L. *Proposta de tecnologia para recapacitação de linhas de transmissão baseado na relocacação de estruturas de concreto.* Tese (Doutorado) - UFPE, 2017.

SILVA, A. da. *Modelagem para repotencialização de linhas de transmissão através da aplicação de condutores especiais.* Tese (Doutorado) - UFPE, 2009.

WIEDMER, R. et al. Recapacitação de linhas de transmissão 138 kv utilizando cabo de alumínio liga 6201. *In*: *XIX Seminário Nacional de Produção e Transmissão de Energia Elétrica.* [*S. l.*: *s. n.*], 2007.

WIEDMER, R. S. Recapacitação de linha de transmissão 230 kv utilizando cabo termorresistente tacsr. *In*: XVIII SNPTEE - Seminário Nacional de Produção e Transmissão de Energia Elétrica, Curitiba, 2005.

CAPÍTULO 3
TÉCNICA DE RELOCAÇÃO DE ESTRUTURAS DE CONCRETO

Lígia Verônica Genésio Pessoa[1]
José Maurício de Barros Bezerra

O crescimento do consumo de energia trouxe aos projetistas de linhas uma tarefa cada vez mais frequente: inúmeras autorizações de repotencialização das linhas de transmissão (LT).

Os aspectos relativos aos altos custos fundiários e às dificuldades na aquisição de novas faixas de passagens têm sido um grande desafio para os agentes do setor elétrico, diminuindo a atratividade de obras de linhas de transmissão (TCU, 2014).

Estudos de planejamento energéticos e solicitações de autorizações de repotencialização de LT estão sendo realizadas com a velocidade necessária, contudo a conclusão desses serviços não ocorre no prazo requerido.

Dessa maneira, as poucas técnicas consolidadas dentro das concessionárias, a necessidade de corte de carga em determinados momentos do sistema para que não haja contingência e a pouca eficiência de implantação dos empreendimentos de repotencialização (grandes prazos para execução e altos custos) trouxeram à tona um grande desafio: a busca no Brasil e no mundo de formas para prover e desenvolver novas soluções.

Essa motivação levou à busca de tecnologias que estão sendo pesquisadas, desenvolvidas e realizadas na área de repotencialização de LT, com o intuito de aumentar a capacidade de resolução dessa equação, minimizando custos, trocando ideias com

---

1 Este capítulo está embasado na dissertação de mestrado da Lígia Verônica Genésio Pessoa, defendida no Programa de Pós-Graduação em Engenharia Elétrica da Universidade Federal de Pernambuco. (PESSOA, 2017).

profissionais da área, desenvolvendo inovações e verificando suas exequibilidades técnico-econômicas.

Neste contexto, foi observado que uma das alternativas à repotencialização de linhas de transmissão estaria relacionada com o refinamento do levantamento topográfico originalmente realizado e com a revisão do projeto de plotagem da linha, aproveitando-se as estruturas existentes, relocando-as para posições mais adequadas e incorporando um pequeno acréscimo na altura das estruturas por meio de fundações tipo cálice.

O estudo ora publicado teve como motivação básica o desenvolvimento de pesquisa similar voltada para estruturas metálicas. Este capítulo se inicia, portanto, descrevendo essas primeiras pesquisas para, em seguida, detalhar as adequações feitas para estruturas de concreto.

3.1 RELOCAÇÃO DE ESTRUTURAS METÁLICAS COM ALTEAMENTO

Em uma linha de transmissão extremamente importante no sistema International Transmission Company (ITC) no estado de Michigan, localizado na região Norte-Nordeste dos Estados Unidos, uma LT de circuito duplo, metálica, na tensão de 345 kV, era preciso elevar sua capacidade operativa, com pouco tempo para desligamentos durante a execução do empreendimento (DUPREE *et al.*, 2015).

Para a definição da solução de relocação de estruturas metálicas com seus alteamentos, houve previamente um estudo de viabilidade técnico-econômica para as três possíveis alternativas:

1. substituição de 25 torres treliçadas de aço existentes com novas torres treliçadas de aço;
2. substituição das torres treliçadas existentes por novas torres tubulares de aço;
3. aumento das torres treliçadas de aço existentes com novas extensões da torre.

A opção 3 foi avaliada como a de menor impacto negativo do ponto de vista de confiabilidade. As opções 1 e 2 requeriam ambas muitas interrupções da linha, tanto a inserção de novas estruturas como a remoção das estruturas existentes. A opção 3 necessita de apenas uma interrupção para soltar os cabos e pô-los nas bandolas e deslocar as estruturas existentes, requerendo bem menos tempo do que o necessário para as opções 1 ou 2. A opção 3 também foi avaliada como a de maiores facilidade e rapidez para colocar novamente a LT em serviço durante a realização dos serviços em caso de emergência.

Levando em consideração o projeto de programação dos desligamentos e de execução dos serviços, a opção 3 foi avaliada como a solução que poderia ser implementada mais rapidamente porque ela utilizou modelos de estruturas existentes, com necessidade de aquisição de um mínimo de materiais. Essa solução diminuiu substancialmente o tempo das fases de confecção e entrega do material e resultou em um cronograma global mais curto. As durações totais para realização dos serviços, em cada uma das três opções, eram bem semelhantes.

Analisando os aspectos econômicos, verificou-se que a opção 1 (substituição por novas torres treliçadas de aço) era a mais cara, com o mais alto custo de construção e o segundo maior custo para a aquisição de estruturas. A opção 2 (substituição com novas estruturas tubulares de aço) se configurou como a segunda mais cara, com os custos mais elevados para a aquisição de estruturas. A opção 3 (levantamento e relocação das torres treliçadas existentes) apresentou-se como a mais barata, com o menor custo de suprimento de material e custo para realização dos serviços aproximadamente igual à opção 2 e fundações com custo igual à opção 1. Por essas questões, a opção 3 foi avaliada como a melhor solução em termos de confiabilidade, programação e economia, portanto a concessionária ITC decidiu prosseguir com essa opção.

Para adoção da alternativa escolhida, foram tomadas as seguintes medidas:

- após a identificação dos cabos baixos por meio do PLS-CADD©, verificou-se onde eram necessárias alterações para retirada dos pontos limitantes que violavam as distâncias de segurança;
- elaboração de cálculos estruturais para verificação da exequibilidade do remanejamento das estruturas;
- realização de ensaios de protótipos para verificação da solução em laboratórios com células de carga.

Nos últimos 3 anos, com essa solução a equipe de projeto desta empresa completou quatro projetos de repotencialização de 345 kV adicionais utilizando uma torre semelhante (DUPREE *et al.*, 2015).

O içamento da estrutura metálica é feito por meio de guindastes, conforme ilustrado na Figura 3.1. Antes da relocação da estrutura, há o preparo das fundações, dos pés e das extensões da estrutura. A relocação da estrutura é feita após as bases (fundações e *stubs*) já terem sido concretadas, conforme ilustrado na Figura 3.2.

Figura 3.1 – Içamento para relocação de estrutura metálica existente.

Figura 3.2 – Colocação da estrutura relocada em novo posicionamento em novos pés.

As soluções já implementadas permitem ressaltar os seguintes aspectos positivos:

- simulações exaustivas no PLS-CADD© para avaliação de várias alternativas de recapacitação;
- os estudos detalhados das estruturas treliçadas para verificação da movimentação das estruturas para outros locais, melhorando a cota e acrescentando pés à extensão da torre, o que aumenta a altura das torres onde necessário;
- a formação de uma equipe multidisciplinar foi essencial para os resultados alcançados.

Todavia, a experiência apontou que há um item imprescindível na hora de se iniciar o processo de recapacitação de uma linha de transmissão: o levantamento topográfico detalhado de onde se encontra a LT. Na maioria dos casos, tem de ser feita uma verdadeira engenharia reversa, isto é, recuperar os dados de projeto *in loco*. Como as LT são antigas, há alterações bastante significativas da faixa onde a LT foi originalmente projetada. A criação de estradas, ruas, condomínios, açudes, linhas de distribuição, subtransmissão etc. põe sobre o projetista uma grande responsabilidade de reaver toda a área que a LT está atravessando. O que antes existia como obstáculo para verificação das distâncias de segurança não corresponde mais à realidade atual.

Um vasto levantamento topográfico tem de ser novamente realizado, pois este se caracteriza como a "coluna vertebral" de um projeto. Desta forma, assegura-se um projeto de recapacitação menos passível de violações de distâncias de segurança. Os objetos atravessados pela LT durante a implantação de um empreendimento deste porte, revelado pelo levantamento topográfico inicial e com o auxílio da conferência topográfica dos pontos críticos da LT, devem estar no topo da prioridade do projetista. Isso trará uma confiabilidade enorme aos critérios por ele aplicados, bem como a segurança de objetos e pessoas que precisam conviver com essa infraestrutura. Esses aspectos serão explorados com mais detalhes a seguir.

3.2 LEVANTAMENTO TOPOGRÁFICO – REFINAMENTOS TECNOLÓGICOS

Serão avaliadas a seguir as principais técnicas utilizadas no levantamento topográfico de LT aéreas de energia elétrica, suas aplicações e limitações. Atenção especial é dedicada às técnicas de Lidar (*light detection and ranging*) e *laser* (*light amplification by stimulated emission of radiation*), capazes de determinar os relevos, vegetações e obstáculos existentes para aprimoramento das soluções das LT.

A experiência executiva e todas as pesquisas realizadas sobre recapacitação de LT detectam que é imprescindível um levantamento topográfico bem elaborado, como também uma posterior conferência desses dados, que deve ser realizada por outra equipe de topografia, com o propósito de minimização de erros.

É normalmente verificado que, ao longo da vida útil de uma LT, há uma mudança contínua nos obstáculos atravessados pela LT. O surgimento de rodovias, linhas de distribuição, áreas de preservação permanentes, urbanização etc. leva o projetista a se conscientizar do quanto é importante ter o levantamento topográfico atualizado antes de escolher as opções de recapacitação a ser adotada.

Por sua vez, a atividade de levantamento topográfico tem se caracterizado como um caminho crítico para o cumprimento dos cronogramas; isso porque fatores como a permissão de passagem, além da negativa dos proprietários na abertura de picadas e dificuldades com licenciamentos prévios ambientais, têm dificultado o início das atividades de campo requeridas para a elaboração do projeto de recapacitação de LT (ARAÚJO, 2003).

Para a realização das atividades concernentes à obtenção dos dados necessários para subsidiar o projeto da LT, com tecnologia tradicional amplamente consolidada, são utilizados o teodolito e as estações totais associadas aos sistemas de posicionamento por satélite GPS-RTK (*global positioning system - real time kinematic*). Essas tecnologias, contudo, apresentam o inconveniente de requererem a abertura de picada, em áreas de vegetação interceptadas pelo traçado da linha de transmissão.

Técnicas e equipamentos para a realização das atividades de levantamentos topográficos utilizadas na elaboração de projetos de LT são apresentados nas seções a seguir.

3.2.1 TEODOLITO

O teodolito é um instrumento contendo um jogo de lentes, no qual é possível aferir medidas a longas distâncias e desníveis de terrenos e objetos (DIGGES, 1571). Para LT, este foi o primeiro instrumento utilizado para mapear o traçado, obstáculos e plantas e perfis dos terrenos atravessados pelas LT. Como as medidas destas não são diretas, as distâncias são calculadas de forma indireta, a partir dos dados coletados, utilizando relações trigonométricas, feitas de maneira manual.

O instrumento teodolito vem sendo utilizado para o levantamento topográfico da maioria das LT do Brasil e reinou no mundo durante cerca de 450 anos (FONTES, 2005). A sua utilização foi fundamental para o projeto do Sistema de Transmissão Nacional em operação. Na década de 1990, entretanto, com a aquisição das estações totais automatizando as medidas em campo, as concessionárias começaram a abandonar esse instrumento para os propósitos aqui registrados.

3.2.2 ESTAÇÃO TOTAL

A estação total é uma junção do teodolito com o distanciômetro (medidor de distâncias). A maior praticidade deste equipamento está associada a levantamentos planialtimétricos em menores prazos e menos cálculos manuais, quando comparados aos levantamentos feitos com teodolitos. Esse equipamento surgiu logo depois do advento do primeiro medidor eletrônico de distância (MED) (FONTES, 2005). A rapidez desse sistema vem da possibilidade de armazenamento interno dos dados e o processamento de cálculos preliminares, ainda no campo.

A estação total aliada ao GPS (*global positioning system*) de navegação e ao GPS geodésico ainda é largamente utilizada para desvios de novas LT, determinação das alturas dos obstáculos aéreos, aliada ao RTK (*real time kinematic*). Esta tecnologia também é aplicada na identificação da tração existente nos cabos condutores, grandeza fundamental ao projeto de recapacitação de LT (GRANDO; LAND; RHODEN, 2015).

3.2.3 GPS-RTK

Levantamentos topográficos realizados pelo GPS-RTK (*global positioning system - teal time kinematic*) vêm ganhando espaço entre as técnicas de georreferenciamento mais atuais. Para o levantamento topográfico de LT não é diferente. Desde o fim da Segunda Guerra Mundial, o geoposicionamento tem sido empregado em escala comercial (FONTES, 2005).

No sistema RTK, além do rastreio de sinal pela base fixa e pela base móvel, os receptores permitem uma comunicação via rádio entre si, o que possibilita que o receptor da base móvel tenha condições de fornecer uma correção em tempo real em relação à base fixa. Nesse sistema, é possível definir o erro padrão aceitável de trabalho a ser realizado, bem como realizar processamento de áreas, distâncias, entre outras informações, ainda no campo. No levantamento geodésico, não há a necessidade de visualização entre os pontos levantados, apenas é necessário que haja abertura dos obstáculos para recepção do sinal dos satélites e o sinal de rádio da base. O fácil manuseio dos equipamentos simplifica o trabalho dos topógrafos, agiliza o levantamento dos dados dos terrenos e incorpora uma grande precisão dos dados coletados (FREIBERGER *et al.*, 2003; GRANDO; LAND; RHODEN, 2015).

Os maiores problemas enfrentados nos levantamentos com RTK, portanto, estão relacionados à qualidade de sinal de GPS, o que é prejudicado por vegetações, construções, acidentes geográficos e por sombras do sinal de rádio. Para LT, o levantamento dos obstáculos aéreos (redes de telecomunicações, redes de distribuição etc.) pode ser feito via estação total. Esta técnica está sendo utilizada pelas concessionárias desde os anos 2000 com grande eficácia, promovendo o georreferenciamento dos traçados das estruturas das LT.

3.2.4 AEROFOTOGRAMETRIA E ORTOFOTOCARTA

Na definição da tecnologia que propicie um ganho tecnológico associado a um custo competitivo, as concessionárias optaram por testar a utilização do levantamento fotográfico por meio de avião. Foram introduzidas as ortofotocartas, que permitem a obtenção das cotas e progressivas necessárias à definição da planta e do perfil.

A aerofotogrametria é a cobertura aerofotográfica realizada com o intuito de mapear. Tem por finalidade determinar a forma, dimensões e posição dos objetos contidos em uma fotografia, por intermédio de medidas efetuadas sobre ela.

A ortofoto consiste geometricamente em um mapa de traço, onde todos os pontos se apresentam na mesma escala, podendo os elementos nela contidos ser medidos e vetorizados com precisão. É possível medir distâncias, posições, ângulos e áreas, como em um mapa qualquer. Esta técnica corrige a foto de todas as deformações presentes na fotografia aérea, advindas da projeção cônica das fotografias, que fornece à foto um aspecto distorcido, como se a imagem tivesse sido arrastada do centro para as bordas da foto.

Dessa forma, são obtidas com precisão as fotos da região atravessada pela linha de transmissão, sem nenhuma distorção relacionada ao ambiente, sem contato com o solo nem com a população, caso exista (IACOVINO *et al.*, 2010).

A desvantagem deste método é que ele exige a fotointerpretação por técnicos experientes no tratamento dos dados, tornando-se uma técnica onerosa e demorada em comparação com as técnicas anteriores. A presença de sombras e terrenos extremamente acidentados também dificultam a obtenção dos dados por meio desta metodologia (MUNDOGEO, 2012).

3.2.5 LIDAR

O Lidar (*light detection and ranging*) significa detecção de luz à distância. Em registros históricos, observa-se que o primeiro *laser* ótico foi desenvolvido em 1960 pela Hugles Aircraft, Inc. Mas o primeiro voo para perfilhamento de uma LT data de 1993, sob a responsabilidade de um grupo de pesquisa alemão (BUBNIAK *et al.*, 2005; BRANDALIZE, 1999). Sua primeira aplicação foi para levantamento da topografia de terrenos (GOMES, 2011). Seu princípio de aplicação consiste em um sistema de controle, um transmissor e receptor. Estes pulsos são lançados pelo transmissor em direção ao local desejado e o receptor captura seu retorno

O sistema de captação pode ser por via terrestre ou aérea. O sistema aéreo adquire dados digitais de elevação do terreno com precisão equivalente ao GPS, mas de forma muito mais eficaz. Neste caso, o sensor principal do sistema está localizado em uma aeronave cujo deslocamento sobre uma área de interesse é extremamente rápido, quando comparado com os levantamentos convencionais (BRANDALIZE, 1999). Na atualidade, o *laser* (nome adotado para indicar essa tecnologia) é utilizado com precisão e agilidade para o mapeamento digital do terreno, identificando a altura dos cabos condutores, posicionamento das estruturas e grande parte dos obstáculos existentes em uma linha de transmissão energizada (KERSTING, 2005).

3.2.6 IMAGENS DE SATÉLITES

Os levantamentos topográficos processados por meio de imagens de satélites ainda não apresentam a acurácia necessária para levantamentos topográficos de LT, pois a precisão na altimetria tem erros superiores aos aceitáveis para projetos desta natureza (erros acima de 0,50m) (Tec Terra, 2022). A precisão cartográfica é obtida pela retificação das imagens. Esta técnica pode ser utilizada para estudos preliminares de traçado, identificação de vegetações, áreas urbanas, áreas de preservação permanente (APP) etc. e verificações básicas para definição das técnicas de levantamento topográficos que serão utilizadas.

3.3 A TÉCNICA DE RELOCAÇÃO DE ESTRUTURAS

A ideia técnica é deslocar as estruturas originais de concreto com guindastes apropriados instalando-as em um local mais propício (com melhores cotas e com melhores locais de implantação) em uma nova fundação, previamente construída. Essa fundação pode ser do tipo aflorada (acima da cota do solo), com altura útil suficiente para realização de uma recapacitação ou retirada dos fatores limitantes da LT. Serão feitas, a seguir, considerações quanto ao tipo de fundação a ser utilizada.

3.3.1 FUNDAÇÃO EM CONCRETO ARMADO

Essa fundação é necessariamente concretada em duas fases, as quais, por um lado, facilitam o dimensionamento estrutural, com formulação e teoria conhecidas, mas que, por outro lado, dificultam a execução, pois haverá necessidade de estaiar os postes para que a segunda fase da concretagem seja empreendida, de tal forma a atingir a resistência característica à compressão desejada.

3.3.2 FUNDAÇÃO COMPOSTA DE CONCRETO ARMADO E AREIA ADENSADA

Esse tipo de solução facilita sua execução, não havendo necessidade de estaiar os postes, pois a segunda fase da concretagem, neste caso, é feita com areia adensada. Contudo, torna-se necessária a utilização de um processo de dimensionamento estrutural "empírico" devido ao trecho do afloramento, sem confinamento do solo, que não é levado em consideração nos dimensionamentos convencionais de fundações, mas que se sabe do seu efeito prático no sentido de suportabilidade dos esforços.

Analisando as duas soluções de fundação, pode-se concluir que a segunda opção trará vantagem não apenas executiva, mas também financeira, pois haverá substituição de parte do concreto por areia, como também dispensará o uso dos estais. Conduz, entretanto, à indispensável necessidade de realização de ensaios para fortalecer a validação, sobretudo do dimensionamento estrutural.

Ainda neste sentido, há uma solução intermediária, inclusive normatizada, que é a utilização de "cálice" (ABNT NBR 9062, 2017), que também dispensa a segunda fase da concretagem, porém exige "encaixe" mais justo. O orçamento é realizado nos estudos de caso com o projeto da fundação tipo cálice cujo preenchimento da forma é realizado com areia adensada e selo de concreto por cima, para finalização da fundação.

Esta é a solução aqui proposta, porém ensaios de suportabilidade mecânica são essenciais para consolidar melhor a solução do ponto de vista estrutural das fundações.

Na Figura 3.3, é mostrada a torre típica utilizada para relocação nos estudos de caso. Na Figura 3.4, é apresentado o perfil da fundação proposta com areia adensada, no qual o afloramento acima do solo varia de acordo segundo a necessidade do projeto.

Figura 3.3 – Estrutura H-ARB – típica de LT de 230 kV em concreto.

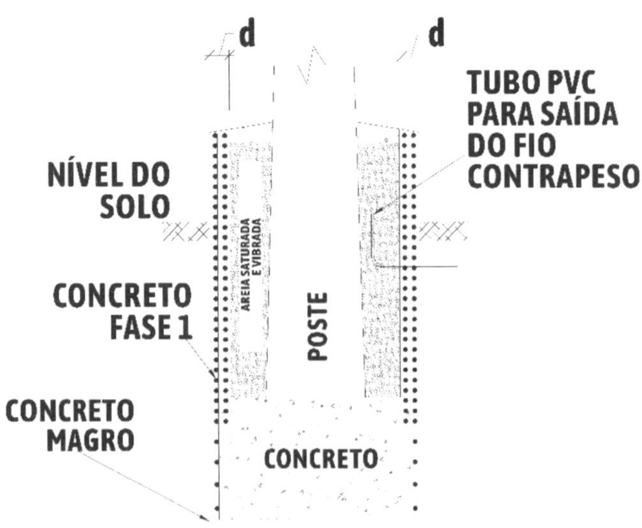

Figura 3.4 – Fundação cálice para postes de concreto armado.

Na Figura 3.5, pode ser vista a fundação em perspectiva dos dois pés da estrutura de concreto após a relocação.

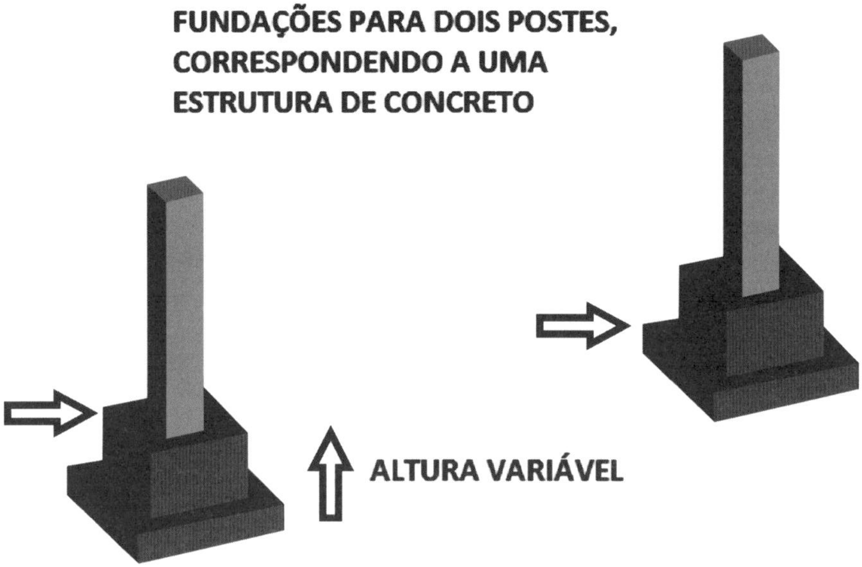

Figura 3.5 – Fundações tipo cálice. Fonte: ABNT NBR 9062,2017.

3.3.3 PREMISSAS E CUIDADOS ESSENCIAIS

Ressalta-se a necessidade de atentar para as seguintes premissas e procedimentos de segurança:

- verificação *in loco* do estado de conservação das estruturas, pois este procedimento só é aplicável com a validação de todas as hipóteses de carregamento estabelecidas nos seus projetos estruturais;
- é necessário fazer a fixação na torre acima do seu centro de gravidade (para não ocorrer o tombamento);
- é preciso amarrar com cintos específicos de modo a não ferir a torre;
- o alinhamento deve ser feito (manobras com cordas para que a estrutura não saia do prumo);
- a torre tem de estar intertravada (fixação dos postes à cruzeta e entre os postes) de modo a funcionar como uma única peça;
- saber o quanto de engastamento será necessário para fazer a fundação sob medida;
- o guindaste precisa elevar entre 10t e 12t (e acrescer o vão de peso, cerca de 1,5t), e relocar a torre à ré ou avante entre 4 e 30 metros.

Na Figura 3.6, é mostrada como a fase final de intertravamento antes da remoção e locação da estrutura com guindaste. As roldanas servem para permitir o deslizamento dos cabos quando a estrutura estiver sendo deslocada.

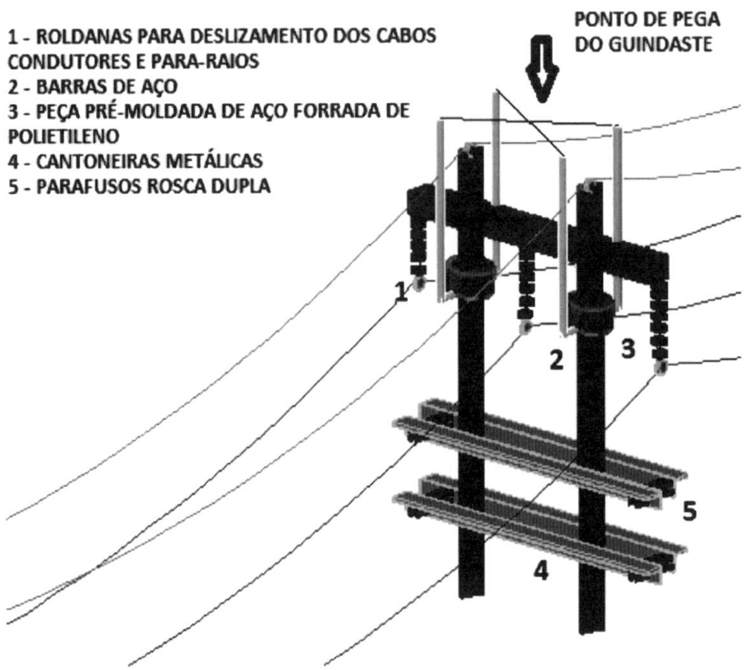

Figura 3.6 – Travamento da estrutura de concreto com pontos para pega do guindaste.

As barras de aço (item 2 da Figura 3.6) são verticalizadas de forma que a retirada da estrutura ocorra com a maior estabilidade possível (quase uma ortose cruzada). As braçadeiras (item 3) são necessárias para a fixação na estrutura; estas têm de estar forradas com material que não fira a estrutura. O material escolhido foi o polietileno composto. As cantoneiras metálicas (item 4) são fechadas com os parafusos (item 5), os quais são necessários para a transformação da estrutura em uma única peça.

3.3 ESQUEMA DE IMPLANTAÇÃO DA SOLUÇÃO PROPOSTA

Inicialmente, deve ser analisada a necessidade do projeto quanto ao aumento da corrente da LT. Isso pode ser realizado por meio de várias técnicas de levantamento do estado real da linha. É necessário o levantamento topográfico dos pontos do eixo central e eixos laterais, verificação do estado dos materiais, condições meteorológicas e estradas de acesso para definir a condição atual da LT e a nova temperatura de projeto do cabo condutor em questão.

A título de ilustração, na Figura 3.7 está apresentado o levantamento topográfico tridimensional de trecho de uma LT. Neste estudo, podem ser verificadas quais as necessidades de aumento das distâncias de segurança para atender à nova condição de projeto.

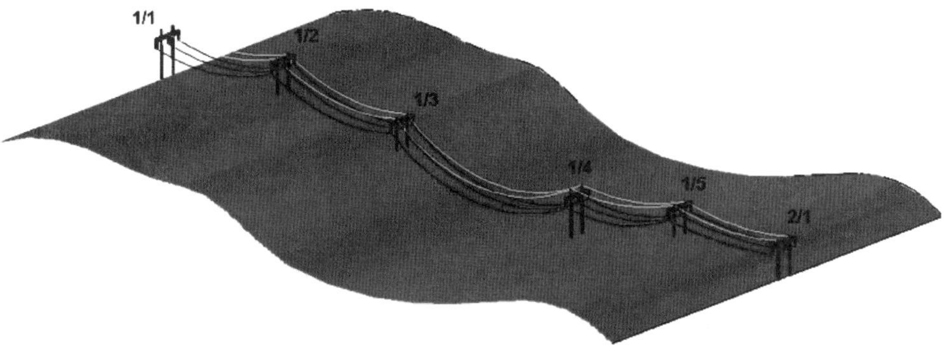

Figura 3.7 – Condição inicial da LT em 3D.

Após o levantamento topográfico, deve ser verificado, em perfil, se a LT tem cabos baixos. No exemplo ilustrado na Figura 3.8, verifica-se a existência de cabos baixos entre as estruturas 1/1 e 1/2, entre 1/2 e 1/3 e entre as estruturas 1/5 e 2/1, indicados por círculos.

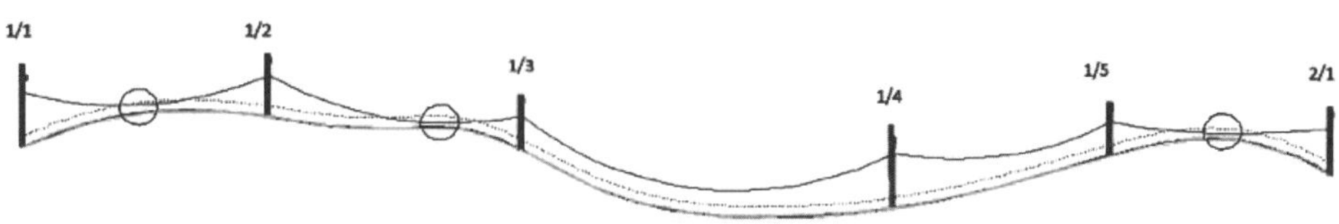

Figura 3.8 – Trecho do perfil da LT indicando as violações das distâncias de segurança.

A partir deste ponto, devem ser feitos os estudos de viabilidade de relocação das estruturas existentes e de quanto é preciso aflorar as novas fundações nas novas locações. Este estudo é rapidamente verificado no programa PLS-CADD©, caso já tenham sido identificados todos os critérios de projeto e inseridas todas as informações no programa para o novo empreendimento.

É necessário que o projetista, ao relocar as estruturas manualmente nesse programa, verifique se estes novos pontos de implantação das estruturas estejam aptos para locação, isto é, sejam locais de bom acesso de máquinas, com poucos declives e solo estável.

Encontrados os novos pontos de relocação das estruturas existentes, e o quanto é preciso aflorar as fundações, devem ser iniciadas as etapas de relocação. Com os locais de relocação das estruturas já definidos e afloramentos das fundações já calculados, se necessários, serão travadas as estruturas e executadas as fundações.

Concluídas as fundações e o travamento das torres, o guindaste deve ser estabilizado no local mais adequado. A escavação deve ser realizada para retirada da estrutura do ponto onde está engastada e o guindaste deve levar a estrutura até o eixo das novas fundações executadas. O processo descrito é ilustrado, em sequência, nas Figuras 3.9, 3.10, 3.11 e 3.12.

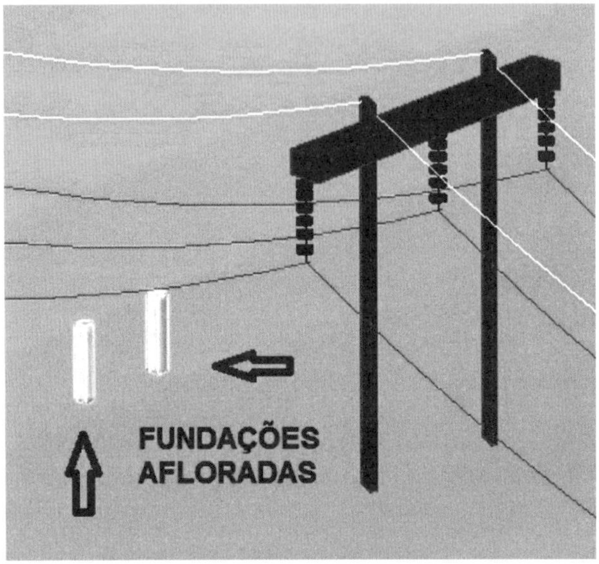

Figura 3.9 – Construção de fundação aflorada tipo cálice.

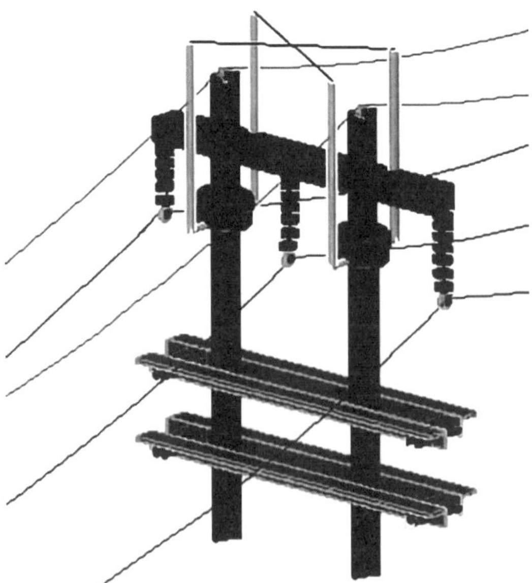

Figura 3.10 – Travamento da estrutura e inserção das bandolas dos cabos condutores e para-raios.

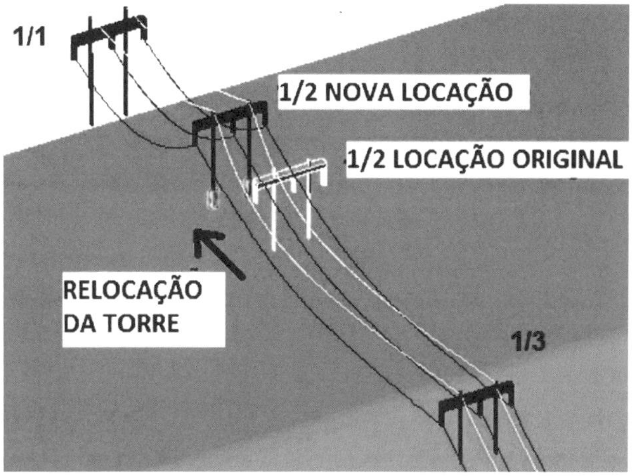

Figura 3.11 – Fundações afloradas concluídas, travamento da estrutura 1/2 e relocação para o ponto projetado.

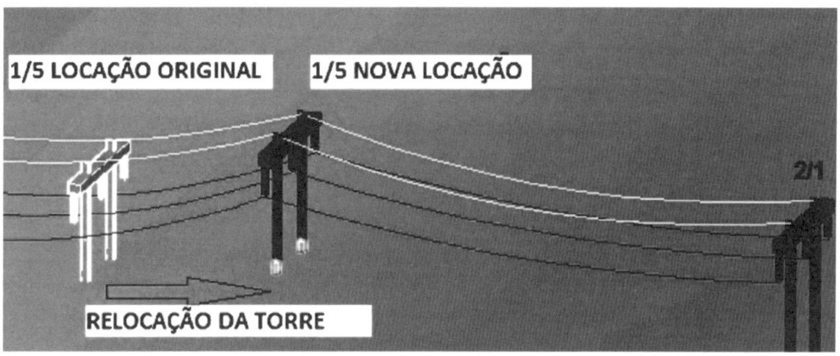

Figura 3.12 – Relocação da torre 1/5.

Após a inserção de um selo de concreto por cima da areia adensada entre a casca da fundação tipo cálice e os postes de concreto, devem ser retiradas as bandolas e refeito o grampeamento dos cabos condutores e cabos para-raios nos grampos de suspensão. Nesta etapa, a LT já deve estar com as estruturas relocadas e os cabos baixos eliminados, conforme ilustrações contidas nas Figuras 3.13 e 3.14.

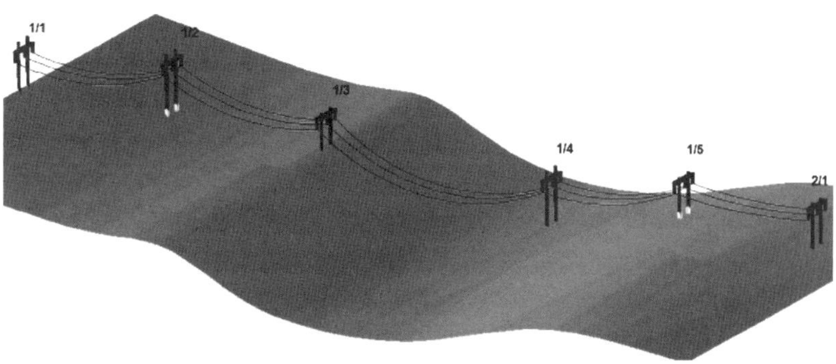

Figura 3.13 – Perfil com a relocação das torres 1/2 e 1/5.

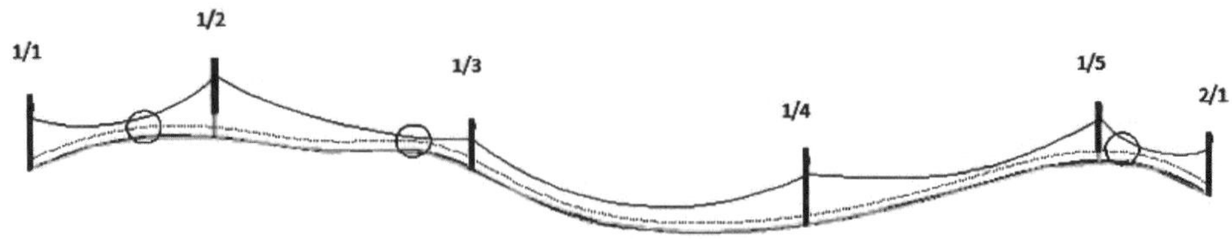

Figura 3.14 – Retirada dos cabos baixos existentes verificados nos círculos.

3.4 ESTUDO DE CASO: RECAPACITAÇÃO DA LT 230 KV AQUIRAZ/FORTALEZA II C1

Para a LT citada no caso 1, há a Resolução Autorizativa nº 3.631, de 2012 (ANEEL, 2012), a qual autoriza o empreendimento de Recapacitação para o Limite Térmico do cabo condutor existente. Desta forma, o condutor desta LT (CAA Grosbeak 636 MCM, um cabo por fase) passará da condição de curta duração de 694 A para 985 A, de forma a permitir a LT trabalhar no limite térmico para este condutor, associada a uma RAP (Receita Anual Permitida) de R$ 184.787,59. Características da LT são mostradas a seguir:

- comprimento: 12,29 km;
- cabo condutor: CAA Grosbeak 636 MCM;
- cabo para-raios: EAR 3/8";
- local: Fortaleza-CE;
- torre típica: H-ARB;
- número de estruturas da LT: 49 estruturas;
- temperatura de projeto antes da recapacitação: 60 °C (condição de curta duração);
- temperatura de projeto após a recapacitação: 93 °C (condição de curta duração).

3.4.1 SOLUÇÃO TRADICIONAL

A solução tradicionalmente utilizada seria a troca de estruturas de concreto por estruturas metálicas para elevar os cabos baixos existentes, após o aumento da capacidade de transmissão desta LT.

Na Tabela 3.1, são resumidos os serviços necessários pelo método tradicional de troca de estruturas de concreto por estruturas metálicas. Neste tipo de solução, faz-se necessária a execução de serviços tradicionais de construção de linha de transmissão.

Tabela 3.1 – Resumo das trocas de estruturas de concreto por estruturas metálicas

Estrutura	Torre antiga	Torre nova – Altura útil (m)
165/4	H-ARB	S21s – 15,0 m
167/1	H-ARB	S21s – 16,5 m
167/2	H-ARB	S21s – 18,0 m
168/3	H-ARB	S21s – 18,0 m
169/2	H-ARB	S22s – 39,0 m
169/3	H-ARB	S21dmV – 31,5 m
171/2	H-ARB	S21s – 21,0 m
172/1	H-ARB	S21s – 21,0 m
172/3	H-ARB	S21s – 21,0 m
173/2	H-ARB	S21s – 19,5 m
173/4	H-ARB	S21s – 22,5 m
175/1	H-ARB	S21s – 22,5 m
176/	1 H-ARB	S21s – 22,5 m
176/4	H-ARB	S21s – 18,0 m
177/2	H-ARB	S21s – 25,5 m
177/3	H-ARB	S21s – 21,0 m
165/4	H-ARB	S21s – 15,0 m
167/1	H-ARB	S21s – 16,5 m
167/2	H-ARB	S21s – 18,0 m
168/3	H-ARB	S21s – 18,0 m
169/2	H-ARB	S22s – 39,0 m
169/3	H-ARB	S21dmV – 31,5 m

A título de ilustração, nas Figuras 3.15 e 3.16, são apresentados perfis da linha, antes e após a recapacitação, aplicando técnicas tradicionais. Na Figura 3.15, observa-se a existência de cabos baixos ao se aplicarem as novas condições de carregamento, enquanto na Figura 3.16 esses casos seriam resolvidos mediante soluções relacionadas na Tabela 3.1.

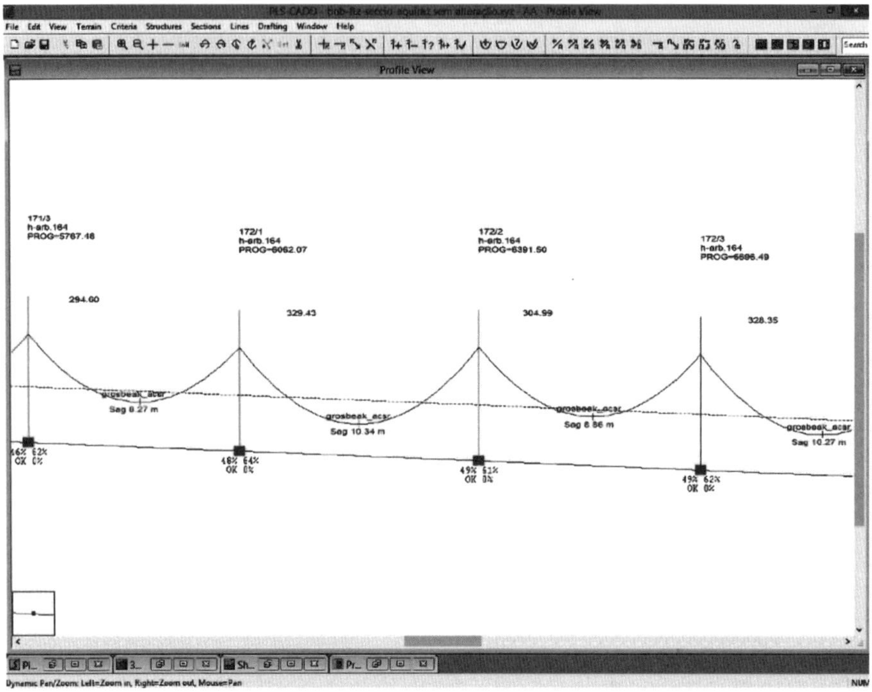

Figura 3.15 – Trecho da LT 230 kV Aquiraz/Fortaleza II antes de recapacitar.

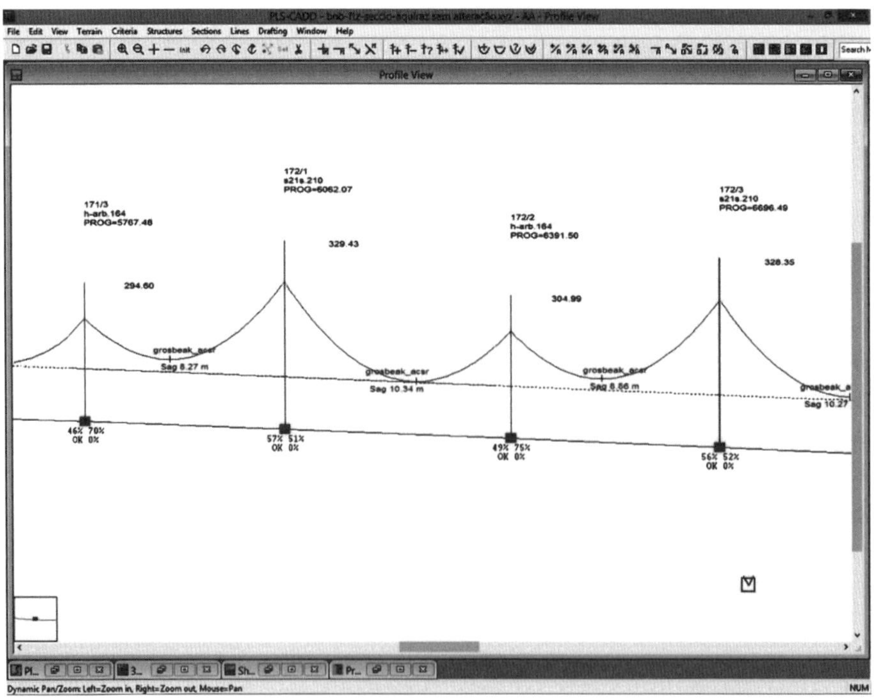

Figura 3.16 – Trecho da LT 230 kV Aquiraz/Fortaleza II recapacitada através da solução tradicional.

3.4.2 SOLUÇÃO PROPOSTA

Para uso da técnica, foi utilizado o aplicativo PLS-CADD© para relocação das estruturas de concreto com o afloramento das suas respectivas fundações, de forma a eliminar os cabos-baixos na nova condição de projeto. Na Tabela 3.2, é feito um resumo da solução por relocações das estruturas de concreto para a recapacitação da LT 230 kV Aquiraz/Fortaleza II-C1.

Tabela 3.2 – Resumo modificações por relocação de estruturas de concreto

Estrutura	Relocação	Fundação (m)
165 /4	12,0 m para trás	0,0
167/3	13,0 m para trás	1,0
168/2	14,0 m avante	0,0
169/2	5,0 m avante	1,5
171/2	9,0 m avante	1,5
172/1	6,0 m para trás	2,5
172/2	9,7 m para trás	3,5
172/3	7,0 m avante	3,5
173/2	7,0 m para trás	2,0
173/4	8,0m para trás	3,0
175/3	30,0 m avante	0,0
176/1	15,0 m para trás	3,0
176/2	30,0 m para trás	2,5
176/3	7,0 m avante	2,0
177/1	5,0 m avante	3,0
177/2	4,0 m para trás	3,0
177/3	30,0 m para trás	3,0

Na Figura 3.17, é apresentado um exemplo da recapacitação por meio da solução proposta. A linearidade do terreno acontece devido ao tipo de vegetação (capim Samoa).

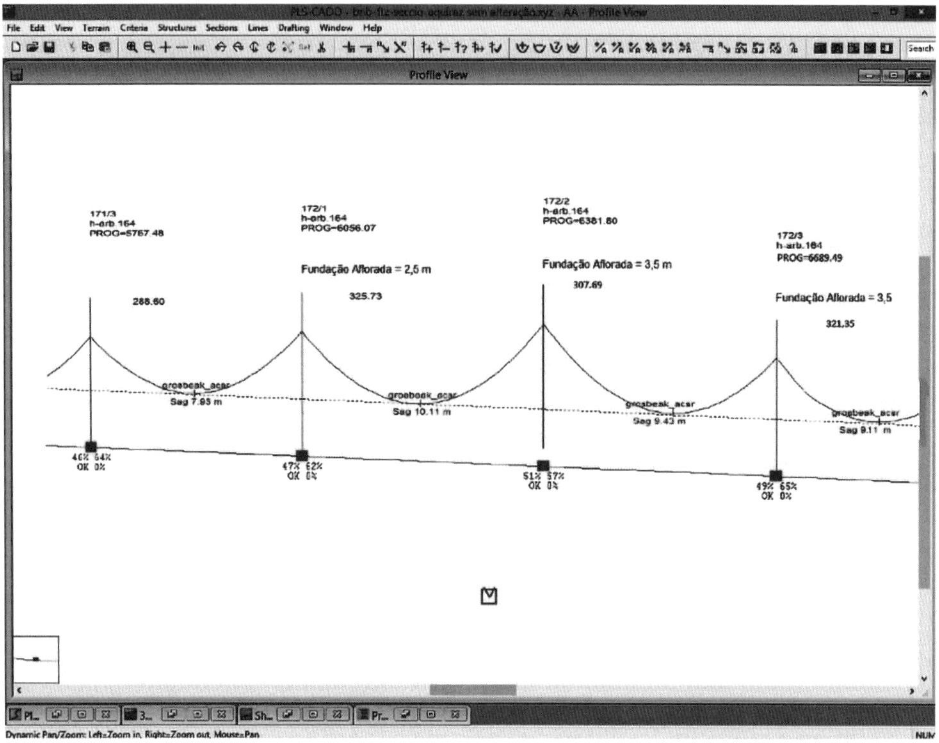

Figura 3.17 – Exemplo de trecho da LT 230 kV Aquiraz / Fortaleza II, recapacitada mediante solução proposta.

3.5 ANÁLISE DOS RESULTADOS

É realizada a seguir uma análise dos resultados alcançados, enfocando em destaque as vantagens econômicas obtidas, agrupando-as por ações de montagens específicas.

3.5.1 ADMINISTRAÇÃO LOCAL PARA MONTAGEM DE CANTEIRO DE OBRA

Na administração local da contratada, há uma variação sensível, pois foi estipulado o mesmo tempo de execução das obras para as duas soluções, diminuindo apenas o tamanho dos grupos de trabalho devido ao menor tamanho do canteiro e aos menores custos associados à gestão do estoque. A Tabela 3.3 faz a comparação desses valores.

Tabela 3.3 – Comparativo para a administração local da contratada

Solução	Valores em reais
Tradicional	600.832,84
Nova solução	563.854,52

3.5.2 MONTAGEM E DESMONTAGEM DE CANTEIRO DE OBRA

Os custos para construção e desmontagem dos canteiros após a execução dos empreendimentos são bem inferiores para a nova solução, conforme relacionado na Tabela 3.4. A diminuição de material a ser utilizado desonera bastante estes itens indispensáveis para o serviço de construção de recapacitação de LT.

Tabela 3.4 – Montagem e desmontagem de canteiros de obras

Solução	Valores em reais
Tradicional	469.223,81
Nova solução	293.906,10

3.5.3 TRANSPORTE DE MATERIAL

Devido à existência de muito espaço vazio nos caminhões (caminhões ociosos), o transporte fica bem mais caro no preço unitário. Esses custos de ociosidade têm de ser assumidos na composição de preço do empreendimento. Ainda assim, pelo quantitativo unitário que faz a solução tradicional, leva-se muito mais material para o local da obra e recolhe-se de volta para o almoxarifado. O custo total de transporte para a nova solução é bem mais barato, conforme registrado na Tabela 3.5.

Tabela 3.5 – Comparativo para transporte de material

Solução	Valores em reais
Tradicional	102.217,60
Nova solução	1.510,74

3.5.4 CARGA E DESCARGA DE MATERIAL

O valor do homem × hora é o mesmo, varia apenas na composição de preço para cada estado. Com o mesmo raciocínio de uso de pouco material, esses valores ficam bem mais reduzidos para a nova solução, conforme registro feito na Tabela 3.6.

Tabela 3.6 – Comparativo para carga e descarga de material

Solução	Valores em reais
Tradicional	30.826,75
Nova solução	240,46

3.5.5 CONSTRUÇÃO DE ESTRADAS DE ACESSO

As estradas de acesso e construções de obras de arte variam de acordo com o local de implantação das estruturas. É observado que, na solução tradicional, este valor é bem mais elevado para acesso das máquinas que precisam trabalhar na montagem de torres metálicas. Para a nova solução, é preciso apenas a abertura para instalação e estabilização do guindaste que fará a transferência das torres de concreto. Os valores previstos foram registrados na Tabela 3.7.

Tabela 3.7 – Comparativo para construção de estradas de acesso

Solução	Valores em reais
Tradicional	301.474,64
Nova solução	22.743,16

3.5.6 SUPRESSÃO DE VEGETAÇÃO

Este item é muito maior para a solução tradicional. A necessidade de abertura da área de implantação de uma estrutura autoportante tradicional é de 40 m × 40 m (1.600 m^2). Para a nova solução, a relocação de estruturas existentes de concreto causa bem menos impacto na supressão da vegetação existente de 20 m × 6 m (120 m^2). Os preços unitários são diferentes devido aos locais de execução de cada serviço; estes são variáveis para cada local de supressão. Seguem os valores obtidos e registrados na Tabela 3.8.

Tabela 3.8 – Comparativo para supressão de vegetação

Solução	Valores em reais
Tradicional	62.287,68
Nova solução	6.519,22

3.5.7 SERVIÇOS DE ESCAVAÇÃO E REATERRO

Para esses serviços, os preços são semelhantes nas duas soluções. Apenas o reaterro do solo importado, que representa o material que fará o preenchimento das fundações afloradas tipo cálice (areia adensada), tem o quantitativo maior. Entretanto, esses valores podem variar, em conformidade com cada região. Os valores obtidos encontram-se registrados na Tabela 3.9.

Tabela 3.9 – Comparativo para serviços de escavação e reaterro

Solução	Valores em reais
Tradicional	250.733,81
Nova solução	219.931,42

3.5.8 MONTAGEM DE ESTRUTURA METÁLICA

Para o caso analisado, na nova solução, este item é nulo devido à inexistência de estruturas metálicas a serem inseridas. Na Tabela 3.10, são registrados os valores orçados.

Tabela 3.10 – Comparativo para montagem de estrutura metálica

Solução	Valores em reais
Tradicional	662.546,81
Nova solução	0,00

3.5.9 TRANSFERÊNCIA DE ESTRUTURA DE CONCRETO

É um item novo, criado nesta metodologia, requerendo toda a composição de custo para orçamento de construção. Nesta composição, estão inclusos o serviço de enxerto e a retirada de cabo citada anteriormente. É verificado que o valor é alto, pois os guindastes têm uma lança de cerca de 30 m e eleva 12 toneladas. Este guindaste precisa ser estabilizado para erguer o momento solicitante de 360 t × m. É um equipamento bastante robusto.

Há a possibilidade de diminuição deste equipamento com a evolução da técnica. Na solução tradicional, este item é inexistente, pois não há a aplicação dos serviços propostos na nova metodologia. Os custos estimados encontram-se registrados nas Tabelas 3.11 e 3.12.

Tabela 3.11 – Comparativo para transferência de estrutura de concreto

Solução	Valores em reais
Tradicional	0,00
Nova solução	614.487,78

Tabela 3.12 – Comparativo para transferência de circuitos e recondutoramento

Solução	Valores em reais
Tradicional	592.823,60
Nova solução	0,00

3.5.10 APLICAÇÃO DE CONCRETO

Este item é maior na nova solução. Mas somando todos os serviços de execução de fundação, há equivalência orçamentária (reaterro, escavação, regeneração de fundo de cava e montagem de fundações de estruturas metálicas). Ver valores registrados na Tabela 3.13.

Tabela 3.13 – Comparativo para aplicação de concreto

Solução	Valores em reais
Tradicional	335.271,38
Nova solução	548.198,86

3.6 CONSIDERAÇÕES FINAIS SOBRE RELOCAÇÃO DE ESTRUTURAS

Embora o cronograma executivo estimado seja o mesmo, a equipe para montagem de estrutura metálica e de desmontagem de estrutura de concreto (solução tradicional) é quase o dobro da equipe necessária para a transferência da estrutura de concreto, bem como a transferência dos cabos condutores e para-raios, comparando-se com a nova solução. As planilhas montadas apontaram o uso de menos material e menos descarte de estruturas de concreto.

Na solução tradicional, há impactos maiores nas obras civis (recuperação de estradas de acesso, construções de passagem, porteiras, colchetes, supressão de vegetação etc.). Estes fatores elevam o custo do empreendimento e aumentam a necessidade de recomposição do meio ambiente em torno da LT que está sendo recapacitada.

O estudo de caso mostrou economicamente a validade do modelo proposto, chegando a registrar uma economia que totaliza 35% quando comparado com técnicas tradicionais. O modelo desonera, portanto, o custo dos investimentos associados à recapacitação de LT compostas basicamente de estruturas de concreto, maximiza o reaproveitamento dos materiais existentes nas LT e minimiza a degradação do meio ambiente. O orçamento realizado é datado de novembro de 2016 e simula planilhas com precificação de materiais e de serviços empregados em processos licitatórios.

Ressalta-se a aplicabilidade da proposta, quando se considera apenas o universo de linhas com estruturas de concreto existentes no Sistema Elétrico Nacional. Marcos regulatórios atuais não remuneram reformas estruturais como uma unidade de adição e retirada (MCPSE, 2016).

REFERÊNCIAS

ABNT. NBR 9062 – Projeto e execução de estruturas de concreto pré-moldado. [*S. l.*], 2006.

ANEEL. Resolução autorizativa ANEEL 3631/2012. [*S. l.*], 2012.

ARAÚJO, T. A. P. Redução dos impactos sócio-ambientais nos empreendimentos de linha de transmissão da fase do projeto à construção e operação. In: XVII SNPTEE – SEMINÁRIO NACIONAL DE PRODUÇÃO E TRANSMISSÃO DE ENERGIA ELÉTRICA, Uberlândia, 2003.

BRANDALIZE, A. A. Perfilamento a LASER: Comparação com Métodos Fotogramétricos. [*S. l.*], 1999. Disponível em: http://www.lidar.com.br/arquivos/brandalizeperf.pdf, acessado em 13/04/2016.

BUBNIAK, M. J. et al. Uso conjugado de perfilamento a laser e software de projeto de linhas de transmissão visando a minimização dos impactos ambientais. *In*: SNPTEE, 2005.

DIGGES, L. *Pantometria*. [*S. l.: s. n.*], 1571. Disponível em: http://name.umdl.umich.edu/A20458.0001.001.

DUPREE, A. *et al.* Raising transmission line steel towers. *In*: Lynch, O. (Ed.). *Electrical transmission and substation structures*. [*S. l.*]: American Society of Civil Engineers, 2015.

FONTES, L. C. A. D. A. A *Evolução histórica e tecnológica*. [*S. l.*], UFBA, 2005. Disponível em: http://www.topografia.ufba.br/evolucaotecnologicatop.pd>.

FREIBERGER, J. *et al.* Análise da degradação do posicionamento e tempo real com o emprego do GNRT. *Boletim de Ciências Geodésicas*, v. 9, n. 1, p. 147-148, 2003.

GOMES, A. M. D. M. B. *Elaboração de PEX E APR utilizando nuvens de pontos de LIDAR*. [*S. l.: s. n.*], 2011.

GRANDO, D. L.; LAND, V.; RHODEN, A. C. Levantamentos topográficos – Estação total x GPS RTK. In: 1º SIMPÓSIO DE AGRONOMIA E TECNOLOGIA DE ALIMENTOS, 2015.

IACOVINO, P. V. *et al.* Caracterização ambiental e social de linhas de transmissão e subestações. *Sendi*, 2010.

ORTOFOTO A IMAGEM QUE É UM MAPA, https://mundogeo.com/, acessado em 15/01/2018

PESSOA L. V. G., *Proposta de tecnologia para recapacitação de linhas de transmissão baseado na relocação de estruturas de concreto*. Dissertação (Mestrado) – Programa de Pós-Graduação em Engenharia Elétrica da Universidade Federal de Pernambuco, 2017.

TCU. https://portal.tcu.gov.br/biblioteca-digital/ AUDITORIA OPERACIONAL NO SISTEMA DE CUSTOS DE LINHAS DE TRANSMISSÃO E SUBESTAÇÕES / BANCO DE PREÇOS DE REFERÊNCIA DA AGÊNCIA NACIONAL DE ENERGIA ELÉTRICA – ANEEL, acessado em 24/09/2014.

KERSTING, A. P. B.; MÜLLER M.; HOFFMAN, J. N. Recapacitação de Linhas Aéreas de Transmissão com a Utilização de Tecnologia de Mapeamento Digital a Laser. In: XVIII SNPTEE – SEMINÁRIO NACIONAL DE PRODUÇÃO E TRANSMISSÃO DE ENERGIA ELÉTRICA, Curitiba, 2005.

MCPSE. MANUAL DE CONTROLE PATRIMONIAL DO SETOR ELÉTRICO, https://antigo.aneel.gov.br/, acessado em 17/02/2016.

CAPÍTULO 4
TÉCNICA DE INSERÇÃO DE CONDUTOR

Jonatan Esaú Mejia Quijada[1]
José Maurício de Barros Bezerra

As restrições ambientais tornam cada vez mais difícil a expansão de novas linhas de transmissão para o transporte da energia, conduzindo as diversas empresas do setor elétrico a optarem pelo aproveitamento das atuais faixas de servidão para a construção de novas linhas ou para recapacitação das linhas de transmissão existentes.

Antigamente e até a atualidade são utilizadas diferentes técnicas tradicionais de recapacitação de linhas de transmissão para o aumento da potência natural ou SIL (do inglês *surge impedance loading*); algumas das técnicas implicam a implementação de grandes investimentos e muitas modificações nas linhas de transmissão e no restante do sistema de transmissão, por exemplo, as subestações.

Nos últimos anos, as empresas do setor elétrico e pesquisadores vêm realizando diferentes estudos para o desenvolvimento de novas técnicas de recapacitação. Esses estudos conduziram, entre outros, ao conceito de linha de potência natural elevada (LPNE). Por meio da aplicação de técnicas de LPNE, são obtidos grandes ganhos na potência natural da linha de transmissão, sem necessidade de um grande investimento ou de muitas modificações na linha de transmissão.

No presente capítulo, são incorporadas estruturação acadêmica e validações práticas à técnica de recapacitação de linhas de transmissão, a qual está voltada para a introdução de um condutor adicional em subvãos, aplicando o conceito de LPNE. A proposta é implementada pela incorporação de um condutor de bitola menor, cujo projeto final tem recebido o nome de "superfestão".

1 Este capítulo está embasado na dissertação de mestrado do Jonatan Esaú Mejia Quijada, defendida no Programa de Pós-Graduação em Engenharia Elétrica da Universidade Federal de Pernambuco (QUIJADA, 2019).

4.1 BREVE REVISÃO SOBRE O DESENVOLVIMENTO DA TÉCNICA LPNE

A tecnologia de linha de potência natural elevada (LPNE) compreende basicamente o rearranjo ou aumento do número de subcondutores por fase com vistas a realizar uma equalização do campo elétrico superficial entre os subcondutores de cada fase.

A implementação da LPNE ou HSIL (do inglês *high surge impedance loading*) tem como um de seus pilares a compreensão da variação do campo elétrico superficial em cada condutor e a análise da sensibilidade deste com relação à variação de parâmetros físicos e geométricos da linha de transmissão.

A vantagem relacionada com a implementação desta tecnologia é um ganho da capacidade de transmissão de até duas vezes a capacidade de transmissão das linhas tradicionais nos mesmos níveis de tensão (Dart *et al.*, 1999).

Uma das tecnologias não tradicionais de recapacitação para aumento do SIL é a utilização de um condutor adicional, formando subvãos, o que foi tradicionalmente denominado "superfestão" (MACHADO *et al.*, 2005). O cabo condutor adicionado por fase é de menor diâmetro e incorpora ganhos de potência natural.

Aliando a técnica de recondutoramento com a do feixe expandido, a solução ora apresentada consiste em facultar maior seção de alumínio pela adição de um cabo complementar, devidamente otimizado na geometria elétrica mais favorável para a redução da reatância série.

Este modelo de recapacitação tem a vantagem de diminuir as vibrações eólicas, devido à adição do cabo, o qual funciona como amortecedor de vibrações (FUCHS *et al.*, 1992).

4.2 FUNDAMENTAÇÃO TEÓRICA

A seguir, é feita uma descrição teórica dos procedimentos necessários a serem considerados no aumento da capacidade de transmissão das linhas. São mostrados os conceitos de campo elétrico e magnético, os quais são necessários tomar em consideração devido ao aumento da potência natural da linha de transmissão.

É apresentado o modelo de ampacidade do IEEE 738-2006, o qual é o modelo posto em prática para a análise térmica dos condutores. Além disso são apresentados os conceitos básicos necessários para fazer a análise mecânica em uma linha de transmissão. Em geral, mostram-se todas as considerações elétricas, térmicas e mecânicas requeridas para o desenvolvimento do trabalho.

4.2.1 POTÊNCIA NATURAL

A potência natural $(P_0)^2$ ou SIL corresponde à potência que a linha transmite em uma condição de equilíbrio entre a potência reativa gerada e a consumida pela linha, ou seja, para esta condição de carga, não há a necessidade de fornecer suporte de reativo para a linha.

Quando uma linha de transmissão é carregada acima do SIL, atua como um reator de derivação, absorvendo potência reativa (MVAR) do sistema e, quando uma linha é carregada abaixo de seu SIL, a linha atua como um capacitor de derivação que fornece potência reativa (MVAR) ao sistema.

A impedância característica de sequência positiva da linha Zc[Ω] e a tensão eficaz no receptor do sistema (V_2) definem a capacidade de transmissão do sistema. A impedância característica é definida pela seguinte equação:

$$Z_C = \sqrt{\frac{r + j\omega l}{g + j\omega c}} \left[\Omega\right] \tag{4.1}$$

Os parâmetros da impedância característica da linha de transmissão são definidos por unidade de comprimento, sendo:

$r\left[\frac{ohms}{km}\right]$ = resistência da LT por quilômetro;

$g\left[\frac{S}{km}\right]$ = condutância da LT por quilômetro;

$l\left[\frac{H}{km}\right]$ = indutância da LT por quilômetro;

$c\left[\frac{F}{km}\right]$ = capacitância da LT por quilômetro.

Considerando, de acordo com a Equação (4.1), que r (resistência) e g (condutância) são muito pequenos diante dos demais parâmetros (l indutância e c capacitância), a impedância característica pode ser considerada igual à impedância natural da linha de transmissão. Então $Z_c = Z_0$, passando a ser denominada impedância natural, e tem-se que:

$$Z_C = Z_0 = \sqrt{\frac{l}{c}} \left[\Omega\right] \tag{4.2}$$

A Equação (4.3) expressa que a potência natural de uma linha de transmissão é diretamente proporcional ao quadrado da tensão no receptor e inversamente proporcional à impedância característica da LT quando desprezados "r" e "g" (FUCHS, 2015).

$$SIL = P_0 = \frac{|U_2|^2}{Z_C} \left[W\right] \tag{4.3}$$

Na Tabela 4.1, são apresentados os valores do SIL em linhas de transmissão tradicionais, para diferentes tensões operativas. Observa-se que, pelo aumento de condutores no feixe, diminui Z_0 e, consequentemente, aumenta o SIL da LT.

Tabela 4.1 – Potência natural (MW) de linhas de transmissão tradicionais

Número de condutores por fase no feixe	Z_c (Ω)	Tensão de operação (kV)					
		69	138	230	400	500	765
1	400	12	48	132	–	–	–
2	320	–	60	165	557	781	–
3	280	–	–	–	602	893	–
4	240	–	–	–	627	1042	2230

Fonte: Kiessling *et al.* (2003).

4.2.2 MATRIZ DE PARÂMETROS LONGITUDINAIS DAS LINHAS DE TRANSMISSÃO

A matriz de parâmetros longitudinais unitários de uma linha de transmissão supondo as considerações mencionadas em (RODRIGUES, 2010) é composta pela soma das seguintes contribuições:

Z_{int} – Impedância interna unitária do condutor: a impedância interna é obtida supondo que o condutor sob análise está muito afastado dos demais condutores, sendo possível desprezar a influência tanto dos condutores como do solo. Em frequências baixas, a corrente é distribuída de forma uniforme no condutor; no entanto, à medida que aumenta a frequência, a corrente se concentra na superfície do condutor, apresentando o que é conhecido como "efeito pelicular". Esse efeito produz uma variação da impedância interna do condutor em função da frequência. As equações que regem o cálculo da impedância interna são as equações de Maxwell, relacionando o campo elétrico presente na superfície do condutor e a corrente no interior dele.

Z_{ext} – Impedância externa unitária devido à geometria dos condutores: as impedâncias externas são geradas pelo acoplamento do campo magnético produzido pelas correntes circulantes nos condutores e na imagem dos condutores no solo. A impedância varia em função da posição dos condutores e da resistividade do solo.

Z_{solo} – Impedância unitária devido ao solo: em decorrência do fato de o solo não ser um condutor ideal e da interação entre o campo magnético da fase e solo, é possível observar uma impedância que assume características mais acentuadas em altas frequências. Esse fenômeno é denominado "efeito solo". Por meio dos termos de correção de Carson, é possível determinar a resistência e a reatância indutiva do solo.

A matriz impedância série por unidade de comprimento da linha é dada pela Equação (4.4); em Carvalho (2007), mostra-se o procedimento para o cálculo de cada uma das parcelas.

$$Z = Z_{int} + Z_{ext} + Z_{solo} \tag{4.4}$$

Os parâmetros elétricos de uma linha de transmissão obtidos na análise são apresentados por duas matrizes unitárias (as matrizes impedância e admitância). Essas matrizes, cuja ordem é igual ao número total de subcondutores e cabos para-raios, são chamadas de "matrizes primitivas de ordem n".

A linha de transmissão é vista pelo sistema elétrico como um elemento composto por três fases, não importando a sua forma construtiva. Desse modo, é necessário reduzir os parâmetros elétricos da linha a matrizes 3×3, tanto os parâmetros longitudinais como os transversais.

Para isso, são utilizados artifícios matemáticos para representar os subcondutores das fases como uma fase equivalente e, finalmente, incorporar o efeito dos cabos para-raios nos parâmetros elétricos da linha. Isso é feito representando matematicamente as condições de contorno associadas aos elementos da linha, especificamente:

- a corrente que flui na fase equivalente é formada pela soma das correntes que fluem nos subcondutores;
- a tensão ao longo da fase equivalente é igual à tensão ao longo de cada subcondutor;
- caso o cabo para-raios esteja isolado, não haverá corrente fluindo;
- caso o cabo para-raios esteja aterrado, a tensão ao longo do seu comprimento será nula.

Pela técnica de redução usada em Fuchs (2015), a matriz reduzida de impedância 3×3 é uma matriz que representa um sistema trifásico, a circuito simples ou duplo. A matriz se mostra na Equação (4.5):

$$\left[Z\right] = \begin{bmatrix} \dot{Z}_{aa} & \dot{Z}_{ab} & \dot{Z}_{ac} \\ \dot{Z}_{ba} & \dot{Z}_{bb} & \dot{Z}_{bc} \\ \dot{Z}_{ca} & \dot{Z}_{cb} & \dot{Z}_{cc} \end{bmatrix} \tag{4.5}$$

Na Equação (4.6), obtém-se a impedância série correspondente a uma linha sem transposição multiplicada pela corrente de cada fase, obtendo-se valores de tensão diferentes para cada fase, considerando que os elementos próprios e os elementos mútuos são diferentes entre si para a matriz impedância de uma linha não transposta.

$$\begin{bmatrix} V_a \\ V_b \\ V_c \end{bmatrix} = \begin{bmatrix} \dot{Z}_{aa} & \dot{Z}_{ab} & \dot{Z}_{ac} \\ \dot{Z}_{ba} & \dot{Z}_{bb} & \dot{Z}_{bc} \\ \dot{Z}_{ca} & \dot{Z}_{cb} & \dot{Z}_{cc} \end{bmatrix} \cdot \begin{bmatrix} I_a \\ I_c \\ I_c \end{bmatrix} \tag{4.6}$$

As impedâncias dependem da geometria da linha de transmissão. A única situação em que $\dot{Z}_{ab}$, $\dot{Z}_{bc}$ e $\dot{Z}_{ca}$ são iguais ocorre quando a linha é completamente transposta, como está mostrado na Equação (4.7):

$$\begin{bmatrix} V_a \\ V_b \\ V_c \end{bmatrix} = \begin{bmatrix} \dot{Z}_P & \dot{Z}_M & \dot{Z}_M \\ \dot{Z}_M & \dot{Z}_P & \dot{Z}_M \\ \dot{Z}_M & \dot{Z}_M & \dot{Z}_P \end{bmatrix} \cdot \begin{bmatrix} I_a \\ I_c \\ I_c \end{bmatrix} \tag{4.7}$$

Os elementos da matriz de impedância Z_p e Z_M podem ser definidos de acordo com as Equações (4.8) e (4.9), respectivamente:

$$Z_P = \frac{Z_{aa} + Z_{bb} + Z_{cc}}{3} \tag{4.8}$$

$$Z_M = \frac{Z_{ab} + Z_{ac} + Z_{bc}}{3} \tag{4.9}$$

Para determinar as impedâncias de sequência, é feita a transformação matricial. Por meio dessa equação, obtêm-se as impedâncias de sequência zero (0), positiva (1) e negativa (2).

Para obter as componentes de sequência das impedâncias, pode-se usar a seguinte fórmula (FUCHS, 2015):

$$Z = a_{seq}^{-1} \cdot Z_{abc-red} \cdot a, \tag{4.10}$$

em que:

$$a = \begin{bmatrix} 1 & 1 & 1 \\ 1 & a^2 & a \\ 1 & a & a^2 \end{bmatrix}, \tag{4.11}$$

com $a = e^{j120^0}$.

Como dito anteriormente, a linha deve ser idealmente transposta, sendo necessário utilizar os valores médios de cada termo da matriz reduzida. A mesma fórmula é aplicada para encontrar as admitâncias dos componentes de sequências positiva, negativa e zero.

4.2.3 AUMENTO DA POTÊNCIA NATURAL DA LINHA DE TRANSMISSÃO

O objetivo principal da tecnologia HSIL é obter um aumento da potência natural na linha de transmissão, o que pode ser feito pela diminuição da impedância natural. O SIL de uma linha de transmissão, para um determinado nível de tensão, depende do número de subcondutores e de seus gradientes de campo de superfície.

Assim, é possível proceder a um aumento do SIL pela otimização do arranjo dos condutores e de seus campos, diminuindo a impedância natural Z_0, podendo manter seção transversal do condutor.

Diversas técnicas podem ser utilizadas para aumento da potência natural e, entre elas, destacam-se as descritas a seguir.

Diminuição da distância entre fases (compactação) (ZOBEL; ROHLFS; FLUGUM, 1980): a compactação máxima é limitada devido à coordenação da isolação em interfase, e gradientes mais altos de campo elétrico ocorrerão na superfície de alguns subcondutores, aumentando a atividade de efeito corona.

Técnica do feixe expandido: simplificação da técnica HSIL que otimiza a bitola do condutor, o número e a posição de subcondutores no feixe a partir de uma linha em feixe tradicional (com mais de um cabo) a aproximadamente meio metro uns dos outros.

Adequa-se a geometria do feixe com ferragens concebidas de modo a diminuir a reatância com reflexos na capacitância e melhorando a impedância sem aumento da seção condutora. Essa técnica é altamente favorável às linhas longas (PESSOA NETO *et al.*, 1999).

Compactação entre fases e expansão do feixe: consiste na junção de duas técnicas de aumento do SIL, compactação entre fases e feixe expandido, respectivamente, com o objetivo de encontrar o melhor desempenho para a operação em regime permanente da linha de transmissão, ou identificar características diferenciais importantes para avaliação dos impactos na recapacitação da linha.

Na aplicação completa da solução HSIL, o aumento do SIL é ainda maior pela atuação simultânea da compactação entre fases e expansão do feixe de subcondutores, o que leva a uma redução maior na impedância natural da linha.

4.2.4 CÁLCULO DE CAMPOS ELETROMAGNÉTICOS

As linhas de transmissão aéreas e subestações geram campos elétricos e magnéticos, que são levados em consideração como parte das características gerais do projeto. A chegada e o uso crescente de linhas de alta tensão aumentam a importância relativa dos efeitos de campo, como tensões induzidas e correntes em corpos condutores.

Os campos elétricos próximos a linhas de transmissão de corrente alternada são calculados assumindo-se que não há carga livre no espaço. A terra é considerada um condutor perfeito porque o tempo necessário para que as cargas sejam redistribuídas na superfície terrestre sob a ação de uma mudança no campo aplicado é extremamente pequeno (0,1 a 100 nanossegundos) se comparado ao período da frequência da tensão da linha. A permissividade do ar é praticamente independente das condições meteorológicas e é igual à permissividade do espaço livre.

Já para o campo magnético, a densidade superficial de fluxo magnético ou indução magnética (B), em vez da intensidade do campo magnético ($H=B/\mu$), é usada para descrever o campo magnético gerado pelas correntes nos condutores das linhas de transmissão.

Assim, a intensidade da indução provocada pelo campo magnético é definida como um campo vetorial de densidade superficial de fluxo magnético (B). As propriedades vetoriais de B são as mesmas descritas para o campo elétrico. As magnitudes dos componentes espaciais são expressas pelos seus valores efetivos. A unidade de B no Sistema Internacional (SI) é o tesla (T), que é 1 weber por metro quadrado (Wb/m^2) (Project UHV *et al.*, 1982).

4.2.5 COMPORTAMENTO MECÂNICO DOS CONDUTORES

Fisicamente as linhas aéreas de transmissão são constituídas basicamente por duas partes distintas. Uma parte ativa representada pelos condutores, os quais servem de guias aos campos elétricos e magnéticos, responsáveis do transporte de energia elétrica; e uma parte passiva constituída pelos isoladores, ferragens e estruturas, que asseguram o afastamento dos condutores do solo e entre si. As linhas têm outros elementos importantes, como os cabos para-raios e o sistema de aterramento, ambos destinados a interceptar e descarregar ao solo as ondas de sobrecorrentes de origem atmosférica.

Mecanicamente, os condutores absorvem e transmitem para os componentes suportes os diversos esforços envolvidos. Na Figura 4.1, está representado um sistema com dois suportes da mesma altura, considerando o terreno completamente plano. Observa-se um condutor suspenso em dois suportes rígidos, A e B, separados entre si por uma distância A. Essa distância comumente recebe o nome de "vão". Como os pontos A e B estão a uma mesma altura, a curva descrita pelo condutor será simétrica, e seu ponto mais baixo, o vértice O, encontra-se sobre um eixo a meia-distância entre A e B.

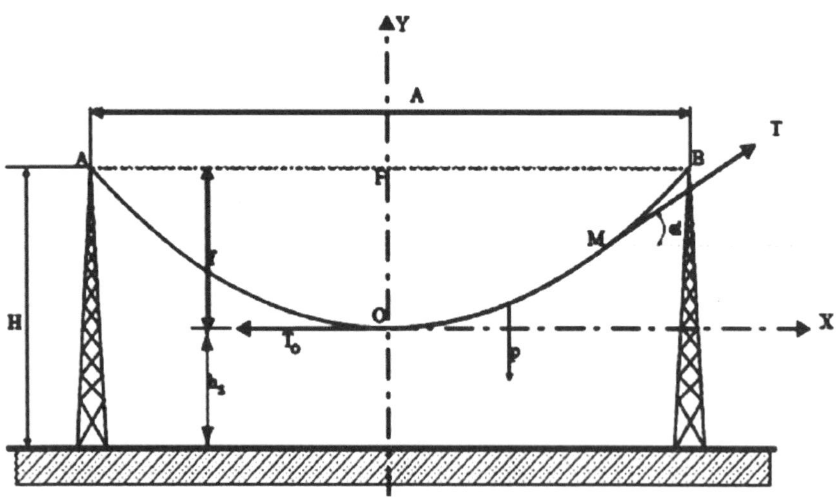

Figura 4.1 – Condutor suspenso em dois suportes da mesma altura. Fonte: (Fuchs *et al.* (1992).

Observando-se a Figura 4.1, tem-se que:

- A = vão [m];
- H = altura de suspensão [m];
- hs = distância do vértice da curva do cabo ao solo [m];
- f = flecha [m];

- T0 = tração no ponto O (meio do vão) [kgf];
- p = peso do cabo por unidade de comprimento [kgf/m].

Nas linhas de transmissão, as alturas de suspensão (H) dos condutores estão diretamente relacionadas com o valor das flechas e com as distâncias dos vértices das curvas ao solo (hs). A flecha formada depende do vão, da temperatura e do valor da tração aplicada ao cabo nos pontos de fixação A e B.

A altura hs, denominada "altura de segurança", é estabelecida por normas, em função da classe de tensão da linha, do tipo de terreno e dos objetos atravessados pelas linhas (Fuchs *et al.*, 1992).

4.2.6 MODELO DE AMPACIDADE

O modelo de ampacidade (IEEE, 2006) propõe um método para o cálculo da corrente que flui pelo condutor, a qual está relacionada com a temperatura do condutor, além da incidência de fatores climático-ambientais para a determinação da corrente máxima que pode suportar a linha de transmissão. O método oferece uma solução para o cálculo da relação de corrente-temperatura para condutores aéreos nus.

A temperatura da superfície do condutor depende de vários fatores e, entre os mais importantes, estão:

- propriedades do material do condutor;
- diâmetro do condutor;
- condições da superfície do condutor;
- condições ambientais;
- corrente elétrica.

A ampacidade de uma linha de transmissão depende dos parâmetros meteorológicos da região em que está instalada, da temperatura máxima permitida, da condição da superfície e das propriedades dos materiais de que o condutor é feito. Se os parâmetros atmosféricos que influenciam o estado térmico de um condutor puderem ser considerados constantes por um período determinado com uma carga elétrica constante, a temperatura do condutor não varia muito.

Nesta situação, o calor absorvido pelo condutor é equilibrado pelo calor dissipado por ele; essa condição térmica é definida como regime permanente (Cigre, 1992). A equação de equilíbrio térmico é definida pela Equação (4.12).

$$Q_J + Q_M + Q_S + Q_{COR} = Q_C + Q_R + Q_E \tag{4.12}$$

em que:

- Q_J = calor ganho devido ao efeito Joule [W/m];
- Q_M = calor ganho devido ao efeito magnético [W/m];
- Q_S = calor ganho devido ao aquecimento solar [W/m];

- Q_{COR} = calor ganho devido ao efeito corona [W/m];
- Q_C = calor dissipado por convecção [W/m];
- Q_R = calor dissipado por radiação [W/m];
- Q_E = calor dissipado por evaporação [W/m].

As equações mostradas no modelo (IEEE, 2006) eliminam o ganho de calor por efeitos magnéticos, as perdas por efeito corona e perdas de calor por evaporação. Isso ocorre porque os valores das perdas não são significativos em comparação com os outros valores da equação.

Somente as equações em regime permanente serão apresentadas, embora o padrão também forneça o modelo para o regime transitório. No regime permanente, a equação de balanço de calor e a corrente correspondente no condutor para uma temperatura T_C podem ser expressas pelas Equações (4.13) e (4.14).

$$Q_C + Q_R = Q_S + I^2 R_{T_C} \tag{4.13}$$

$$I = \sqrt{\frac{Q_C + Q_R - Q_S}{R_{T_C}}} \tag{4.14}$$

4.2.7 CÁLCULO DA DISTRIBUIÇÃO DE CORRENTE DEVIDO À INCORPORAÇÃO DE UM CONDUTOR

Na Figura 4.2, é apresentado um circuito elétrico com duas impedâncias em paralelo, as quais estão representando as impedâncias dos dois condutores, de uma mesma fase. Observa-se que a corrente I se divide nas correntes de I_1 e I_2.

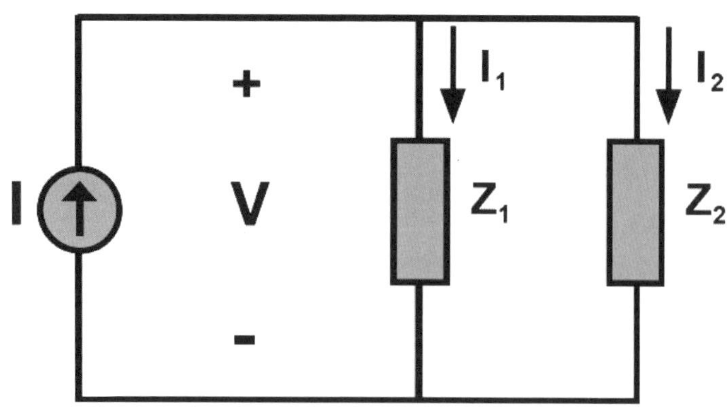

Figura 4.2 – Divisão de corrente. Fonte: Alexander e Sadiku (2013).

Na Equação (4.15) é mostrado que:

$$I = I_1 + I_2 \tag{4.15}$$

A impedância equivalente é calculada por meio da Equação (4.16).

$$Z_{eq} = \frac{Z_1 Z_2}{Z_1 + Z_2} \tag{4.16}$$

Para calcular as correntes I_1 e I_2 é necessário aplicar o princípio de divisor de corrente, expresso nas Equações (4.17) e (4.18) (ALEXANDER; SADIKU, 2013).

$$I_1 = \frac{Z_2}{Z_1 + Z_2} \cdot I \tag{4.17}$$

$$I_2 = \frac{Z_1}{Z_1 + Z_2} \cdot I \tag{4.18}$$

O uso das Equações (4.17) e (4.18) é o ponto de partida para calcular posteriormente a temperatura em ambos os condutores, pela implementação do modelo de ampacidade IEEE 738-2006 visto na Seção 4.2.6.

4.3 MATERIAL E METODOLOGIA UTILIZADOS PARA GERAÇÃO DOS RESULTADOS

São registradas, a seguir, as características dos condutores analisados para aplicação da técnica de recapacitação proposta, assim como os *softwares* utilizados para os cálculos elétricos, térmicos e mecânicos.

4.3.1 CONDUTORES

Os condutores utilizados para desenvolvimento da técnica de recapacitação são cabos tradicionais, utilizados há muito tempo pelas empresas do setor elétrico na construção de projetos de linhas de transmissão.

Esses condutores foram selecionados por serem condutores leves, uma vez que, para implementar a proposta, é necessário adicionar um condutor que acrescente pouco peso na estrutura. São mostradas, a seguir, as características e a composição das tecnologias dos condutores analisados.

CA (cabo de alumínio 1350): condutor formado exclusivamente de fios de alumínio liga 1350 com dureza H19, utilizado em vãos pequenos, pois suas flechas são grandes com o aumento do vão e da temperatura, normalmente utilizado em linhas urbanas e subestações. O cabo tem uma condutividade elétrica de 61,2% IACS. Denominados por nome de flores no idioma inglês, a Figura 4.3 ilustra o condutor;

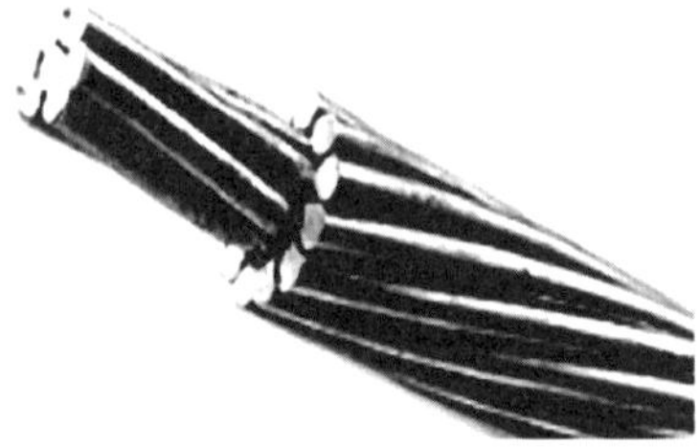

Figura 4.3 – Cabo CA. Fonte: Nexans (2008).

CAA (cabo de alumínio 1350 com alma de aço): condutor formado por uma alma de aço e coroas de fios de alumínio liga 1350 com dureza H19. O aço dá sustentabilidade mecânica e é recoberto com zinco para proteção contra a corrosão. A coroa de alumínio externa é também recoberta de zinco (galvanizados a quente). O cabo tem uma condutividade elétrica de 61,2% IACS. A denominados é feita por nome de pássaros no idioma inglês. A Figura 4.4 ilustra um exemplo do cabo.

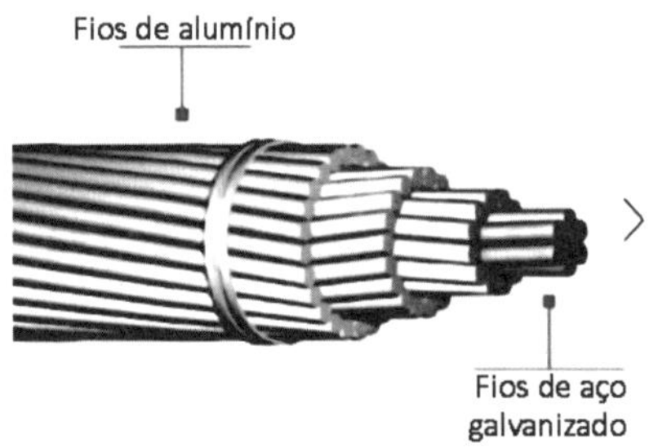

Figura 4.4 – Cabo CAA. Fonte: Nexans (2008).

CAL 6201 (cabo de alumínio liga 6201): condutor formado por uma liga 6201, basicamente este material é uma liga com adição de magnésio e silício, proporcionando aproximadamente o dobro da resistência mecânica em comparação ao alumínio 1350 H-19, utilizado em cabos CAA. A condutividade da liga de Al 6201 é de 52,5% IACS, menor do que a condutividade da liga de Al 1350.

Essa desvantagem pode ser revertida quando se compara o condutor completo. Por não necessitarem da alma de aço, os condutores com liga de Al 6201 podem ser até 25% mais leves, permitindo utilizar as mesmas flechas que os CAA, mas com uma tensão mecânica muito baixa, resultando em uma fluência menor ao longo dos anos.

Por seu custo ter se reduzido bastante, este é o cabo atualmente mais utilizado na concepção de novas linhas de transmissão. Sobretudo em grandes vãos, ele agrega a vantagem da diminuição da flecha, representando um diferencial em projetos de recapacitação, evitando ao máximo a montagem de novas estruturas (WIEDMER *et al.*, 2007). Este cabo é ilustrado na Figura 4.5.

Figura 4.5 – Cabo CAL. Fonte: Brasil (2016).

Na Tabela 4.2, são registradas as características elétricas e mecânicas dos três condutores analisados.

Tabela 4.2 – Características de cabos CA, CAA e CAL

Características do condutor	Oxlip CA	Pigeon CAA	Alliance CAL
Bitola [MCM ou kcmil]	4/0	3/0	246,9
Seção [mm^2]	107,26	99,17	125,09
Diâmetro [mm]	13,25	12,74	14,31
Peso [kg/km]	295,7	343,4	343,2
Tração de ruptura [daN]	1703	2944,72	3807,68
Resistência a 25 °C [Ω/km]	0,2738	0,336	0,2728
Resistência a 75 °C [Ω/km]	0,3281	0,4734	0,3194
Reatância XL [Ω/km]	0,4025	0,4012	0,3967
Módulo de elasticidade final [kgf/mm^2]	6117	8156	6679
Coeficiente de dilatação térmica [°C^{-1}]	23×10^{-6}	$19{,}1\times10^{-6}$	23×10^{-6}

4.3.2 APLICATIVOS COMPUTACIONAIS

Foram utilizados dois aplicativos computacionais para simulações e obtenção dos resultados: o PLS-CADD (Power Line Systems - Computer Aided Design and Drafting) (PLS-CADD, 2010) e o ATP (Alternative Transients Program) (DOMMEL; MEYER, 2019).

O PLS-CADD é um aplicativo computacional desenvolvido pela Power Line, em 1984, com o intuito de dar suporte às atividades de projeto e locação de linhas aéreas de transmissão de energia elétrica. O processo de locação de estruturas em uma linha de transmissão representa um item fundamental em um projeto de uma linha de transmissão. É nesta etapa que todos os aspectos de segurança preconizados por norma devem ser criteriosamente incorporados.

Por sua vez, a implementação dessa etapa representa um trabalho complexo que incorpora a necessidade da aplicação deste *software* especializado, de forma a assegurar que todos os detalhes que envolvem essa atividade sejam efetivamente considerados.

Nesses estudos, o PLS-CADD foi utilizado para: cálculo da capacidade térmica de cabos, pelo modelo de ampacidade (IEEE, 2006); cálculo dos campos eletromagnéticos, verificando-se os níveis de exposição devidos aos campos elétricos e magnéticos na faixa de servidão, de forma a evitar que os limites permitidos pela Aneel (2010) sejam ultrapassados.

Foi utilizado também para avaliar as alturas cabo-solo ao longo do tramo de linha de transmissão estudado, devidamente balizadas pelas diretrizes estabelecidas na Norma NBR 5422 (ABNT, 1986).

O ATP é um programa para simulação de sistemas elétricos, focado na simulação de transitórios eletromagnéticos em redes de sistemas polifásicos. Em sua rotina ATPDraw, o usuário pode construir um circuito elétrico, selecionando modelos predefinidos de componentes para os principais elementos de uma rede elétrica.

O ATPDraw cria automaticamente o arquivo de entrada correspondente do ATP em formato texto. Podem ser construídos circuitos monofásicos e trifásicos. Além disso, um circuito trifásico complexo pode ser construído a partir do seu diagrama unifilar, proporcionando uma facilidade adicional para o usuário que não necessita montar um circuito fase a fase.

Na Figura 4.6, é apresentada a tela de entrada do módulo LCC (*line constants cable*) do ATP, o qual permite a obtenção dos parâmetros das linhas de transmissão. Basicamente é um programa que facilita a criação do arquivo de dados para o processamento da rotina LCC do ATP. É um módulo executável, que uma vez acionado abre janelas para a entrada dos dados necessários ao processamento da rotina LCC.

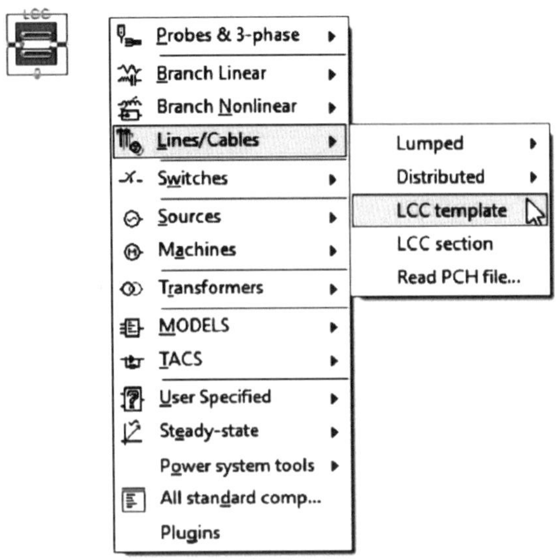

Figura 4.6 – Módulo LCC no ATPDraw.

Por meio da rotina LCC são informadas a configuração geométrica das torres e as caraterísticas físicas dos cabos elétricos e dados sobre resistividade do solo, frequência na qual os parâmetros devem ser calculados, tipo de modelo requerido pelo usuário para a linha de transmissão e para a saída de dados estipulada pelo usuário. Observam-se, na Figura 4.7 e na Figura 4.8, as telas respectivas de entrada. Depois de preencher os dados desejados, deve-se processar a rotina LCC, a qual gera um arquivo de texto com os resultados dos parâmetros elétricos necessários para o desenvolvimento desta pesquisa. Pelos parâmetros obtidos, é possível calcular a corrente nos condutores, assim como a potência natural da linha de transmissão.

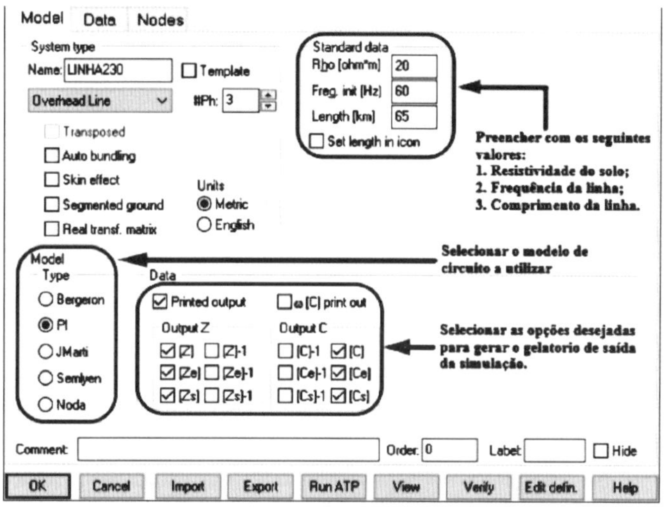

Figura 4.7 – Módulo LCC no ATPDraw: características da LT.

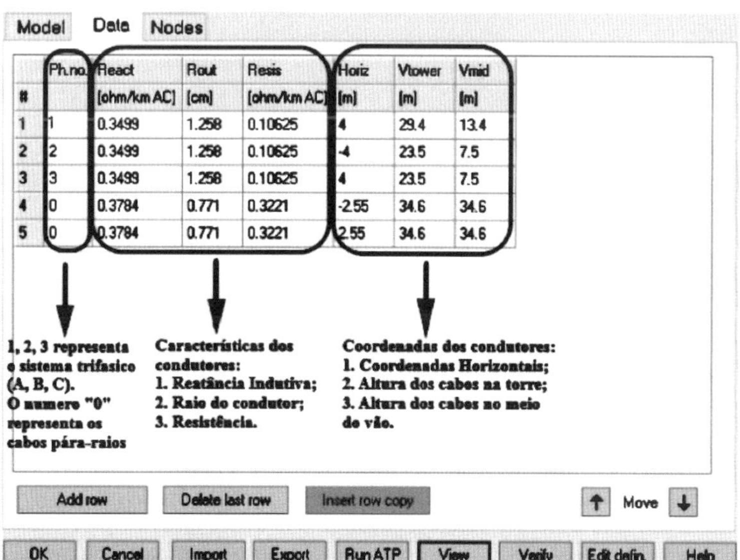

Figura 4.8 – Módulo LCC no ATPDraw: características dos cabos e geometria da torre.

4.4 ESTUDO DE CASO

O estudo de caso foi direcionado à linha de transmissão de 230 kV Morro do Chapéu/Irecê, localizado no estado da Bahia, região Nordeste do Brasil. A linha, com comprimento de 65km, foi construída com um cabo condutor Flint CAL por fase. O projeto foi desenvolvido com base nas premissas, características e requisitos exigidos pela Agência Nacional de Energia Elétrica (Aneel), no Anexo 6B do Edital de Leilão nº 001/20101.

Para se obter a corrente e temperatura do projeto, foram adotados os seguintes parâmetros nos cálculos, em consonância com a recomendação do Edital nº 001/20101 da Chesf:

- temperatura ambiente (máxima média da região): 30 °C;
- atmosfera limpa;
- brisa – 1 m/s;
- radiação solar máxima: 1200 W/m^2;
- coeficiente de absorção: 0,78;
- coeficiente de emissividade: 0,77.

Na Tabela 4.3, é registrado o valor de corrente e da temperatura para a condição de longa duração. Esta condição corresponde ao valor da corrente de projeto, obtido a partir da temperatura de projeto da referida linha, em conformidade com a norma NBR-5422, por meio da aplicação do modelo de cálculo de capacidade de linhas de transmissão com tensão de 69 kV até 750 kV, descrito na nota técnica (ANEEL, 2004).

Tabela 4.3 – Corrente e temperatura para condição de longa duração

Corrente no condutor (A)	Temperatura (°C)
631	59

Na Tabela 4.4, é apresentado o valor de corrente e da temperatura para a condição de curta duração. Esta condição corresponde às condições de emergência ou de sobrecarga estabelecidas na norma técnica NBR-5422 e será obtida a partir do produto da capacidade operativa de longa duração pelo fator correspondente à temperatura de projeto da linha, estabelecido conforme metodologia descrita na nota técnica (ANEEL, 2004).

Tabela 4.4 – Corrente e temperatura para condição de curta duração

Corrente no condutor (A)	Temperatura (°C)
795	71

Na Tabela 4.5, são descritas as características elétricas e mecânicas do condutor utilizado na linha de transmissão.

Tabela 4.5 – Características elétricas e mecânicas do condutor Flint

Características do condutor	CAL Flint
Bitola [MCM ou kcmil]	740,8
Seção [mm^2]	375,4
Diâmetro [mm]	25,16
Peso [kg/km]	1029,9
Tração de ruptura [kgf]	10853,7
Resistência a 25 °C [Ω/km]	0,09196
Resistência a 75 °C [Ω/km]	0,1075
Reatância XL [Ω/km]	0,3499
Módulo de elasticidade final [daN/mm^2]	6550
Coeficiente de dilatação térmica [°C^{-1}]	23×10^{-6}

Para efeito dos cálculos elétricos, foi necessário definir uma configuração ou geometria típica da condição de operação futura. A torre predominante, considerada típica para os cálculos, foi a MS1m. Considerando-se o condutor estabelecido e a temperatura do condutor em condição de curta duração 71 °C, foi elaborado o cálculo, por meio do programa computacional ATPDraw, dos parâmetros elétricos da linha. Os parâmetros encontrados são apresentados na Tabela 4.6.

Tabela 4.6 – Parâmetros de sequência zero e sequência positiva

R_0 (Ω)	X_0 (Ω/km)	Z_0 (Ω/km)	R_1 (Ω/km)	X_1 (Ω/km)	Z_{C+} (Ω)
0,24329	1,134	745,13	0,1064	0,504	395,37

Aplicando-se a Equação (4.3), é possível calcular o SIL da linha de transmissão; para isso, usamos a impedância característica de sequência positiva Z_{C+}, e uma tensão operativa de 230 kV; logo, temos que a linha de transmissão tem um SIL de 127,8 MW.

No projeto básico da LT, foram consideradas as condições ambientais que definem as hipóteses de cálculo mecânico dos condutores. A seguir, mostram-se os critérios adotados em relação às condições ambientais da região e de acordo com a norma NBR-5422.

- 26 °C, sem vento, condição final (EDS): 2207 daN (20% CR);
- 15 °C, sem vento, condição inicial: 2613 daN (23,7% CR);
- 20 °C, vento máx. (pressão de 523 Pa), cond. final: 3284 daN (29,8% CR).

O estado de tração normal (*everyday stress* – EDS), na condição final, à temperatura média, sem vento e nível de tracionamento médio dos cabos, deve atender ao indicado na NBR 5422. Devem-se respeitar as porcentagens de carga de ruptura para as três condições já mencionadas para se evitar uma ruptura no condutor.

A linha de transmissão está composta por estruturas metálicas, com o circuito em configuração horizontal (estrutura de ancoragem AF2s) e triangular (estrutura de suspensão estaiada MS1m), conforme registrado na Figura 4.9, a qual representa as estruturas básicas utilizadas na linha de transmissão.

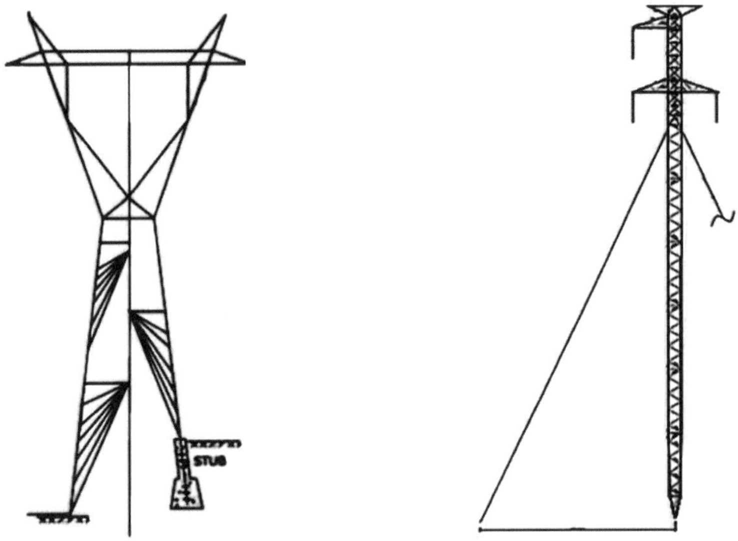

(a) (b)

Figura 4.9 – (a) Estrutura de ancoragem autoportante pesada e (b) estrutura de suspensão estaiada utilizadas na linha de transmissão. Fonte: Brazeiro e Junior (2015).

A título de ilustração, foi considerado um tramo de 9 km, dos 65 km que compõem a linha de transmissão. A linha simulada tem um total de 165 estruturas; foi considerado um tramo partindo da estrutura 72 até a estrutura 98. Na Figura 4.10, observa-se um tramo da linha em vista lateral, simulado no PLS-CADD. Na Tabela 4.7, é registrado o relatório de alturas cabo-solo de cada vão do tramo da linha sob análise. Observa-se, em cinza-claro, que o trecho analisado apresenta cinco violações de altura de segurança.

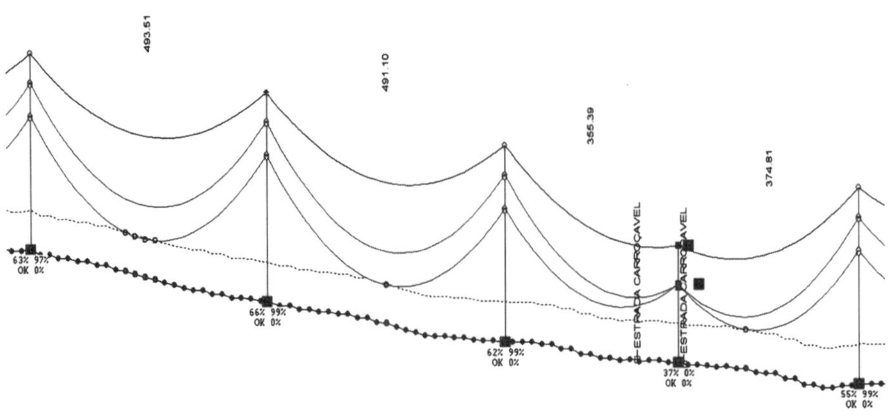

Figura 4.10 – Linha 230 kV Morro do Chapéu/Irecê simulado no PLS-CADD.

Tabela 4.7 – Violações de alturas de segurança da LT de 230 kV Morro do Chapéu/Irecê

From Station of Structure	To Station of Structure	Controlling Weather Case	-Clearance--- ---Margin---- Vert. (m)	Horiz. (m)	OK	Comment	Survey Pt. Clearance Violations in Span	Aerial Pts. Above or Between Wires	Point ID	Feature Code
72	73	Flecha maxma conductor 71 C	1.53	0.54	OK		0	0	1511	ponto terreno
73	74	Flecha maxma conductor 71 C	1.70	-3.05	OK		0	0	1536	ponto terreno
74	75	Flecha maxma conductor 71 C	2.26	-3.00	OK		0	0	1560	ponto terreno
75	76	Flecha maxma conductor 71 C	1.71	-3.00	OK		0	0	1574	ponto terreno
76	77	Flecha maxma conductor 71 C	0.82	-3.00	OK		0	0	1591	ponto terreno
77	78	Flecha maxma conductor 71 C	-0.31	-3.00	NG		4	0	1615	ponto terreno
78	79	Flecha maxma conductor 71 C	-0.26	-3.06	NG		1	0	1641	ponto terreno
79	80	Flecha maxma conductor 71 C	0.59	-1.04	OK		0	0	1667	estrada carrocave
80	81	Flecha maxma conductor 71 C	-0.07	-5.55	NG		1	0	1680	ponto terreno
81	82	Flecha maxma conductor 71 C	6.23	-3.04	OK		0	0	1703	ponto terreno
82	83	Flecha maxma conductor 71 C	3.79	-3.00	OK		0	0	1719	ponto terreno
83	84	Flecha maxma conductor 71 C	-0.37	-3.00	NG		4	0	1741	ponto terreno
84	85	Flecha maxma conductor 71 C	0.76	-3.00	OK		0	0	1771	ponto terreno
85	86	Flecha maxma conductor 71 C	11.79	-3.00	OK		0	0	1787	ponto terreno
86	87	Flecha maxma conductor 71 C	4.46	-3.00	OK		0	0	1801	ponto terreno
87	88	Flecha maxma conductor 71 C	5.44	-3.00	OK		0	0	1824	ponto terreno
88	89	Flecha maxma conductor 71 C	0.61	-3.00	OK		0	0	1846	ponto terreno
89	90	Flecha maxma conductor 71 C	5.19	-3.00	OK		0	0	1864	ponto terreno
90	91	Flecha maxma conductor 71 C	7.37	-3.06	OK		0	0	1883	ponto terreno
91	92	Flecha maxma conductor 71 C	-0.23	-7.54	NG		1	0	1905	estrada carrocave
92	93	Flecha maxma conductor 71 C	0.32	-5.32	OK		0	0	1920	ponto terreno
93	94	Flecha maxma conductor 71 C	2.69	0.66	OK		0	0	1943	ponto terreno
94	95	Flecha maxma conductor 71 C	4.20	0.27	OK		0	0	1953	ponto terreno
95	96	Flecha maxma conductor 71 C	0.59	-3.07	OK		0	0	1975	ponto terreno
96	97	Flecha maxma conductor 71 C	4.19	-3.07	OK		0	0	1998	ponto terreno
97	98	Flecha maxma conductor 71 C	7.76	1.19	OK		0	0	2021	ponto terreno

5 spans with clearance violations NG
21 spans without clearance violations

Na Resolução Normativa nº 398/2010 da Aneel, regulamentada pela Lei nº 11.934/2009, no que se refere aos limites à exposição humana a campos elétricos e à indução magnética originários de instalações de geração, transmissão e distribuição de energia elétrica (ANEEL, 2010), os níveis de referência para campos elétricos e de indução magnética variantes no tempo na frequência de 60 Hz são os representados na Tabela 4.8.

Tabela 4.8 – Limites de campo elétrico e indução magnética

	Campo elétrico (kV/m)	Indução magnética (μT)
Público em geral	4,17	200
Ocupacional	8,33	1000

Fonte: Aneel (2010).

O campo elétrico e a indução magnética são aqui analisados uma vez que são mandatórios para o estudo de linhas aéreas de transmissão. Os cálculos dos campos foram feitos a uma altura do solo de 1,5 metro no limite da faixa de servidão e foi considerado um vão típico de 500 metros. Além disso, para a obtenção dos resultados, foi utilizada uma estrutura de suspensão mslm 235, a qual é a estrutura predominante na linha de transmissão. Na Figura 4.12, é registrada a tela de entrada do PLS-CADD para o cálculo dos campos elétricos e da indução magnética.

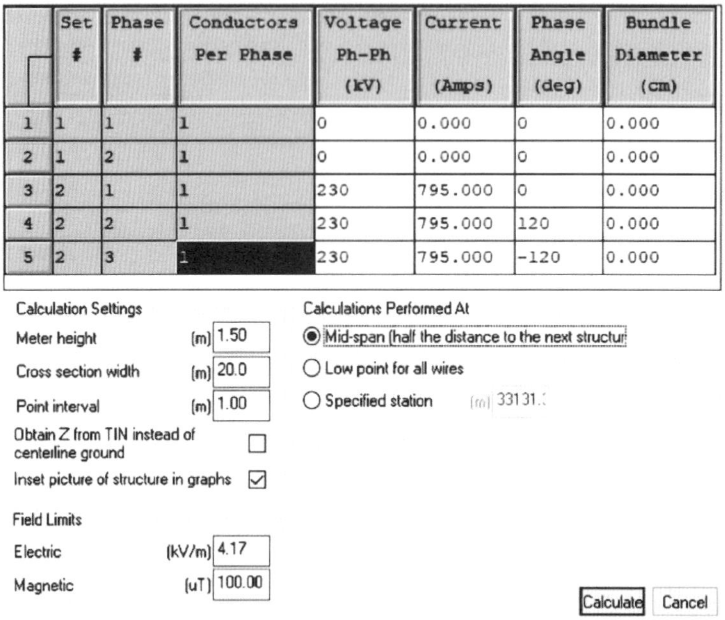

Figura 4.12 – Simulação para a obtenção dos valores de campo elétrico e de indução magnética no PLS-CADD.

Na Figura 4.13, é apresentado o gráfico do campo elétrico e, na Figura 4.14, o gráfico de indução magnética. O valor máximo do campo elétrico foi de 3,547 kV/m e o valor máximo da indução magnética foi de 21,58µT; ambos os valores estão abaixo dos limites máximos permitidos, de acordo com a Tabela 4.8.

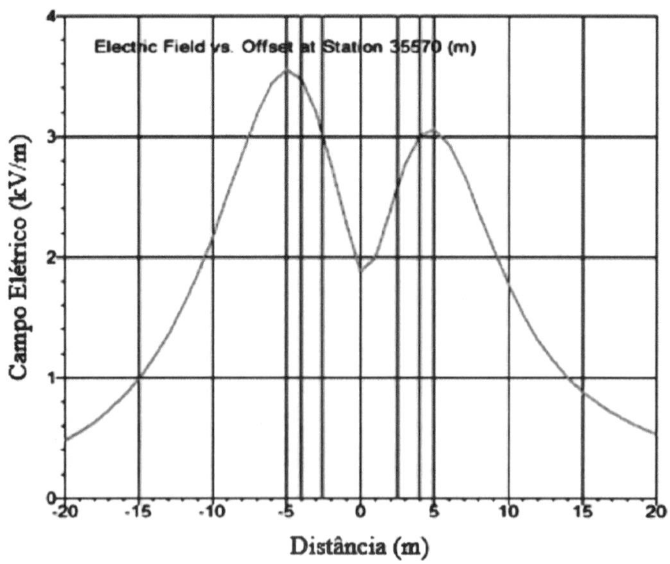

Figura 4.13 – Campo elétrico da linha de transmissão de 230 kV.

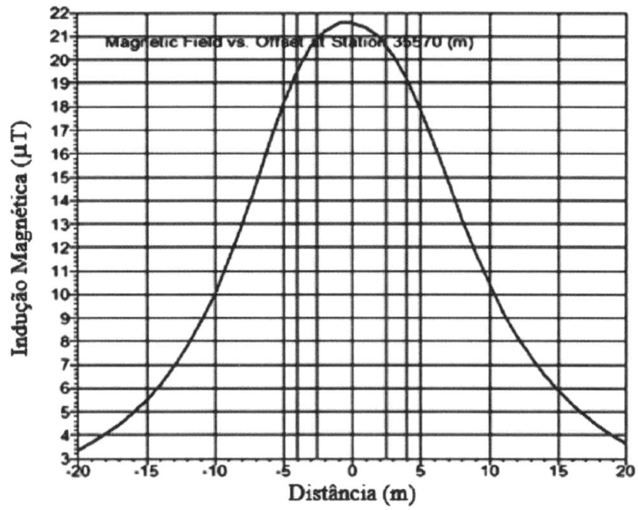

Figura 4.14 – Indução magnética da linha de transmissão de 230 kV.

Nas figuras, as linhas verticais mais escuras estão representando a geometria da linha de transmissão, sendo as linhas do meio a posição dos cabos para-raios, em metros, em relação ao centro da estrutura, e as linhas laterais representam a posição dos condutores, em metros, em relação ao eixo central da estrutura.

Os campos foram analisados na estação 3.3570 m (quilômetro 33,570 da LT), exatamente no meio do vão, entre a estrutura 88 e a 89. Foi utilizado um afastamento (*offset*) de ±20 m, em relação ao eixo central, que representa os 40 m da faixa de servidão da LT.

4.4.1 IMPLEMENTAÇÃO DA METODOLOGIA PROPOSTA

A implementação da metodologia proposta está baseada na técnica de recapacitação pela incorporação de condutor adicional em subvãos. A adoção da técnica neste estudo foi mais além, levando a explicitar a divisão da corrente total por fase, as mudanças das temperaturas nos condutores, campos elétricos e magnéticos e, ainda, o aumento da altura dos condutores obtido em cada vão.

Ressalta-se que a adição de um cabo mais leve não provoca grande aumento nos esforços mecânicos e, consequentemente, não há a necessidade de fazer grandes reforços nas estruturas e fundações. Para conseguir obter a fixação do cabo adicionado ao cabo principal, pode ser utilizado um grampo de alumínio ou vareta pré-formada, conforme a ilustração na Figura 4.15.

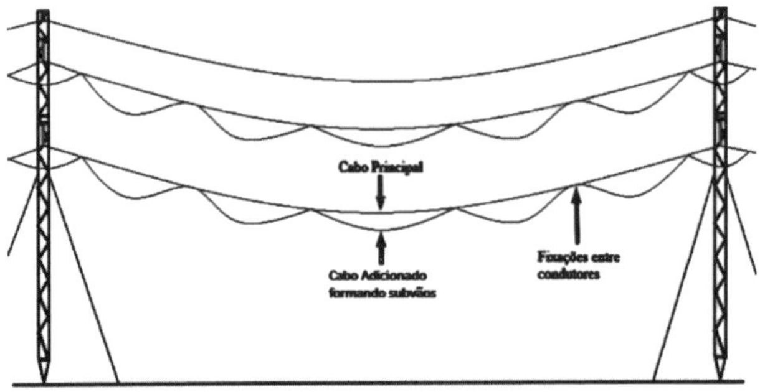

Figura 4.15 – Esquema da tecnologia de recapacitação "superfestão".

No estudo de caso, foram avaliados os seguintes tipos de cabos a serem afixados ao condutor existente:

- CAA (cabo de alumínio 1350 com alma de aço);
- CA (cabo de alumínio liga 1350);
- CAL (cabo de alumínio liga 6201).

O objetivo das simulações com diferentes cabos foi avaliar qual alternativa aportaria maiores ganhos ao SIL e qual delas apresentaria melhor comportamento mecânico, que refletisse maior aumento das alturas cabo-solo. A seguir, são feitas as análises para cada uma das alternativas mencionadas.

- **Alternativa 1: adição do cabo CAA**

Como ponto de partida, foram utilizados os parâmetros originais da linha de transmissão para a condição de curta duração registrados na Tabela 4.4. Para iniciar o processo, foi assumida uma temperatura de 75 °C para os dois condutores e considerou-se, para uma carga mínima da linha (100 MW), uma distância padronizada de 45 cm entre condutores, que é a distância mínima utilizada em feixes de linhas de transmissão convencionais (NETO *et al.*, 1999). Posteriormente, foi realizado o mesmo processo considerando-se uma carga da linha de 200 MW e de 317 MW (condição de curta duração).

Para obter resultados mais exatos, foi necessário fazer várias iterações. Na primeira delas, foi assumida uma temperatura de 75 °C para ambos os condutores para realizar as simulações no ATPDraw; com os resultados obtidos da simulação, considerou-se unicamente a parte imaginária (reatância indutiva) das impedâncias próprias, para realizar o cálculo da corrente em cada condutor e, posteriormente, calcular a temperatura nos condutores.

A partir da segunda iteração, já era conhecida a temperatura aproximada em ambos os condutores, então foi calculada a nova resistência em cada condutor, para logo fazer uma nova simulação no ATPDraw. A partir deste ponto, foi considerada a parte real (resistiva) e imaginária (reatância indutiva) das impedâncias próprias para fazer o cálculo das correntes em ambos os condutores.

Este mesmo procedimento iterativo foi realizado até que os valores de corrente e temperatura convergissem para valores constantes. Este procedimento foi realizado considerando diferentes condições de carga na linha de transmissão 100 MW, 200 MW e 317 MW, para verificar o comportamento da distância entre os condutores, assim como as variações no SIL.

Na Figura 4.16, são apresentados os dados relativos aos condutores Flint e Pigeon e a geometria da linha no ATPDraw, para obter os parâmetros elétricos necessários ao cálculo da corrente nos condutores.

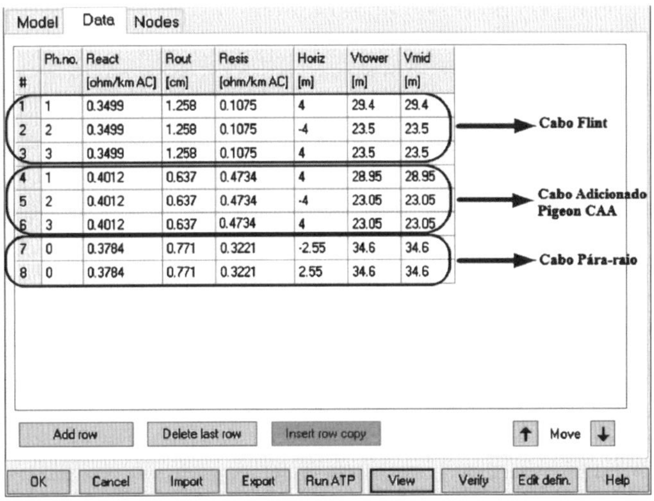

Figura 4.16 – Simulação da primeira iteração no ATPDraw dos condutores Flint e Pigeon.

Na Tabela 4.9, são mostrados os resultados obtidos na primeira iteração. É importante ressaltar que todas as simulações foram feitas considerando uma carga na linha de transmissão de 795 Amp, a qual retrata a condição de emergência.

Tabela 4.9 – Resultados da primeira iteração obtidos com ATPDraw

```
Impedance matrix,  in units of Ohms/kmeter  for the system of physical conductors.
Rows and columns proceed in the same order as the sorted input.

  1  1.586198E-01
     8.074715E-01

  2  5.178692E-02  1.600160E-01
     2.835030E-01  8.056265E-01

  3  5.180697E-02  5.249457E-02  1.600160E-01
     3.228252E-01  2.989491E-01  8.056265E-01

  4  5.117143E-02  5.184011E-02  5.186026E-02  5.246232E-01
     5.177078E-01  2.854334E-01  3.287367E-01  8.586321E-01

  5  5.184011E-02  5.257105E-02  5.254948E-02  5.189343E-02  5.260262E-01
     2.813860E-01  5.158614E-01  2.987589E-01  2.833622E-01  8.567842E-01

  6  5.186026E-02  5.254948E-02  5.257105E-02  5.191368E-02  5.260452E-02  5.260262E-01
     3.172129E-01  2.987589E-01  5.158614E-01  3.226844E-01  2.988068E-01  8.567842E-01

  7  5.051916E-02  5.119957E-02  5.118748E-02  5.056943E-02  5.125143E-02  5.123929E-02  3.720576E-01
     2.982440E-01  2.753456E-01  2.647256E-01  2.956311E-01  2.723279E-01  2.624109E-01  8.375654E-01

  8  5.053053E-02  5.118748E-02  5.119957E-02  5.058086E-02  5.123929E-02  5.125143E-02  4.995069E-02  3.720576E-01
     3.312431E-01  2.647256E-01  2.753456E-01  3.253346E-01  2.624109E-01  2.723279E-01  3.363267E-01  8.375654E-01
Sequence       Surge impedance        Attenuation   velocity    Wavelength   Resistance    Reactance    Susceptance
          magnitude(Ohm) angle(degr.)    db/km       km/sec        km          Ohm/km        Ohm/km        mho/km
   Zero :  6.25468E+02 -8.14581E+00 1.84052E-03 2.54658E+05 4.24430E+03 2.62395E-01 8.97810E-01 2.39096E-06
Positive:  3.03043E+02 -7.96534E+00 1.61860E-03 2.83072E+05 4.71787E+03 1.11853E-01 3.91868E-01 4.43752E-06
```

Na Figura 4.17, são apresentados os dados considerados para os condutores Flint e Pigeon no ATPDraw para a iteração final, para obter os parâmetros elétricos finais necessários ao cálculo da corrente nos condutores.

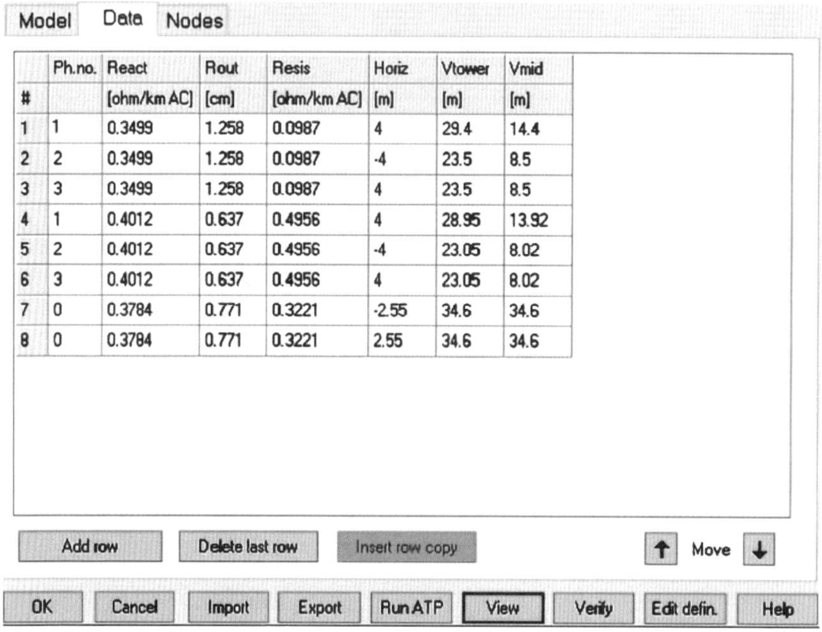

#	Ph.no.	React [ohm/km AC]	Rout [cm]	Resis [ohm/km AC]	Horiz [m]	Vtower [m]	Vmid [m]
1	1	0.3499	1.258	0.0987	4	29.4	14.4
2	2	0.3499	1.258	0.0987	-4	23.5	8.5
3	3	0.3499	1.258	0.0987	4	23.5	8.5
4	1	0.4012	0.637	0.4956	4	28.95	13.92
5	2	0.4012	0.637	0.4956	-4	23.05	8.02
6	3	0.4012	0.637	0.4956	4	23.05	8.02
7	0	0.3784	0.771	0.3221	-2.55	34.6	34.6
8	0	0.3784	0.771	0.3221	2.55	34.6	34.6

Figura 4.17 – Simulação da iteração final no ATPDraw dos condutores Flint e Pigeon.

Na Tabela 4.10, são apresentados os resultados obtidos na simulação.

Tabela 4.10 – Resultado da iteração final obtidos com ATPDraw

```
Impedance matrix,  in units of Ohms/kmeter  for the system of physical conductors.
Rows and columns proceed in the same order as the sorted input.

  1 1.522407E-01
    8.043208E-01

  2 5.428290E-02  1.538050E-01
    2.803187E-01  8.024064E-01

  3 5.430875E-02  5.507664E-02  1.538050E-01
    3.196402E-01  2.957297E-01  8.024064E-01

  4 5.360094E-02  5.434508E-02  5.437111E-02  5.492613E-01
    5.112727E-01  2.823309E-01  3.258230E-01  8.554699E-01

  5 5.434508E-02  5.516971E-02  5.514114E-02  5.440744E-02  5.508346E-01
    2.781040E-01  5.093566E-01  2.955227E-01  2.801661E-01  8.535521E-01

  6 5.437111E-02  5.514114E-02  5.516971E-02  5.443365E-02  5.520583E-02  5.508346E-01
    3.137849E-01  2.955227E-01  5.093566E-01  3.194876E-01  2.955754E-01  8.535521E-01

  7 5.166395E-02  5.238141E-02  5.236790E-02  5.171922E-02  5.243853E-02  5.242494E-02  3.720576E-01
    2.452292E-01  2.258125E-01  2.225277E-01  2.432102E-01  2.240849E-01  2.209356E-01  8.375654E-01

  8 5.167658E-02  5.236790E-02  5.238141E-02  5.173191E-02  5.242494E-02  5.243853E-02  4.995069E-02  3.720576E-01
    2.513031E-01  2.225277E-01  2.258125E-01  2.489538E-01  2.209356E-01  2.240849E-01  3.363267E-01  8.375654E-01

Sequence      Surge impedance          Attenuation   velocity     Wavelength   Resistance   Reactance    Susceptance
         magnitude(Ohm) angle(degr.)     db/km        km/sec          km         Ohm/km       Ohm/km       mho/km
   Zero :  6.50115E+02 -6.78726E+00  1.65854E-03  2.34979E+05  3.91632E+03  2.46534E-01  1.02104E+00  2.48523E-06
Positive:  3.03241E+02 -7.77337E+00  1.58851E-03  2.81397E+05  4.68995E+03  1.09896E-01  3.95022E-01  4.45895E-06
```

→ **Z_{11} – Impedância Propria do Condutor Fint** (1.522407E-01 / 8.043208E-01)

→ **Z_{44} – Impedância Propria do Condutor Pigeon** (5.492613E-01 / 8.554699E-01)

Obtidos os valores das impedâncias próprias, foi calculada a divisão de corrente entre os condutores, por meio das Equações (4.19) e (4.20), a qual permite estabelecer as correntes no condutor 1 e 2 da mesma fase.

$$I_1 = \frac{Z_{44}}{Z_{11} + Z_{44}} \cdot I_T \tag{4.19}$$

$$I_2 = \frac{Z_{11}}{Z_{11} + Z_{44}} \cdot I_T \tag{4.20}$$

Na Figura 4.18, é apresentada a tela do PLS-CADD que permite acionar a aplicação do modelo IEEE 738-2006. Na Figura 4.19, é registrado o gráfico obtido a partir da simulação para os condutores Flint CAL e Pigeon CAA.

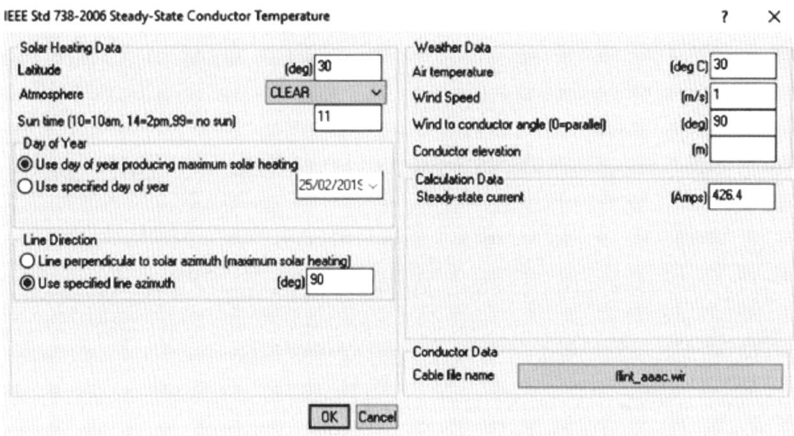

Figura 4.18 – Modelo IEEE 738-2006 no PLS-CADD.

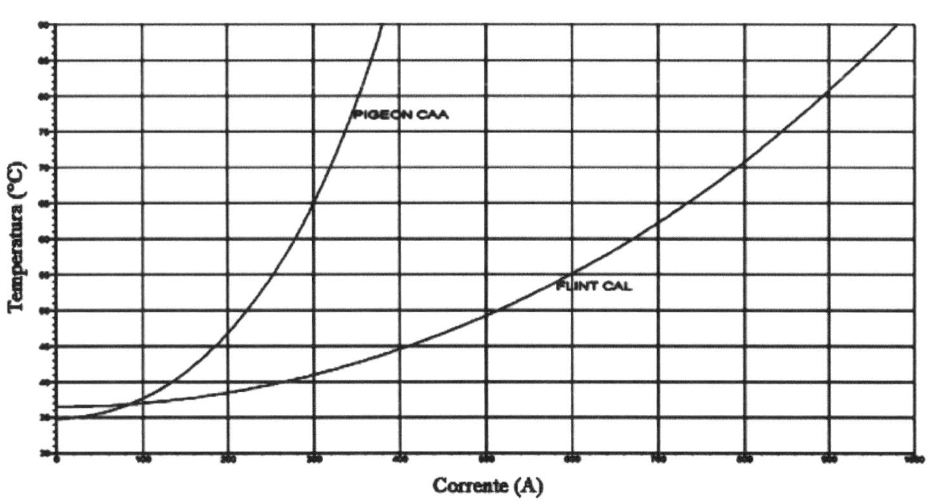

Figura 4.19 – Gráfico de ampacidade dos condutores Flint CAL e Pigeon CAA.

Na Tabela 4.11, são apresentados os resultados de corrente e temperatura nos condutores, obtidos a diferentes condições de carga na linha de transmissão. Observa-se que, ao aumentar a carga na linha de transmissão, ocorre um pequeno aumento na distância entre os condutores da mesma fase.

Com a distância entre condutores de 45 cm a uma carga mínima (100 MW), foi necessário avaliar a distância entre fixações adjacentes. Foram feitos testes com fixações a 40 m e 60 m, com o objetivo de analisar o comportamento da variação da distância entre os condutores. Ao utilizar uma distância de 40 m, observou-se que as distâncias entre condutores eram menores; isso pode resultar em menos violações de altura de segurança, conforme registrado na Tabela 4.8. Entretanto, algumas das vantagens de trabalhar com fixações a cada 60 m são a menor quantidade de material utilizado e a menor demanda por manutenção.

Na Figura 4.20, é apresentado um trecho da linha de transmissão simulado no PLS-CADD; na Tabela 4.12, é registrado o seu respectivo relatório de alturas cabo-solo, considerando a adição do condutor Pigeon CAA. Observa-se que, antes de implementar a proposta de recapacitação, a linha apresentava cinco violações de altura de segurança; após a implementação, nenhuma violação é observada.

Tabela 4.11 – Resultados obtidos para o cabo Flint CAL com adição do cabo Pigeon CAA

Potência (MW)	Corrente Total (A)	Corrente (A)		Temperatura (°C)		Distância entre cabos (m) Fixações a 40 (m)	Distância entre cabos (m) fixações a 60 (m)	Impedância Característica de sequência + (Ω)	Potência natural (MW)
		Flint CAL	Pigeon CAA	Flint CAL	Pigeon CAA				
100	251	136,60	116,94	37,40	38,70	0,45	0,45	299,31	176,740
200	502	275,77	232,17	40,30	51,50	0,46	0,49	300,40	176,099
317	795	448,18	361,67	46,70	83,10	0,48	0,58	303,24	174,449

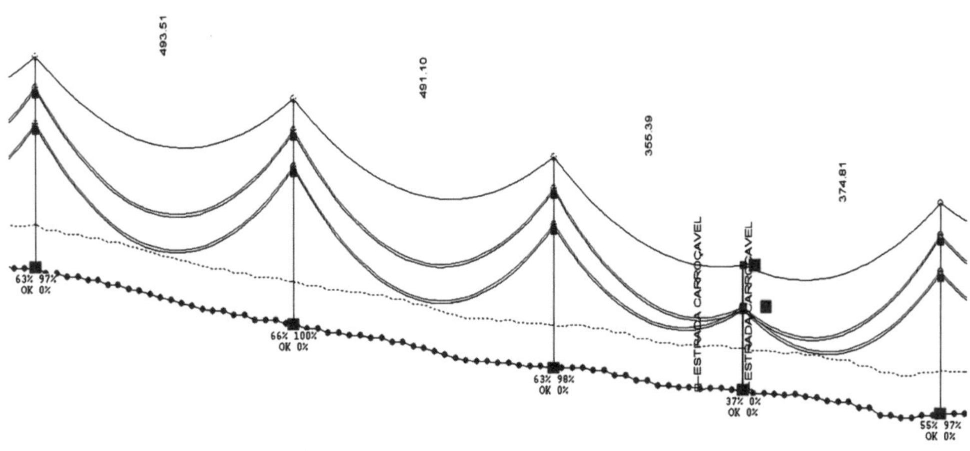

Figura 4.20 – Simulação no PLS-CADD com condutor Flint e adição do condutor Pigeon.

Tabela 4.12 – Relatório de alturas cabo-solo do condutor Pigeon CAA

From Station of Structure	To Station of Structure	Controlling Weather Case	-Clearance--- ---Margin---- Vert. (m)	Horiz. (m)	OK	Comment	Survey Pt. Clearance Violations in Span	Aerial Pts. Above or Between Wires	Point ID	Feature Code
72	73	Condição Cabo PIGEON 83.10 C	1.70	0.54	OK		0	0	1511	ponto terreno
73	74	Condição Cabo PIGEON 83.10 C	2.22	-3.06	OK		0	0	1536	ponto terreno
74	75	Condição Cabo PIGEON 83.10 C	2.51	-3.00	OK		0	0	1560	ponto terreno
75	76	Condição Cabo PIGEON 83.10 C	1.61	-3.00	OK		0	0	1574	ponto terreno
76	77	Condição Cabo PIGEON 83.10 C	1.23	-3.00	OK		0	0	1591	ponto terreno
77	78	Condição Cabo PIGEON 83.10 C	0.36	-3.00	OK		0	0	1615	ponto terreno
78	79	Condição Cabo PIGEON 83.10 C	0.40	-3.07	OK		0	0	1641	ponto terreno
79	80	Condição Cabo PIGEON 83.10 C	0.57	-1.03	OK		0	0	1667	estrada carrocave
80	81	Condição Cabo PIGEON 83.10 C	0.13	0.20	OK		0	0	1680	ponto terreno
81	82	Condição Cabo PIGEON 83.10 C	6.41	-3.05	OK		0	0	1703	ponto terreno
82	83	Condição Cabo PIGEON 83.10 C	4.21	-3.00	OK		0	0	1719	ponto terreno
83	84	Condição Cabo PIGEON 83.10 C	0.36	-3.00	OK		0	0	1741	ponto terreno
84	85	Condição Cabo PIGEON 83.10 C	1.38	-3.00	OK		0	0	1771	ponto terreno
85	86	Condição Cabo PIGEON 83.10 C	11.58	-3.00	OK		0	0	1787	ponto terreno
86	87	Condição Cabo PIGEON 83.10 C	4.80	-3.00	OK		0	0	1801	ponto terreno
87	88	Condição Cabo PIGEON 83.10 C	5.69	-3.00	OK		0	0	1824	ponto terreno
88	89	Condição Cabo PIGEON 83.10 C	1.39	-3.00	OK		0	0	1846	ponto terreno
89	90	Condição Cabo PIGEON 83.10 C	5.30	-3.00	OK		0	0	1864	ponto terreno
90	91	Condição Cabo PIGEON 83.10 C	7.36	-3.07	OK		0	0	1883	ponto terreno
91	92	Condição Cabo PIGEON 83.10 C	0.05	-7.55	OK		0	0	1905	estrada carrocave
92	93	Condição Cabo PIGEON 83.10 C	0.66	-5.34	OK		0	0	1920	ponto terreno
93	94	Condição Cabo PIGEON 83.10 C	2.86	0.67	OK		0	0	1943	ponto terreno
94	95	Condição Cabo PIGEON 83.10 C	4.04	0.29	OK		0	0	1953	ponto terreno
95	96	Condição Cabo PIGEON 83.10 C	1.33	-3.08	OK		0	0	1975	ponto terreno
96	97	Condição Cabo PIGEON 83.10 C	4.55	-3.09	OK		0	0	1998	ponto terreno
97	98	Condição Cabo PIGEON 83.10 C	7.69	1.20	OK		0	0	2021	ponto terreno

0 spans with clearance violations OK
26 spans without clearance violations

Foi gerado também o gráfico do campo elétrico (Figura 4.21) e da indução magnética (Figura 4.22), após a adição do condutor, com o objetivo de verificar se a linha está operando dentro dos limites de exposição proposta pela (ANEEL, 2010). O campo elétrico máximo foi de 3,883 kV/m, sinalizando que ocorreu um incremento no campo elétrico e, ainda assim, o valor está dentro do limite estabelecido.

A indução magnética obtida foi de 17,74 μT, a qual diminuiu em comparação com a indução magnética verificada para a linha original. Essa diminuição está relacionada com a adição do condutor já que, com a divisão da corrente de fase entre os dois condutores, a temperatura diminuiu e as alturas dos condutores aumentaram.

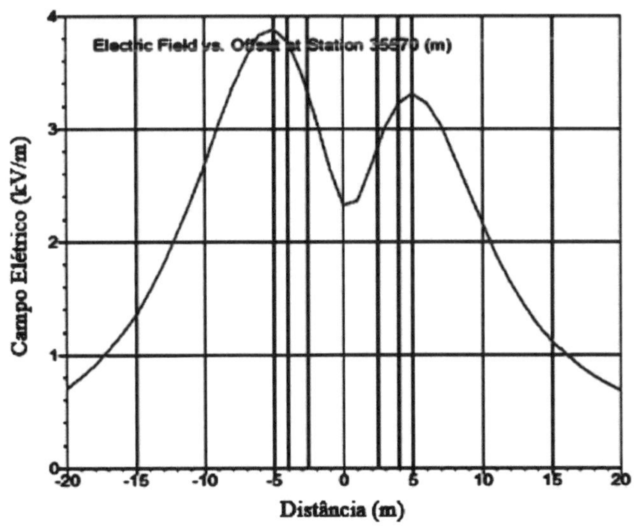

Figura 4.21 – Campo elétrico com adição do condutor Pigeon CAA.

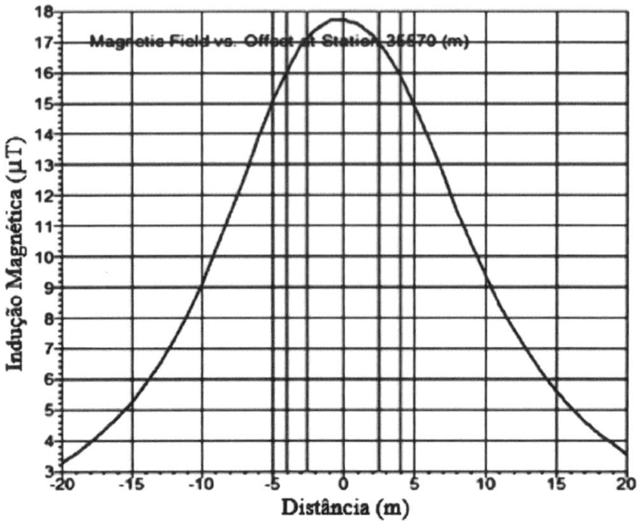

Figura 4.22 – Indução magnética com adição do condutor Pigeon CAA.

- **Alternativa 2: adição do condutor CA Oxlip**

Nesta subseção, foi avaliada a inserção de um condutor Oxlip CA. Esse condutor é conformado por fios de alumínio liga 1350 com dureza H19. Os condutores CA estão sendo atualmente utilizados em grande escala em linhas de distribuição. Eles suportam uma tração muito menor do que os outros tipos de condutores como CAA e CAL; ainda assim, representam uma alternativa para os estudos, uma vez que as trações a serem impostas ao cabo não comprometem as suas características mecânicas.

As análises realizadas para a alternativa 1 foram repetidas, levando aos resultados registrados na Figura 4.23 (para a ampacidade), na Tabela 4.13 (para temperatura nos cabos), na Tabela 4.14 (para as novas alturas), na Figura 4.24 (para o campo elétrico) e na Figura 4.25 (para a indução eletromagnética).

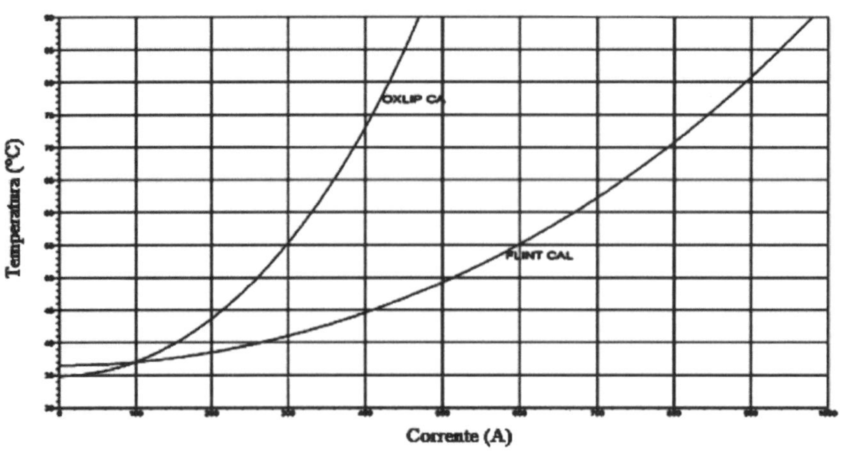

Figura 4.23 – Gráfico de ampacidade dos condutores Flint e Oxlip.

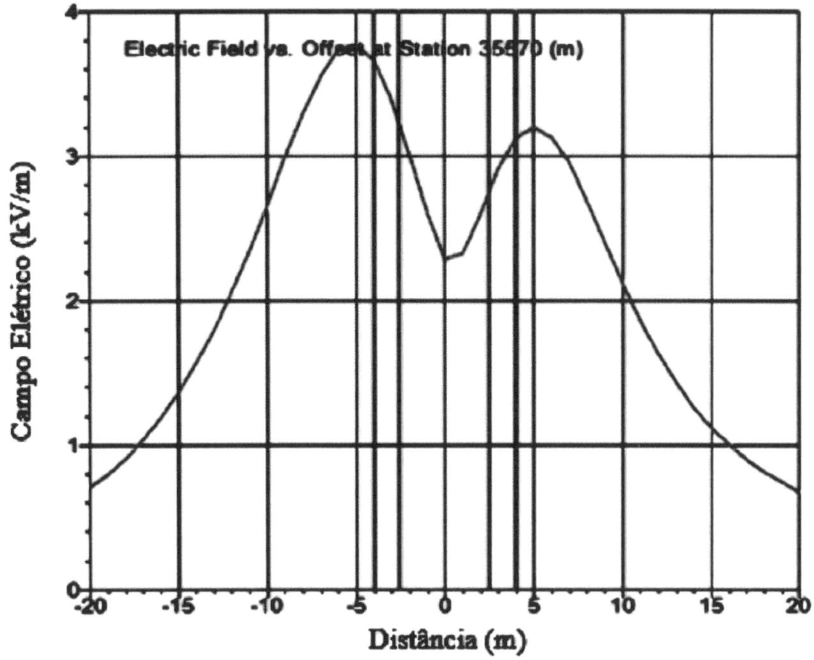

Figura 4.24 – Campo elétrico com adição do condutor Oxlip CA.

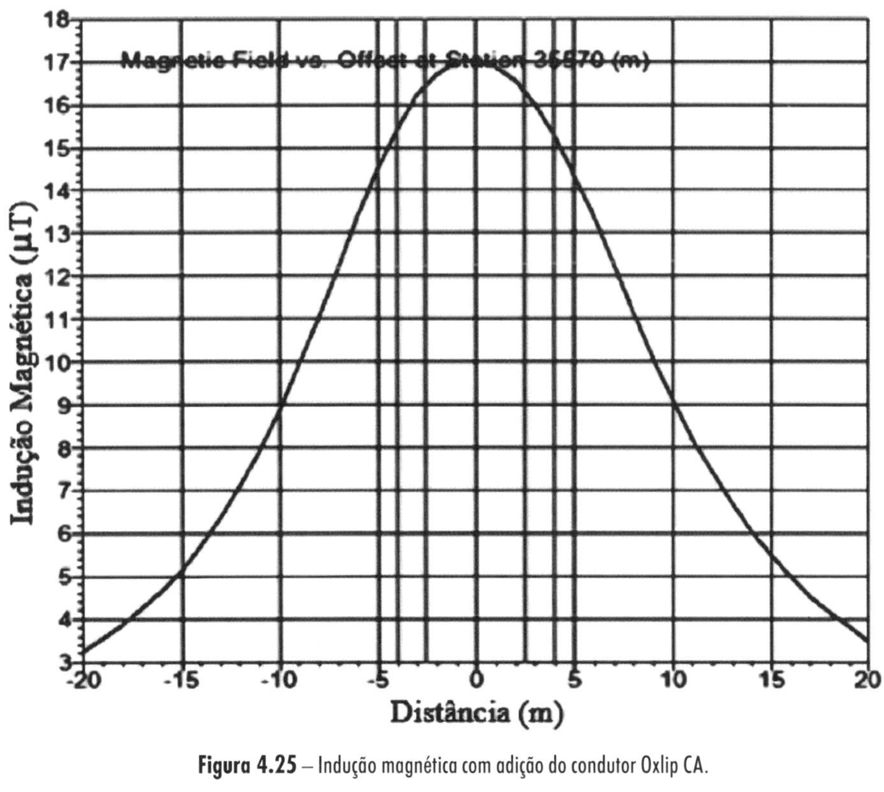

Figura 4.25 – Indução magnética com adição do condutor Oxlip CA.

Tabela 4.13 – Resultados obtidos para o cabo Flint CAL com adição do cabo Oxlip CA

Potência (MW)	Corrente Total (A)	Corrente (A)		Temperatura (°C)		Distância entre cabos (m) Fixações a 40 (m)	Distância entre cabos (m) Fixações a 60 (m)	Impedância Característica de sequência + (Ω)	Potência natural (MW)
		Flint CAL	Oxlip CA	Flint CAL	Oxlip CA				
100	251	133,63	118,54	37,40	38	0,45	0,45	295,46	179,043
200	502	267,85	236,65	40,10	47,30	0,46	0,49	295,85	178,807
317	795	426,40	373,60	45,70	67,60	0,47	0,56	296,71	178,289
400	1005	542,28	470,33	51,60	90	0,49	0,63	297,26	177,959

Tabela 4.14 – Relatório de alturas cabo-solo do condutor Oxlip CA

```
     From        To Controlling                 -Clearance---  OK  Comment Survey Pt.       Aerial ----------------------
  Station   Station Weather                     ---Margin----              Clearance   Pts. Above ----------------------
       of        of Case                        Vert. Horiz.              Violations   or Between Point Feature
Structure Structure                               (m)    (m)                 in Span        Wires    ID Code
-------------------------------------------------------------------------------------------------------------------------
       72        73 Condição Cabo OXLIP 67.6 C   1.79   0.54   OK                   0            0  1511 ponto terreno
       73        74 Condição Cabo OXLIP 67.6 C   2.35  -3.06   OK                   0            0  1536 ponto terreno
       74        75 Condição Cabo OXLIP 67.6 C   2.61  -3.00   OK                   0            0  1560 ponto terreno
       75        76 Condição Cabo OXLIP 67.6 C   1.66  -3.00   OK                   0            0  1574 ponto terreno
       76        77 Condição Cabo OXLIP 67.6 C   1.35  -3.00   OK                   0            0  1591 ponto terreno
       77        78 Condição Cabo OXLIP 67.6 C   0.51  -3.00   OK                   0            0  1615 ponto terreno
       78        79 Condição Cabo OXLIP 67.6 C   0.55  -3.07   OK                   0            0  1641 ponto terreno
       79        80 Condição Cabo OXLIP 67.6 C   0.62  -1.03   OK                   0            0  1667 estrada carrocave
       80        81 Condição Cabo OXLIP 67.6 C   0.21   0.20   OK                   0            0  1680 ponto terreno
       81        82 Condição Cabo OXLIP 67.6 C   6.48  -3.05   OK                   0            0  1703 ponto terreno
       82        83 Condição Cabo OXLIP 67.6 C   4.31  -3.00   OK                   0            0  1719 ponto terreno
       83        84 Condição Cabo OXLIP 67.6 C   0.50  -3.00   OK                   0            0  1741 ponto terreno
       84        85 Condição Cabo OXLIP 67.6 C   1.50  -3.00   OK                   0            0  1771 ponto terreno
       85        86 Condição Cabo OXLIP 67.6 C  11.61  -3.00   OK                   0            0  1787 ponto terreno
       86        87 Condição Cabo OXLIP 67.6 C   4.89  -3.00   OK                   0            0  1801 ponto terreno
       87        88 Condição Cabo OXLIP 67.6 C   5.77  -3.00   OK                   0            0  1824 ponto terreno
       88        89 Condição Cabo OXLIP 67.6 C   1.53  -3.00   OK                   0            0  1846 ponto terreno
       89        90 Condição Cabo OXLIP 67.6 C   5.37  -3.00   OK                   0            0  1864 ponto terreno
       90        91 Condição Cabo OXLIP 67.6 C   7.41  -3.07   OK                   0            0  1883 ponto terreno
       91        92 Condição Cabo OXLIP 67.6 C   0.13  -7.55   OK                   0            0  1905 estrada carrocave
       92        93 Condição Cabo OXLIP 67.6 C   0.77  -5.34   OK                   0            0  1920 ponto terreno
       93        94 Condição Cabo OXLIP 67.6 C   2.95   0.67   OK                   0            0  1943 ponto terreno
       94        95 Condição Cabo OXLIP 67.6 C   4.08   0.29   OK                   0            0  1953 ponto terreno
       95        96 Condição Cabo OXLIP 67.6 C   1.48  -3.08   OK                   0            0  1975 ponto terreno
       96        97 Condição Cabo OXLIP 67.6 C   4.65  -3.09   OK                   0            0  1998 ponto terreno
       97        98 Condição Cabo OXLIP 67.6 C   7.73   1.20   OK                   0            0  2021 ponto terreno

0 spans with clearance violations  OK
26 spans without clearance violations
```

Observa-se que, com a adição do condutor Oxlip, as violações de altura foram eliminadas e os limites de campo elétrico e de indução magnética também foram respeitados.

- **Alternativa 3: adição do condutor Alliance CAL**

O condutor Alliance CAL é formado por uma liga 6201, que é basicamente composta pela adição de magnésio e silício, proporcionando aproximadamente o dobro da resistência mecânica, em comparação com a do cabo de alumínio CAA 1350 H-19.

Na Tabela 4.2, pode-se observar que o condutor Alliance tem menor reatância indutiva e menor resistência elétrica do que os outros dois condutores analisados. Isso significa maiores ganhos do SIL, menores temperaturas nos condutores e maior capacidade de transmissão de energia elétrica.

As análises foram realizadas de forma similar às anteriores. Os resultados obtidos encontram-se registrados na Figura 4.26 (para a ampacidade), na Tabela 4.15 (para temperatura nos cabos), na Tabela 4.16 (para as novas alturas), na Figura 4.27 (para o campo elétrico) e na Figura 4.28 (para a indução eletromagnética).

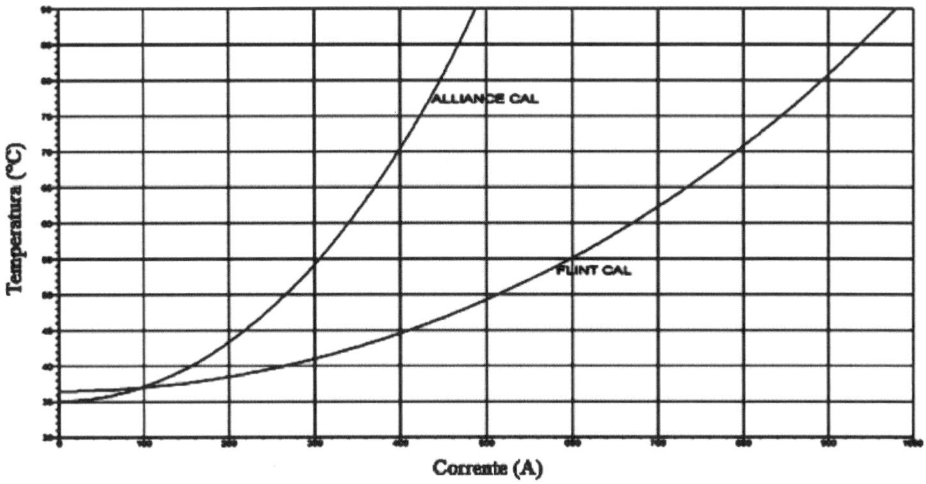

Figura 4.26 – Gráfico de ampacidade dos condutores Flint e Alliance.

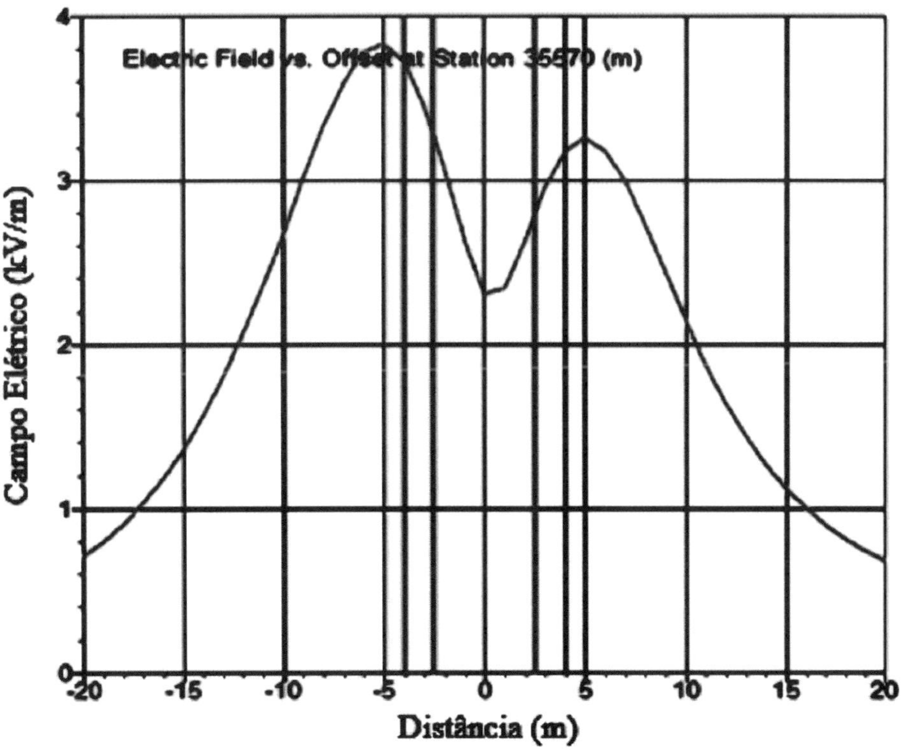

Figura 4.27 – Campo elétrico com adição do condutor Alliance CAL.

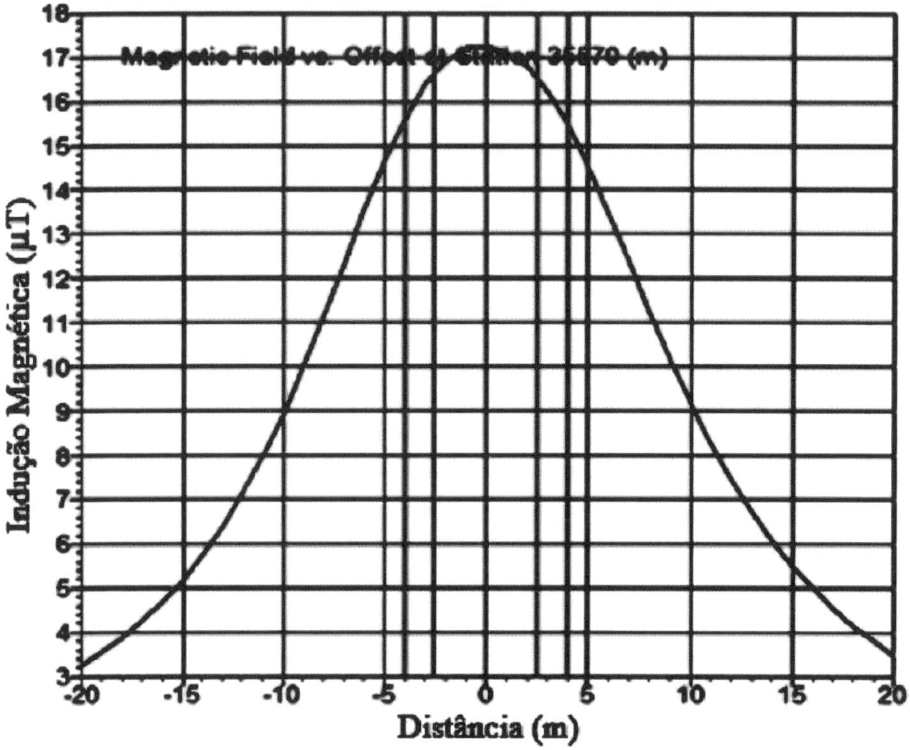

Figura 4.28 – Indução magnética com adição do condutor Alliance CAL.

Tabela 4.15 – Resultados obtidos para o cabo Flint CAL com adição do cabo Alliance CAL

Potência (MW)	Corrente Total (A)	Corrente (A)		Temperatura (°C)		Distância entre cabos (m)	Distância entre cabos (m)	Impedância Característica de sequência + (Ω)	Potência natural (MW)
		Flint CAL	Alliance CAL	Flint CAL	Alliance CAL	Fixações a 40 (m)	Fixações a 60 (m)		
100	251	133,17	118,98	37,40	38	0,45	0,45	294,53	179,608
200	502	266,6	237,62	40,10	46,90	0,46	0,49	294,42	179,675
317	795	424,32	375,42	45,60	65,90	0,47	0,56	294,68	179,517
400	1005	538,83	473,08	51,40	86,40	0,49	0,63	295,03	179,304

Tabela 4.16 – Relatório de alturas cabo-solo do condutor Alliance CAL

From Station of Structure	To Station of Structure	Controlling Weather Case	-Clearance--- ---Margin---- Vert. (m)	Horiz. (m)	OK	Comment	Survey Pt. Clearance Violations in Span	Aerial Pts. Above or Between Wires	Point ID	Feature Code
72	73	Condição Cabo ALLIANCE 65.9 C	1.75	0.54	OK		0	0	1511	ponto terreno
73	74	Condição Cabo ALLIANCE 65.9 C	2.29	-3.06	OK		0	0	1536	ponto terreno
74	75	Condição Cabo ALLIANCE 65.9 C	2.57	-3.00	OK		0	0	1560	ponto terreno
75	76	Condição Cabo ALLIANCE 65.9 C	1.64	-3.00	OK		0	0	1574	ponto terreno
76	77	Condição Cabo ALLIANCE 65.9 C	1.30	-3.00	OK		0	0	1591	ponto terreno
77	78	Condição Cabo ALLIANCE 65.9 C	0.44	-3.00	OK		0	0	1615	ponto terreno
78	79	Condição Cabo ALLIANCE 65.9 C	0.49	-3.07	OK		0	0	1641	ponto terreno
79	80	Condição Cabo ALLIANCE 65.9 C	0.60	-1.03	OK		0	0	1667	estrada carrocave
80	81	Condição Cabo ALLIANCE 65.9 C	0.18	0.20	OK		0	0	1680	ponto terreno
81	82	Condição Cabo ALLIANCE 65.9 C	6.46	-3.05	OK		0	0	1703	ponto terreno
82	83	Condição Cabo ALLIANCE 65.9 C	4.28	-3.00	OK		0	0	1719	ponto terreno
83	84	Condição Cabo ALLIANCE 65.9 C	0.45	-3.00	OK		0	0	1741	ponto terreno
84	85	Condição Cabo ALLIANCE 65.9 C	1.46	-3.00	OK		0	0	1771	ponto terreno
85	86	Condição Cabo ALLIANCE 65.9 C	11.60	-3.00	OK		0	0	1787	ponto terreno
86	87	Condição Cabo ALLIANCE 65.9 C	4.86	-3.00	OK		0	0	1801	ponto terreno
87	88	Condição Cabo ALLIANCE 65.9 C	5.74	-3.00	OK		0	0	1824	ponto terreno
88	89	Condição Cabo ALLIANCE 65.9 C	1.48	-3.00	OK		0	0	1846	ponto terreno
89	90	Condição Cabo ALLIANCE 65.9 C	5.34	-3.00	OK		0	0	1864	ponto terreno
90	91	Condição Cabo ALLIANCE 65.9 C	7.40	-3.07	OK		0	0	1883	ponto terreno
91	92	Condição Cabo ALLIANCE 65.9 C	0.10	-7.55	OK		0	0	1905	estrada carrocave
92	93	Condição Cabo ALLIANCE 65.9 C	0.73	-5.34	OK		0	0	1920	ponto terreno
93	94	Condição Cabo ALLIANCE 65.9 C	2.92	0.67	OK		0	0	1943	ponto terreno
94	95	Condição Cabo ALLIANCE 65.9 C	4.06	0.29	OK		0	0	1953	ponto terreno
95	96	Condição Cabo ALLIANCE 65.9 C	1.41	-3.08	OK		0	0	1975	ponto terreno
96	97	Condição Cabo ALLIANCE 65.9 C	4.61	-3.09	OK		0	0	1998	ponto terreno
97	98	Condição Cabo ALLIANCE 65.9 C	7.71	1.20	OK		0	0	2021	ponto terreno

0 spans with clearance violations OK
26 spans without clearance violations

Observa-se também que, com a adição do condutor Alliance CAL, as violações de altura foram eliminadas e os limites de campo elétrico e indução magnética também foram respeitados.

4.5 DISCUSSÃO

A implementação da proposta de recapacitação obteve resultados positivos para aumento do SIL da linha de transmissão; além disso, demostrou ser uma boa solução para a diminuição de violações de alturas de segurança.

De acordo com as três tecnologias de cabos estudadas, pode-se observar nas Tabelas 4.11, 4.13 e 4.15 que o condutor que aporta maiores ganhos do SIL é o Alliance CAL. Observa-se que os dois condutores que têm a maior capacidade de transmissão de energia são o Oxlip CA e o Alliance CAL; por isso, ambos os condutores operam a menores temperaturas na condição de curta duração em comparação com o condutor Pigeon CAA.

Além disso, pode-se observar que os condutores Oxlip e Alliance têm um aumento menor das distâncias entre condutores quando a carga na linha de transmissão aumenta; isso é vantajoso porque as distâncias cabo-solo serão maiores para esses dois cabos. O condutor Alliance é mais pesado do que o condutor Oxlip e, ainda assim, tem o mesmo comportamento mecânico; isso é devido às características da liga de alumínio 1120 que tem o condutor Alliance.

Nas Tabelas 4.12, 4.14 e 4.16, foram mostrados os respectivos relatórios de alturas cabo-solo dos três condutores estudados. Primeiramente, verifica-se que as três propostas conseguiram eliminar as violações de altura de segurança; em segundo lugar, observa-se que, ao implementar a adição do condutor Oxlip CA, são obtidas maiores alturas cabo-solo porque esse condutor é menos pesado.

A implementação com adição do condutor Alliance CAL mostrou melhores resultados do que o condutor Pigeon CAA. A opção pelos condutores Oxlip e Alliance se sobressaiu, na simulação da metodologia proposta, com os melhores resultados obtidos. Mecanicamente, o condutor Oxlip acrescenta 28,8% de peso à estrutura, e o condutor Alliance e o Pigeon acrescentam 33,33%. Todas essas análises técnicas devem ser complementadas em função dos aspectos econômicos associados aos preços praticados pelos diversos fornecedores.

Na Figura 4.29, pode-se observar o gráfico de ampacidade dos condutores estudados. Verifica-se que tanto o condutor Alliance como o condutor Oxlip têm curvas similares, apresentando os melhores resultados de aumento do SIL. Além disso, verifica-se também que ambos os condutores operam a menores temperaturas em comparação com o condutor Pigeon, o que levou esses condutores a apresentarem maiores alturas cabo-solo.

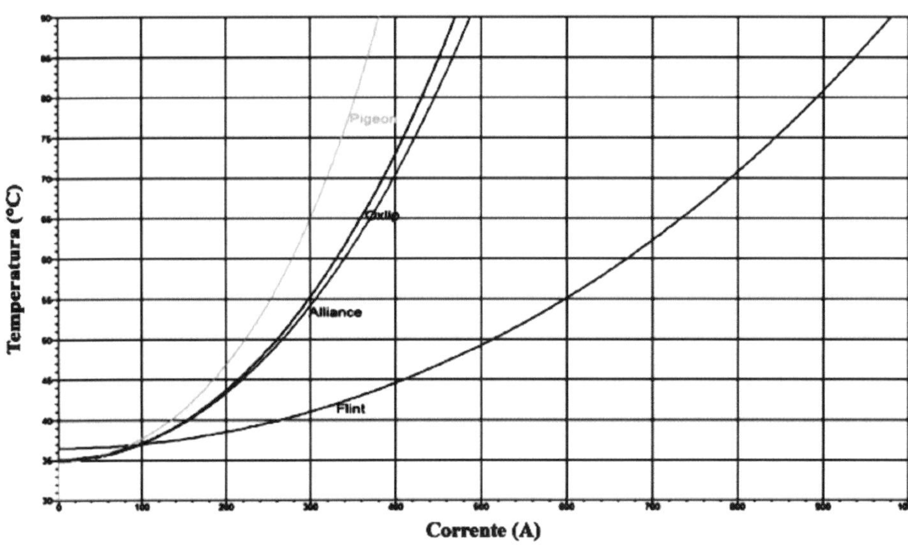

Figura 4.29 – Gráfico de ampacidade dos condutores Flint, Alliance, Oxlip e Pigeon.

Na Figura 4.30, é ilustrado um vão simulado no PLS-CADD com uma carga de 795 Amp (condição de curta duração); a catenária inferior representa o condutor Flint a 71 °C, antes de fazer a recapacitação. A proposta de "superfestão" está representada pela catenária intermediária que indica o condutor Flint a 45,7 °C ou o cabo Oxlip a 67,6 °C.

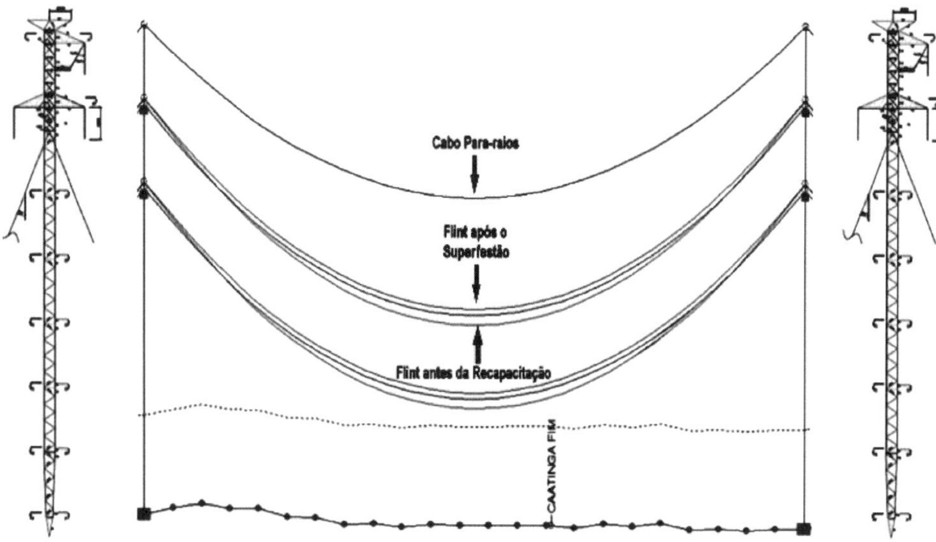

Figura 4.30 – Comparação de flecha do condutor Flint *versus* "supersestão".

Uma vez que por meio do PLS-CADD não podem ser simulados os subvãos, foi inserida no *software* uma catenária tangenciando teoricamente as posições dos diversos subvãos não representados. Na Figura 4.31, é ilustrada uma comparação ampliada da linha de transmissão antes de fazer a recapacitação *versus* o "superfestão"; observa-se em cinza o condutor formando os subvãos, o qual está sendo tangenciado pela catenária, que representa o condutor Oxlip a uma temperatura de 67,6 °C.

Além disso, mostra a posição do condutor Flint antes da recapacitação e após a montagem do "superfestão". Pode-se observar um aumento da altura dos condutores pela implementação do "superfestão", desde que, pela divisão da corrente, foi obtida uma redução da temperatura no condutor original (Flint).

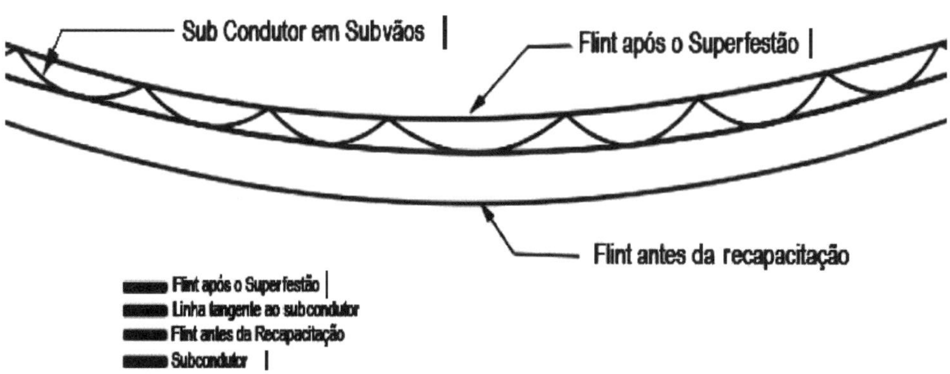

Figura 4.31 – Comparação aumentada do condutor Flint *versus* "superfestão".

Foram aferidos os campos elétricos e a indução magnética para as três alternativas. Observou-se que em nenhuma das situações foram superados os limites de exposição preconizados pela ANEEL (2010). Analisando-se as três alternativas, pôde ser observado que a alternativa 2 (adição de condutor Oxlip CA) levou a menores valores de campos eletromagnéticos, pois conduziu a maiores alturas cabo-solo.

4.6 CONCLUSÕES

A necessidade de ampliação da rede elétrica ou do aumento da capacidade de transmissão de energia elétrica conduz ao surgimento de novas técnicas para recapacitação de linhas de transmissão. A inserção de um condutor adicional representa uma alternativa alvissareira diante do ganho considerável no aumento da potência natural da linha de transmissão. O estudo de caso analisado apontou resultados positivos com a implementação da tecnologia, incorporando ganhos na potência natural de até 40%.

Pela inserção de um condutor, observou-se uma divisão da corrente, dando como resultado uma diminuição da temperatura nos condutores. Ao diminuir a temperatura dos condutores, ocorre um aumento significativo das distâncias cabo-solo, habilitando a técnica para a correção de alturas violadoras de restrições normativas.

Nos estudos realizados, foram pesquisados condutores leves, com o objetivo de não comprometer mecanicamente as estruturas e fundações. A aplicação de condutores leves torna a técnica ainda mais competitiva, diante da minimização dos custos associados às adequações estruturais.

Observou-se que, pela implementação da alternativa de recapacitação explorada, aumentou-se o nível de campo elétrico, entretanto os limites permitidos à exposição humana na faixa de servidão não foram ultrapassados.

Pelos resultados obtidos, portanto, a adição de um condutor por fase, formando subvãos, representa uma técnica robusta para aumentar a capacidade de transmissão de uma linha aérea, respeitando as restrições normativas vigentes.

REFERÊNCIAS

ABNT – ASSOCIAÇÃO BRASILEIRA DE NORMAS TÉCNICAS. Projeto de linhas aéreas de transmissão de energia elétrica – Procedimento. NBR-5422. [*S. l.*], 1986.

ALEXANDER, C. K.; SADIKU, M. N. O. *Fundamentos de circuitos elétricos*. 5. ed. [*S. l.*]: McGraw Hill, 2013.

ANEEL. Cálculo da capacidade operativa de longa duração das linhas aéreas de transmissão. Nota Técnica nº 028/2004. Brasil, 2004.

BRASIL, G. C. *Cabo de alumínio liga de aluminio 1120*. BRASIL, 2016.

BRAZEIRO, T.; JUNIOR, J. Rotina numérica para análise dinâmica de torres estaiadas de linhas de transmissão submetidas à ruptura de cabo. *In*: CILAMCE, Rio de Janeiro, 2015.

CARVALHO, C. G. *Características dos parâmetros do condutor equivalente a um feixe de subcondutores de linhas de transmissão*: análise inicial. Dissertação (Mestrado em Engenharia Elétrica) – Faculdade de Engenharia, Universidade Estadual Paulista "Júlio de Mesquita Filho", Ilha Solteira, 2007.

CIGRÉ. The thermal behaviour of overhead conductors. Section 1 and 2: mathematical model for evaluation of conductor temperature in the steady state and the application thereof. *Electra*, v. 144, p. 107-125, 1992.

DART, F. *et al.* Validação de uma nova tecnologia para transmissão em 500 kV. *In*: SNPTEE, Foz do Iguaçu, 1999.

DOMMEL H. W.; MEYER, S. Eletromagnetic Transients Program (EMTP)/Alternative Transient Program (ATP). Version 2019. Portland, OR: BPA/Leuven EMTP Centre (LEC), 2019.

FUCHS, R. D. *Transmissão de energia elétrica*: linhas aéreas. 3. ed. Uberlândia: Edufu, 2015.

FUCHS, R. D. *et al. Projeto mecânico das linhas aéreas de transmissão.* 2. ed. São Paulo: Edgard Blucher, 1992.

IEEE – INSTITUTE OF ELECTRICAL AND ELECTRONICS ENGINEERS. *IEEE STD-738.* IEEE standard for calculating the current-temperature of bare overhead conductors. USA, 2006.

KIESSLING, F. *et al. Overhead power lines.* [*S. l.*]: Springer-Verlag, 2003.

MACHADO, A. *et al.* Utilização de recapacitação de linhas de transmissão no planejamento da expansão como alternativa da redução dos impactos socioambientais provocados por novos projetos de transmissão. *In*: SNPTEE, Curitiba, 2005.

NETO, A. *et al.* Novos métodos para aumento de potência de LT até 230kV: estudos, projeto e implantação comercial. *In*: SNPTEE, Foz do Iguaçu, 1999.

NEXANS. *Alumínio*: condutores nus. [*S. l.*], 2008.

PESSOA NETO, A. *et al.* Novos métodos para aumento de potência de LT até 230kV: estudos, projeto e implantação comercial. *In*: SNPTEE, Foz do Iguaçu, 1999.

POWER LINE SYSTEMS. Computer Aided Design and Drawing (PLS-CADD). Version 10.64. Madison, WI, 2010.

PROJECT UHV *et al. Transmission line reference book.* 2. ed. California: Electric Power Research Institute, 1982.

QUIJADA, J. E. M. *Recapacitação de linhas aéreas de transmissão de energia elétrica através da incorporação de condutor adicional em sub vãos.* Dissertação (Mestrado) – Programa de Pós-Graduação da Universidade Federal de Pernambuco, 2019.

RODRIGUES, R. *Cálculo de parâmetros e custos em LPNE.* Trabalho de conclusão de curso (Engenharia Elétrica) – Escola Politécnica da Universidade Federal do Rio de Janeiro, Rio de Janeiro, 2010.

WIEDMER, S. *et al.* Recapacitação de linhas de transmissão 138kV. *In*: SNPTEE, Rio de Janeiro, 2007.

ZOBEL, E. S.; ROHLFS, A. F.; FLUGUM, R. W. *Narrower transmission corridors made possible with new compacted conductor systems for EHV and UHV lines.* Paris: Cigre, 1980. p. 22-26.

CAPÍTULO 5
TÉCNICA DE TRAMO MISTO – USO DE CABOS ESPECIAIS

Alexsandro Aleixo Pereira da Silva[1]
José Maurício de Barros Bezerra

Para atender a necessidade de condutores com uma maior relação resistência mecânica/peso, foram desenvolvidos os cabos de alumínio com alma de aço (CAA). Esses condutores aliam a excelente condutividade elétrica e resistência à corrosão do alumínio com a alta resistência mecânica do aço. Sua primeira aplicação data de 1907. O cabo CAA teve rápida aceitação e tornou-se quase exclusivamente o condutor utilizado pelas empresas de transmissão e distribuição até 1939, quando foi apresentado um novo condutor de liga de alumínio-magnésio-silício. O cabo de alumínio-liga (CAL) apresentava propriedades elétricas e mecânicas semelhantes às do cabo CAA, mas melhor resistência à corrosão e menor peso. Com o desenvolvimento do cabo CAL e posteriormente do cabo de alumínio reforçado com liga de alumínio (CALA), os projetistas tiveram alternativas ao cabo CAA.

Muitos projetos de condutores foram desenvolvidos, cada um tentando contornar alguma restrição imposta a sua operação ou melhorar propriedades elétricas e mecânicas. Resistência à vibração e ao galope, menor absorção de impactos, maior resistência à corrosão, capacidade de operar a altas temperaturas, redução do peso específico, elevada resistência mecânica e minimização de corona são algumas das características incorporadas a esses novos condutores. Alguns são aplicados em casos bem específicos. Outros, apesar de melhorar significativamente determinada propriedade, foram preteridos devido a dificuldades de instalação e/ou altos custos.

1 Este capítulo está embasado na dissertação de mestrado do Alexsandro Aleixo Pereira da Silva, defendida no Programa de Pós-Graduação em Engenharia Elétrica da Universidade Federal de Pernambuco (Silva, 2009).

Um grupo de condutores que tem se mostrado bastante promissor é o dos que podem operar a altas temperaturas com flechas reduzidas, também conhecidos como "condutores especiais" ou *high temperature low sag* (HTLS). Com o aumento da demanda, é preciso ampliar a capacidade de transmissão do sistema elétrico. Novas técnicas para elevar a capacidade de transporte a baixo custo têm sido desenvolvidas, impulsionadas pelo elevado preço da construção de novas linhas de transmissão e pelas dificuldades de negociação de novas faixas de servidão com órgãos de licenciamento e a comunidade. Quando o limite térmico da linha é determinado pela capacidade térmica dos condutores, uma das soluções para elevar a capacidade de transmissão é a aplicação dos condutores especiais.

Diante da variedade de condutores, é imprescindível que o projetista conheça todas as suas características e todos os tipos disponíveis. A escolha do condutor para transporte de energia elétrica não depende apenas da sua capacidade de transporte, nem da máxima temperatura em que ele pode operar. É necessário analisar também a flecha resultante sob alta temperatura e carregamento mecânico adverso, a estabilidade da linha *versus* a corrente que ela transporta, as características de fadiga do material, a operação econômica *versus* o carregamento térmico, entre outros parâmetros (TRASH, 2008).

A motivação maior para implementação da tecnologia descrita neste capítulo está alicerçada no desenvolvimento dos cabos condutores, os quais passaram a intensificar a sua característica condutiva e desempenho térmico, além de minimizar o seu peso específico.

5.1 BREVE REVISÃO SOBRE O DESENVOLVIMENTO DA TECNOLOGIA DOS CABOS CONDUTORES

Os cabos utilizados nas linhas aéreas de transmissão e distribuição são encordoados concêntricos compostos de uma ou mais camadas helicoidais enroladas em sentidos opostos. Seus constituintes mais comuns são o aço e o alumínio. O aço fornece o reforço mecânico, enquanto o alumínio proporciona a condutividade. Foram apresentadas novas ligas de alumínio, geometrias diferentes (condutores compactados), comportamento mecânico diferenciado (condutores suportados pelo aço), coloração dos cabos ou dos tentos etc. Mas os constituintes básicos permaneceram os mesmos.

Recentemente foram desenvolvidos novos materiais como o Invar, o compósito de óxido de alumínio e o compósito de fibra de carbono e vidro. Esta seção apresenta os condutores comumente utilizados pelas empresas do setor elétrico como também os que oferecem maior capacidade de transporte de energia elétrica.

5.1.1 CABO DE ALUMÍNIO (CA)

Também conhecido como ASC (*aluminum stranded conductor*), é constituído pelo encordoamento concêntrico de um ou mais fios de alumínio liga 1350. É geralmente utilizado em linhas de distribuição de áreas urbanas onde os vãos são pequenos e a condutividade exigida é elevada. Em virtude de sua excelente resistência à corrosão, também tem sido aplicado em áreas costeiras (TRASH, 2008). São designados internacionalmente por nomes de flores no idioma inglês. Na Figura 5.1, são ilustrados encordoamentos típicos do cabo CA (NEXANS, 2008).

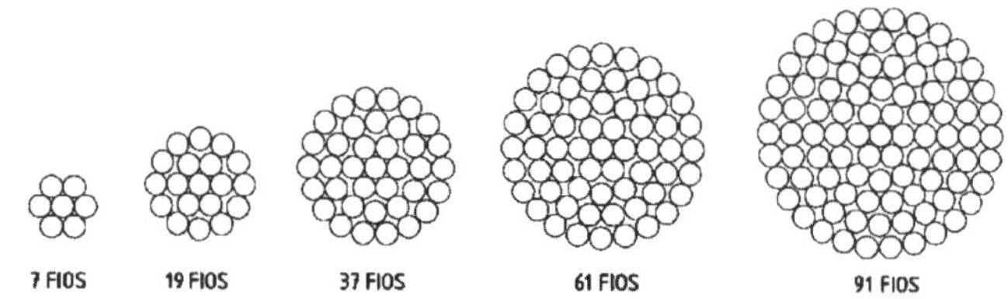

Figura 5.1 – Encordoamentos usuais de cabos de alumínio.

5.1.2 CABO DE ALUMÍNIO COM ALMA DE AÇO (CAA)

Designado internacionalmente como ACSR (*aluminum conductor stranded reinforced*), o cabo CAA é formado por uma alma de aço, sólida ou composta por vários fios galvanizados, envolvida por uma ou mais camadas de fios alumínio liga 1350. A coroa de alumínio fornece uma excelente condutividade, enquanto a alma de aço aumenta a resistência mecânica do cabo.

Inicialmente houve um rápido aumento da quantidade de aço utilizada nesses cabos, mas com o aumento das bitolas a tendência tem sido a redução desse valor (TRASH, 2008). Comumente os cabos CAA apresentam teor de aço entre 10% e 30%, mas esse valor pode atingir 40% para os casos em que é requerida uma elevada resistência mecânica, como na utilização de cabos guarda, vãos longos, travessias de rios etc.

Na Figura 5.2, são mostrados alguns dos encordoamentos utilizados (NEXANS, 2008). O teor de aço está intimamente relacionado com o encordoamento do cabo. Por exemplo, o encordoamento com 18 fios de alumínio e um fio de aço (18 Al/1 aço) apresenta um teor de aço de 13%.

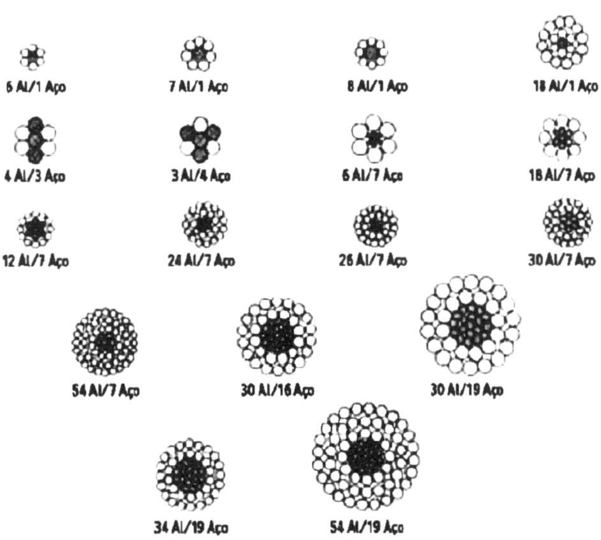

Figura 5.2 – Encordoamentos usuais de cabos de alumínios com alma de aço.

Os fios da alma de aço do cabo CAA devem ser revestidos com zinco, disponível em três classes de revestimento, para ser mais resistente à corrosão. Os revestimentos das classes B e C são, respectivamente, duas e três vezes mais espessos do que os da classe A (LABEGALINI *et al.* 2005). Os condutores da alma também podem ser revestidos com alumínio (CAA/AW) ou ser de aço aluminizado. Esses condutores têm uma propriedade anticorrosiva melhorada em relação ao cabo CAA.

O código internacional para identificação de cada cabo CAA é o nome de uma ave em inglês. A ABNT NBR 7270:2009 (ABNT, 2009) sugere que os cabos CAA sejam designados por seu código internacional e classe de zincagem dos fios de aço. Quando não houver código internacional, devem ser designados a seção do cabo de alumínio, seção da alma de aço, o número de fios de alumínio, número de fios de aço e classe de zincagem dos fios de aço. Até a efetivação da padronização métrica, a escala AWG e os valores das seções em MCM podem ser adotados.

5.1.3 CABO DE ALUMÍNIO-LIGA 6201 (CAL 6201)

A liga de alumínio 6201 (alumínio-magnésio-silício) foi desenvolvida inicialmente como uma alternativa ao cabo CAA de alta resistência mecânica. Sua resistência mecânica é duas vezes superior à da liga Al 1350. Esta propriedade permitiu, em algumas situações, substituir os fios de aço galvanizado que formam a alma do cabo CAA, diminuindo, assim, o peso por unidade de comprimento dos condutores (NEXANS, 2008).

Sua condutividade é de 52,5% IACS contra uma condutividade de no mínimo 61% IACS para a liga Al 1350. Quando se comparam as seções transversais dos condutores, essa aparente desvantagem é revertida. O tratamento térmico aplicado à liga antes da trefilação (processo em que um material é forçado a passar em uma matriz para ter seu diâmetro reduzido e comprimento aumentado) confere ao material um aumento de resistência à corrosão intergranular, tornando-o uma excelente opção para aplicações em ambientes altamente poluídos e/ou de salinidade marítima severa.

O cabo CAL também apresenta menores perdas elétricas. Como o condutor não tem componentes magnéticos, as perdas magnéticas, que ocorrem no caso do cabo CAA devido à indução na alma de aço, não existem e sua dureza superficial, duas vezes a da liga Al 3510, reduz a abrasão do condutor durante o lançamento e manuseio, reduzindo as perdas por efeito corona. O diâmetro externo equivalente do cabo CAL tem aproximadamente as mesmas ampacidade e resistência mecânica dos seus equivalentes CAA, com uma relação resistência mecânica/peso muito melhorada. Porém, o coeficiente de dilatação térmica é maior do que o do cabo CAA, limitando seu uso como condutor de transmissão.

Este tipo de cabo tem sido utilizado com grande sucesso em sistemas de transmissão em consequência do reconhecimento de suas melhoras elétricas. Desde 2003, está em operação a LT 230kV Goianinha-Mussuré, de 51 km, da Goiana Transmissora de Energia S.A. (GTESA), que utiliza o cabo CAL 6201 Flint 747,8 MCM. Essa linha foi otimizada pela modificação do cabo CAA Grosbeak 636 MCM. O estudo de viabilidade e comprovação técnico-econômica foi resultado de uma parceria entre a GTESA,

Nexans Brasil e Hot Line. Como os cabos utilizados são mais leves e apresentam melhor relação resistência mecânica/peso, foi necessária uma quantidade menor de estruturas e menos robustas. Conseguiu-se, desta forma, uma redução no custo da linha de 20% (JÚNIOR, A. E. B. *et al.* 2005). O sucesso desta iniciativa serviu de ponto de partida para novos projetos com a utilização deste cabo não só para linhas novas, mas também na recapacitação de linhas existentes

Outras combinações de tentos da liga de alumínio 6201 com tentos da liga de alumínio 1350 ou de aço fornecem cabos de maior resistência mecânica. O cabo de alumínio reforçado com liga de alumínio (CALA) é constituído por uma alma de fios de liga de alumínio 6201 envolvidos por tentos de liga de alumínio 1350. Esses tentos podem ser permutados entre si, permitindo melhor adequação a cada aplicação. Outra opção é o cabo de liga de alumínio 6201 reforçado com aço (*all aluminum conductor steel reinforced* - AACSR). Este é composto por uma alma de aço envolvida por um coroa de tentos de liga 6201, proporcionando uma resistência mecânica até 60% superior à do cabo CAA, mas há uma redução de cerca de 10% na condutividade.

A partir de 2011, a Copel passou a utilizar, em seus novos empreendimentos e na recapacitação de linhas existentes, os cabos CAL 1120 e CALA 1120, totalizando mais de 1.300 km de linhas de transmissão, tanto em 230 kV como em 500 kV (HOFFMANN *et al.*, 2015). A liga de alumínio 1120 é uma opção com características intermediárias entre a liga 1350, utilizada no CAA, e a 6201. Sua condutividade é de 59% IACS, sua resistência mecânica é cerca de 15% inferior à da liga 6201 e a fluência, até 60% inferior à das outras ligas de alumínio. O cabo CAL 1120 é amplamente utilizado na Austrália há mais de 40 anos (FARMAIN, 2017).

5.1.4 CABO DE ALUMÍNIO TERMORRESISTENTE COM ALMA DE AÇO (T-CAA OU T-ACSR)

A liga de alumínio termorresistente, utilizada no cabo T-CAA, tem as mesmas características elétricas e mecânicas da liga de alumínio tradicional 1350, mas pode operar em regime contínuo a 150 °C e em regime de emergência a 180 °C sem que haja deterioração de suas propriedades mecânicas (NEXANS, 2008). Essa característica deve-se ao maior teor de zircônio encontrado na liga, 2,4 vezes o valor encontrado na liga Al 1350.

A adição de zircônio é utilizada para formar uma fina camada entre os grãos da liga de alumínio, inibindo o recozimento e a recristalização do material e, consequentemente, aumentando a temperatura de recozimento, podendo aumentar a temperatura de operação dos cabos que utilizam esse tipo de liga. O valor máximo recomendável para o condutor de liga de alumínio 1350 é de 90 °C para regime contínuo e 120 °C para regime de emergência (NASCIMENTO, 1999).

O cabo T-CAA tem uma capacidade de condução de corrente até 50% superior à de um cabo CAA de mesma bitola e considerando as mesmas condições ambientais. Pode, então, ser aplicado para elevar o limite térmico das linhas de transmissão quando este limite está sendo restringido pela capacidade térmica do condutor em uso. Uma alternativa típica para solucionar este problema seria a utilização de um condutor de maior bitola, acarretando maiores esforços sobre as estruturas, o que não é desejado devido ao tempo em que elas estão em operação e ao seu estado de conservação. Também pode ser utilizado em linhas novas, com aumento da capacidade de 50%.

Já para uma mesma capacidade de corrente, o cabo T-CAA teria um diâmetro 20% a 30% inferior ao do cabo CAA. Consequentemente, há redução nos custos dos condutores, acessórios e estruturas (JUNIOR, O. R. *et al.* 1999). É bastante utilizado pelas empresas de distribuição e transmissão do Japão (CIGRÉ, 2005).

O cabo de alumínio termorresistente também pode ser utilizado como condutor auxiliar na técnica do feixe expandido (FEX) para aumentar a potência natural da linha. Como o cabo de menor bitola, utilizado no FEX, pode ser submetido a uma densidade de corrente maior do que a do cabo original e, consequentemente, a uma maior temperatura, a utilização de cabos T-CAA é uma boa opção em virtude de seu limite térmico superior.

A desvantagem do cabo T-CAA é o preço, cerca de 10% superior ao cabo CAA; no entanto este custo pode ser compensado pelo ganho na capacidade de transmissão da linha.

Existem outros condutores que utilizam ligas de alumínio-zircônio em sua coroa. Entre eles, estão o condutor de liga de alumínio ultratermorresistente (*ultra thermal resistant aluminium alloy, steel reinforced* - ZTACSR) e o condutor de liga de alumínio extratermorresistente (*extra thermal resistant aluminium alloy, steel reinforced* - XTACSR), que podem operar em regime contínuo a 210 °C e 230 °C, respectivamente (CIGRÉ, 2005). A diferença entre as ligas utilizadas nesses cabos está no teor de zircônio.

5.1.5 CABO TIPO GAP DE LIGA DE ALUMÍNIO ULTRATERMORRESISTENTE REFORÇADO COM AÇO (GZTACSR)

Os materiais constituintes do cabo GZTACSR (*gap type ultra thermal resistant aluminium alloy, steel reinforced*) são os mesmos utilizados no cabo ZTACSR. A diferença está na primeira camada da coroa de alumínio, que tem um formato compacto e um certo afastamento da alma de aço. Este *gap*, geralmente preenchido com graxa resistente a altas temperaturas, proporciona ao condutor uma alta capacidade de absorção de vibração (ZAMORA, *et al.*, 2001). Na Figura 5.3, é apresentado um cabo GZTACSR constituído por uma alma de aço envolvida por duas camadas compactas de alumínio (SUMITOMO ELECTRIC USA, 2002). Existem condutores deste tipo com apenas a primeira camada da coroa em formato compacto e as demais com fios de formato circular.

No tensionamento do cabo GZTACSR, a tração é aplicada apenas à alma de aço, fazendo com que o coeficiente de dilatação linear e alongamento dependam quase que exclusivamente das propriedades da alma de aço. Quando submetido a temperaturas inferiores à vigente durante o lançamento, a tração passa a ser aplicada sobre todo o cabo e o desempenho deste é semelhante ao do cabo CAA. A instalação deste cabo requer técnicas especiais de tensionamento e ferragens específicas.

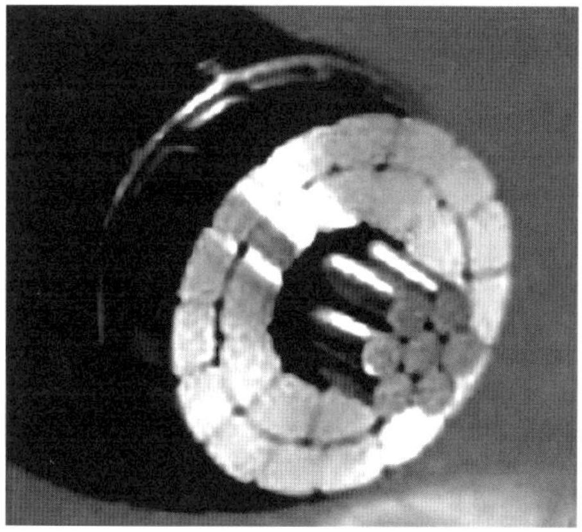

Figura 5.3 – Condutor tipo *gap* de liga de alumínio ultratermorresistente reforçado com aço.

5.1.6 CONDUTOR DE LIGA DE ALUMÍNIO ULTRATERMORRESISTENTE REFORÇADO COM INVAR (ZTACIR)

A principal diferença entre o cabo ZTACIR (*ultra thermal resistant aluminum alloy conductor, Invar reinforced*) e o cabo ZTACSR consiste em sua alma de Invar no lugar do aço. O Invar é uma liga de aço com 36% a 38% de níquel. Essa composição proporciona um coeficiente de dilatação térmica praticamente invariável com o calor.

Os condutores da coroa são compostos de uma liga de alumínio ultratermorresistente de alta condutividade que permite sua operação a 210 °C em regime contínuo e 240 °C em regime de emergência (ZAMORA, 2001). A Figura 5.4 mostra a estrutura típica de um cabo ZTACIR.

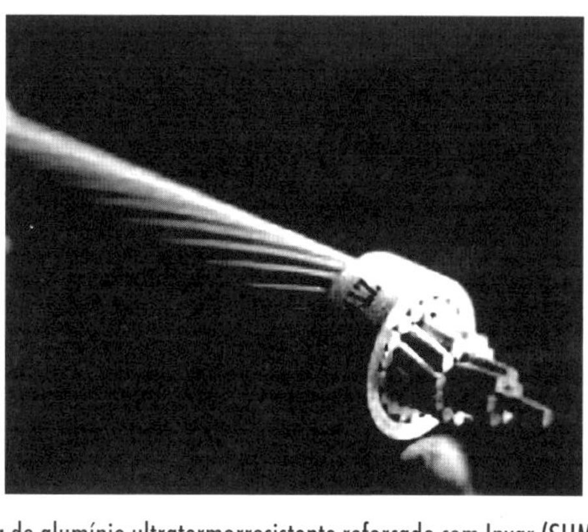

Figura 5.4 – Condutor de liga de alumínio ultratermorresistente reforçado com Invar (SUMITOMO ELECTRIC USA, 2002).

A combinação das propriedades da alma e da coroa permite um aumento da ampacidade com efeito de inibição da flecha a altas temperaturas. O cabo ZTACIR apresenta um valor de temperatura entre 85 °C e 100 °C que determina seu comportamento mecânico. Acima desse valor, impera o efeito de inibição da flecha, pois os esforços mecânicos são transferidos completamente para a alma de Invar e a resistência mecânica passa a ser fornecida por essa liga.

Abaixo do valor citado, o comportamento do condutor é semelhante ao do cabo CAA, sendo, assim, uma boa alternativa para linhas que operem entre 85 °C e 100 °C. Suas principais desvantagens são uma baixa tração de ruptura e maior resistência elétrica do que um cabo CAA de mesma bitola. Também está disponível comercialmente o cabo XTACIR (*extra thermal resistant aluminum alloy conductor, Invar reinforced*), que pode operar em regime contínuo a 230 °C e em regime de emergência a 310 °C (SAKABE *et al.*, 1981).

5.1.7 CONDUTOR DE LIGA DE ALUMÍNIO ULTRATERMORRESISTENTE REFORÇADO COM INVAR (ZTACIR)

A liga de alumínio 1350-0 utilizada nos tentos que formam a coroa deste cabo permite sua operação a 200 °C em regime contínuo e 250 °C em regime de emergência. Também conhecida como têmpera mole, esta liga tem uma condutividade de 63% IACS contra 61,2% IACS do cabo CAA (ADAMS, 1974).

Quando o condutor é aquecido, os tentos de alumínio se alongam, transferindo todos os esforços mecânicos para a alma de aço, fazendo com que a energia das vibrações seja dissipada pelo atrito entre os tentos. Essa acomodação da coroa sobre a alma de aço resulta em que o cabo adquira a mesma resistência mecânica, coeficiente de dilatação linear e *creep* do aço. Quando o cabo volta à sua temperatura anterior, os tentos permanecem com o mesmo alongamento e não retornam a seu comprimento original (CIGRÉ, 2005). As características de autoamortecimento deste condutor permitem sua aplicação a taxas de trabalhos até 50% mais elevadas do que as utilizadas no cabo CAA (LABEGALINI *et al.*, 2005).

Apesar da maior temperatura de operação, características de amortecimento e maior condutividade, o cabo ACSS (*aluminum conductor steel supported*) apresenta menor tração de ruptura e menor módulo de elasticidade quando comparado a um cabo CAA de mesma bitola, gerando flechas maiores. As empresas do setor elétrico que utilizam o cabo ACSS têm reportado dificuldades no manuseio do cabo devido à menor dureza de sua superfície; necessidade de utilizar técnicas especiais para lançamento, como blocos de borracha para evitar danos ao condutor; e maior tempo de tensionamento, por causa da obrigatoriedade de realizar pré-tensionamento.

Empresas do Estados Unidos e do Canadá utilizam a capacidade extra deste condutor para condições de emergência ou quando há previsão de aumento de demanda, e não para operação contínua a altas temperaturas e com ganho de ampacidade. A menor tração de ruptura deste cabo faz com que ele seja tensionado com um valor inferior ao cabo CAA equivalente, acarretando um aumento de flecha considerável. Com o aumento da temperatura, os limites das alturas de segurança podem ser excedidos.

Logo, não é possível realizar um *upgrade* térmico de uma linha que utilize um cabo CAA mediante a substituição por um cabo ACSS de mesma bitola (ZAMORA, 2001).

5.1.8 CABO DE ALUMÍNIO REFORÇADO POR COMPÓSITO (ACCR)

O cabo ACCR (*aluminum conductor composite reinforced*) foi desenvolvido pela 3M para trabalhar em altas temperaturas com flecha reduzida. Seu baixo peso, baixo coeficiente de dilatação linear, alta resistência mecânica e condutividade fazem deste condutor uma opção de alto desempenho para travessias de vãos longos e/ou *upgrades* térmicos. É possível obter um ganho na ampacidade de até 300% apenas com a troca do condutor por outro de mesmo diâmetro e peso sem que haja reforços ou modificações nas estruturas (JOHNSON; ANDERSON; DEVE, 2001).

O cabo ACCR é constituído por uma alma de compósito metalocerâmico e uma coroa com tentos de liga de alumínio-zircônio. As propriedades da liga utilizadas na coroa permitem a operação do condutor a 210 °C em regime permanente e 240 °C em regime de emergência sem que haja redução da sua resistência mecânica, mantendo as características de fadiga e tração de ruptura da liga de alumínio 1350.

Cada tento da alma de compósito tem milhares de fibras de óxido de alumínio de altíssima pureza e elevada resistência mecânica, embebidas em uma matriz de fios de alumínio puros, proporcionando aos cabos menor peso e menor coeficiente de dilatação térmica (metade do aço), maior resistência mecânica e elevada resistência à corrosão. A Figura 5.5 ilustra um condutor cabo ACCR e o detalhe de um tento da sua alma de compósito, que tem de 15 mil a 25 mil fibras de alumina (3M, 2009).

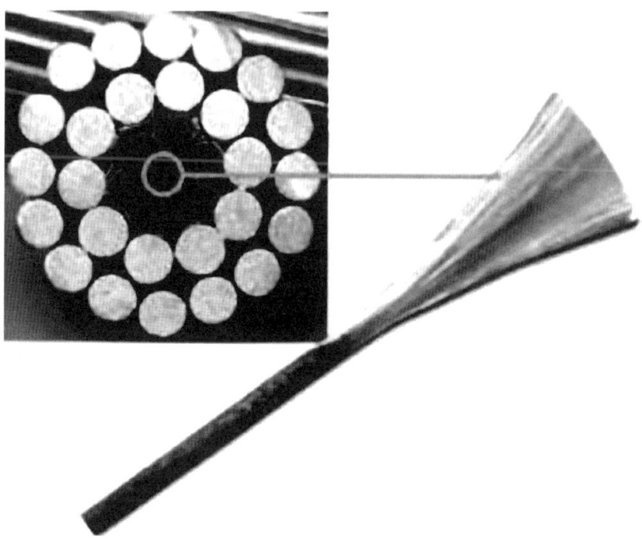

Figura 5.5 – Condutor de alumínio com alma de compósito. No detalhe, é exibido um tento da alma de compósito que tem de 15 mil a 25 mil fibras de óxido de alumínio em uma matriz de fios de alumínio puro.

Em virtude de suas excelentes características e exaustivos testes em laboratório e em campo realizados pela 3M (DOMINGUITE; OLIVEIRA; DEVE, 2007), o cabo ACCR teve rápida aceitação. Está operando em ambientes altamente corrosivos (linha de 46 kV no Havaí desde 2002), regiões de altas temperaturas (linhas de 230 kV em Phoenix desde 2004), sujeitas a ventos intensos (linha de 115 kV na travessia do rio Columbia), temperaturas baixíssimas, vibração e galope (linha de 230 kV na Dakota do Norte) com desempenho satisfatório.

No Brasil, duas empresas já utilizam o cabo ACCR. A CPFL Energia empregou o condutor para aumentar a capacidade de uma linha de transmissão que atravessa uma região densamente povoada onde a construção de novas linhas apresentaria várias dificuldades devido à proximidade das residências.

Já a Companhia de Transmissão Elétrica Paulista (CTEEP) está utilizando o cabo ACCR na operação, desde o dia 15 de fevereiro de 2009, de uma linha de 138 kV com 1,7 km de comprimento que cruza o rio Paraná. A instalação foi realizada em 6 dias, aumentou a ampacidade em 121% e reduziu o peso sobre as estruturas em 30%. Com o uso desse condutor, no lugar de um com peso superior, não foi necessário substituir ou reforçar as fundações de concreto localizadas no interior do Rio para sustentar as torres, o que exigiria o uso de dinamite em uma área ambientalmente sensível (CTEEP, 2009).

5.1.9 CONDUTOR DE ALUMÍNIO COM ALMA DE COMPÓSITO (ACCC)

A Composite Technology Corporation (CTC), em parceria com a General Cable, desenvolveu o cabo ACCC (*aluminum conductor composite core*). A mesma tecnologia empregada no setor aeroespacial para substituir o aço, fibra de vidro e outros metais agora é utilizada na composição de condutores de linhas aéreas de transmissão e distribuição. A alma desse condutor é formada por um compósito de fibras de vidro e carbono embebidas em uma matriz de resina termoendurecível. Os tentos da coroa são de alumínio liga 1350-0 no formato trapezoidal. Essa combinação permite um ganho de ampacidade de 100% quando comparado a um cabo CAA de mesma bitola (CTC_1, 2009). Na Figura 5.6, é ilustrado um cabo ACCR (DAWSON, 2009).

Figura 5.6 – Condutor de alumínio com alma de compósito.

O cabo ACCC é semelhante ao cabo ACSS. Quando o cabo é aquecido, os esforços mecânicos são transferidos para a sua alma, que passa a ditar seu comportamento mecânico. O baixo coeficiente de dilatação linear da alma de compósito (cerca de sete vezes inferior ao do aço) e sua elevada relação resistência mecânica/peso produzem flechas muito menores do que as geradas por um cabo CAA de mesma bitola. Em CTC, 2009b é mostrado que, para uma variação de temperatura de 75 °C para 200 °C, a flecha de um cabo ACCR Drake sob determinadas condições atmosféricas varia 3,23 m, enquanto a flecha do cabo equivalente ACCC varia apenas 31 cm. A maior resistência mecânica da alma permite reduzir o número ou altura das estruturas.

O formato trapezoidal dos tentos da coroa elimina os vazios anteriormente criados pelos tentos circulares e proporciona uma seção transversal mais uniforme, com 28% a mais de alumínio para o mesmo diâmetro do cabo CAA. Essa maior quantidade de alumínio associada à maior condutividade da liga 1350-0 é que torna possível o aumento da ampacidade.

O cabo ACCC pode operar em regime permanente a 180 °C e em regime de emergência a 200 °C. Quando comparado ao cabo CAA de mesma bitola, tem o mesmo peso, redução de 18% das perdas elétricas e resistência mecânica 25% superior. O cabo também oferece ótimas características de autoamortecimento, alta resistência à corrosão e só ocorre *creep* a partir de 235 °C e se a tração no condutor exceder 70% da tração de ruptura. Desde 2004, a CTC vem realizando vários testes em laboratórios e em campo para aprimoramento e consolidação do cabo ACCC; mais de 20 instalações experimentais estão em operação na França, nos Estados Unidos e na China.

Existem seis aplicações do ACCC no Brasil, totalizando 391,9 km (CTC, 2020). Entre elas, encontra-se a recapacitação de duas linhas de 138 kV da CEMIG, na qual se conseguiu aumentar a potência de 95 MVA para 220 MVA. Foi necessário trocar ou inserir 15 torres, transformar três estruturas de suspensão em falsa amarração e realizar a raspagem do terreno em uma torre (BRAGA, 2019).

5.1.10 CONSIDERAÇÕES FINAIS SOBRE OS CABOS ESPECIAIS

O desenvolvimento de condutores que podem operar a alta temperatura com baixa flecha tem se mostrado uma solução para o problema do crescimento da demanda de energia e dificuldades na obtenção de faixas de passagem. Para escolher o condutor ótimo, é necessário conhecer todos os tipos, suas características e limitações. Alguns dos fatores determinantes nessa escolha têm sido a facilidade de manuseio, compatibilidade térmica dos acessórios, técnicas de instalação e o custo.

Entre os cabos disponíveis comercialmente, os ACCR e ACC são os que têm maior custo, embora também sejam os que oferecem maior retorno. Outro condutor promissor é o cabo ACCC.

Pela análise das características desses cabos, é possível ter uma ideia da complexidade da escolha. Analisando apenas os seis primeiros cabos, que têm praticamente o mesmo diâmetro, e considerando que todos foram tracionados à mesma temperatura com 20% do valor da tração de ruptura, nota-se que a menor flecha seria gerada pelo cabo CAL Flint. A flecha do ACCR 637-T16 é quase a mesma, mas no caso de um aumento de temperatura, a flecha final seria menor, pois seu coeficiente de dilatação linear é menor e o módulo de elasticidade, maior.

Embora a flecha inicial do cabo ACCC Brussels seja superior à do ACCR 637-T16, com a elevação da temperatura, esse valor permanece quase invariável devido ao seu baixo coeficiente de dilatação. Para os cabos ACCR 573-T16, ACCR 470-T16 e ACCR 405-T16, as flechas iniciais seriam ainda menores em consequência de sua alta relação ruptura/peso. Como esses condutores podem operar a temperaturas superiores, talvez não haja redução da ampacidade. No método para cálculo da ampacidade, todos os parâmetros citados na Tabela 5.1 e outros não mencionados estão envolvidos de forma não linear.

Tabela 5.1 – Flechas de cabos quando tracionados a 20% da tração de ruptura

Tipo	Código internacional	Flecha (m)
CAA	Grosbeak	0,71
CAL	Flint	0,58
T-CAA	T-Grosbeak	0,71
ACSS	Grosbeak/ACSS	0,87
ACCC	Brussels	0,67
ACCR	636-T16	0,59
ACCR	556-T16	0,64
ACCR	477-T16	0,57
ACCR	397-T16	0,57

Os fabricantes dos cabos das tabelas supracitadas também fornecem em catálogo a ampacidade dos condutores a determinadas condições atmosféricas. Essas condições nem sempre são as mesmas, o que dificulta uma comparação efetiva desses valores. No próximo tópico, serão abordados os modelos para cálculo da ampacidade e analisada sua sensibilidade aos parâmetros meteorológicos. A aplicação desses modelos representa uma ferramenta necessária para um cálculo eficaz da ampacidade e avaliação de diversos condutores.

5.2 REVISÃO DOS MODELOS DE AMPACIDADE COM FOCO NOS CABOS ESPECIAIS

A ampacidade de uma linha de transmissão depende dos parâmetros meteorológicos da região em que ela está inserida, da máxima temperatura permitida, das condições superficiais e das propriedades dos materiais que constituem o condutor. Assumindo os parâmetros meteorológicos e a corrente elétrica suficientemente constantes, a temperatura do condutor não varia de modo significativo. Nessa situação, o calor absorvido pelo condutor é equilibrado pelo calor dissipado por ele, e a condição térmica do condutor é definida, então, como regime permanente (CIGRÉ, 1992). E a equação de equilíbrio térmico pode ser escrita como:

$$Q_J + Q_M + Q_S + Q_{COR} = Q_C + Q_R + Q_E \quad (5.1)$$

em que:

- Q_J = calor ganho devido ao efeito Joule [W/m];
- Q_M = calor ganho devido ao efeito magnético [W/m];
- Q_S = calor ganho devido ao aquecimento solar [W/m];
- Q_{COR} = calor ganho devido ao efeito corona [W/m];
- Q_C = calor dissipado por convecção [W/m];
- Q_R = calor dissipado por radiação [W/m];
- Q_E = calor dissipado por evaporação [W/m].

A dissipação de calor por evaporação (Q_E) e o ganho de calor por corona (Q_{COR}) geralmente ocorrem aleatoriamente e devem, então, ser detalhados em uma base probabilística. Embora alguns modelos de ampacidade quantifiquem o valor dessas parcelas de calor, sua contribuição é comumente desprezada. O resfriamento por evaporação, em geral, não é significativo para o vapor de água presente no ar aquecido ou com gotas de água fluindo em volta do condutor, mas pode ser quando o condutor está totalmente molhado. O aquecimento por corona é mais do que compensado pelos resfriamentos por convecção e evaporação (SCHIMIDT, 1999; MORGAN, 1983).

Neste tópico, serão comparados os modelos matemáticos publicados por House e Tuttle (1958), Morgan (1982) CIGRÉ (1992) e IEEE (2007).

Em 1956, House e Tuttle publicaram o primeiro modelo de ampacidade baseado na equação de equilíbrio térmico para o condutor, mas seu método não fornecia as expressões matemáticas para todas as variáveis envolvidas no cálculo. Os valores dessas variáveis eram obtidos a partir de tabelas para determinado local, não representando corretamente a região na qual se encontrava a linha.

Já o modelo de Morgan, apresentado em 1982, fornece todas as expressões necessárias para resolução da equação de equilíbrio térmico, embora seja impraticável levar em conta todos os fatores que influenciam na ampacidade (MORGAN, 1982). O modelo do Cigré, de 1992, baseia-se no modelo de Morgan, fazendo algumas simplificações para facilitar os cálculos e contribuições adicionais, tornando-os mais práticos. O modelo do IEEE, publicado em 2007, baseia-se no de House e Tuttle, com as modificações realizadas pela East Central Area Reliability (ECAR) (IEEE, 2007). A comparação entre os modelos será realizada por meio das parcelas de calor da Equação (5.1); para tanto, será utilizado como referência o condutor Grosbeak sob as condições da Tabela 5.2.

Tabela 5.2 – Condições para cálculo de ampacidade

Latitude	8° 11′ S (-8° 11′)
Longitude	34° 55′ W (-34° 55′)
Altitude do condutor	20 m
Azimute da linha	3,97°
Emissividade	0,9
Coeficiente de absorção	0,9
Temperatura do condutor	60 °C
Velocidade do vento	1 m/s
Direção do vento	90°
Temperatura ambiente	31,2 °C
Condições atmosféricas	Limpa
Hora	12 h
Dia do ano	02 de março
Albedo	0,15 (áreas urbanas)

As variáveis descritas na Tabela anterior serão definidas ao longo deste tópico. No caso de análise de sensibilidade de determinada variável, todas as demais serão constantes. Algumas considerações sobre estes parâmetros podem ser antecipadas. A latitude, longitude e temperatura ambiente são dados da cidade do Recife.

No caso da temperatura ambiente, o valor tabelado equivale ao maior registrado nos últimos 29 anos pelo Instituto Nacional de Meteorologia (INMET, 2009). É também o valor especificado pela Chesf para o estado de Pernambuco com base em uma série de temperaturas ambientes obtidas com períodos de coleta de 1910 a 1942 e 1961 a 1990 (EDUARDO; NOGUEIRA; JUNIOR, 2007).

A temperatura do condutor corresponde à temperatura de projeto, definida por estudos econômicos baseados na experiência operativa das empresas, conforme a Tabela 5.3 (CAMARGO, 1984). Nos estudos realizados neste tópico, será considerada uma das temperaturas de projeto utilizada pela Chesf.

Tabela 5.3 – Temperatura de projeto utilizada por empresas do setor elétrico

Empresa	Temperatura de projeto [°C]
Celesc	50
Cemig	60
Light	55
Eletronorte	70
Copel	55
Eletrosul	70
Cesp	60
Furnas	60
Chesf	60
CEEE	50

Fonte: Camargo (1984).

5.2.1 GANHO DE CALOR DEVIDO À CONDUÇÃO DA CORRENTE ELÉTRICA

Quando um condutor é percorrido por uma corrente elétrica, contínua ou alternada, sofre um aquecimento devido às perdas resistivas. Este fenômeno é conhecido como "efeito Joule". No caso da corrente alternada, o aquecimento será maior por causa dos efeitos pelicular e magnéticos. O efeito pelicular, ou *skin*, está associado ao aumento da resistência elétrica em função da frequência da corrente alternada.

Já o efeito magnético se refere ao fluxo magnético cíclico que provoca o aquecimento do condutor por correntes parasitas, histerese e viscosidade magnética. Este fenômeno é geralmente desprezível em condutores não ferrosos a frequência industrial, mas pode ser significativo com condutores com alma de aço. Isso acontece porque, no condutor com alma de aço, um fluxo magnético longitudinal é produzido nos fios de aço pela passagem da corrente elétrica nos fios não ferrosos que os envolve helicoidalmente (CIGRÉ, 1992).

O modelo de Morgan fornece expressões distintas para o cálculo do ganho de calor por efeito Joule, incluindo o efeito pelicular, e efeito magnético (Morgan, 1982). Ele também fornece fatores de correção para inclusão dos efeitos *skin* e magnético no cálculo da parcela de calor por efeito Joule que pode ser determinada por meio da Expressão (5.2).

$$Q_J = K_J\, I^2\, R_{dc}\,(1 + \alpha_t\, T_m). \tag{5.2}$$

onde:

- K_j = fator de correção para o efeito *skin* e magnético;
- I = corrente elétrica [A];

- R_{dc} = resistência elétrica cc do condutor a uma determinada temperatura de referência [Ω/m];
- α_t = coeficiente de variação da resistência com a temperatura para uma determinada temperatura de referência [°C^{-1}];
- T_m = temperatura média do condutor [°C].

O valor de K_J varia em função do número de camadas de fios não ferrosos. Para uma camada K_J, é maior que 1,5; para duas camadas seu valor está entre 1,01 e 1,04; e, para três camadas, entre 1,05 e 1,10. Vale ressaltar que esses valores foram obtidos experimentalmente para cabos CAA. A extrapolação do seu uso para outros tipos de condutores pode inserir erros no cálculo da ampacidade. O número de camadas de alumínio de um cabo CAA depende de sua formação, ou seja, do número de fios de alumínio e aço que o compõe. Na Tabela 5.4, é registrada esta relação, a qual é padronizada pela NBR 7270 (ABNT, 2009).

Tabela 5.4 – Relação entre a formação do cabo e o número de camadas de alumínio e aço

Formação do cabo (fios de alumino/fios de aço)	Número de camadas de alumínio
6/1, 12/7	1
18/1, 26/7, 30/7, 30/19	2
45/7, 54/7, 54/19	3

Fonte: ABNT, 2009.

O modelo proposto pelo Cigré calcula o aquecimento devido à passagem de corrente elétrica de duas formas: uma para condutores não ferrosos; e outra para condutores com alma de aço (CIGRÉ, 1992). Para condutores não ferrosos, a avaliação do aquecimento também é feita por meio da Equação (5.2), porém, neste caso, o valor de K_J é igual a 1,0123. No caso dos condutores ferrosos, o modelo parte da premissa de que a entrada de energia em virtude da corrente elétrica deve ser a mesma, independentemente de a corrente ser contínua (I_{cc}) ou alternada (I_{ca}), para que seja atingida uma determinada temperatura no condutor (T_m). Desta forma, a equação de equilíbrio térmico é resolvida considerando uma corrente contínua. Em seguida, este valor é convertido para uma corrente alternada por meio das Expressões (5.3) a (5.8). O valor da corrente alternada depende do número de camadas de alumínio, da seção transversal do condutor (S) e da relação $I_k = I_{cc}/S$.

Para cabos CAA com uma ou duas camadas de fios de alumínio e uma seção transversal nominal igual ou maior a 175 mm², a corrente I_{ac} é calculada por meio da Equação (5.3) (CIGRÉ, 1992).

$$I_{ac} = \frac{I_{cc}}{\sqrt{1,0045 + 0,09 \times 10^{-6} I_{cc}}}. \tag{5.3}$$

Para cabos CAA com uma ou duas camadas de fios de alumínio, mas com uma seção transversal nominal inferior a 175 mm², a corrente I_{ac} é calculada em função do valor de I_k.

Se $I_k \leq 0{,}742$, de acordo com a Equação (5.4).

$$I_{ac} = I_{cc}. \tag{5.4}$$

Se $0{,}742 < I_k \leq 2{,}486$, segue a Equação (5.5).

$$I_{ac} = \frac{I_{cc}}{\left[1+0{,}02\begin{pmatrix}25{,}62-139{,}9I_{cc}+288{,}8I_{cc}^{\ 2}-334{,}5I_{cc}^{\ 3}+\\ 226{,}5I_{cc}^{\ 4}-89{,}73I_{cc}^{\ 5}+19{,}31I_{cc}^{\ 6}-1{,}744I_{cc}^{\ 7}\end{pmatrix}\right]^{0{,}5}}. \tag{5.5}$$

Se $2{,}486 < I_k \leq 3{,}908$, é proposta a Equação (5.6).

$$I_{ac} = \frac{I_{cc}}{\left[1+0{,}02\begin{pmatrix}2{,}978-22{,}02I_{cc}+24{,}87I_{cc}^{\ 2}-11{,}64I_{cc}^{\ 3}+\\ 2{,}973I_{cc}^{\ 4}-0{,}4135I_{cc}^{\ 5}+0{,}02445I_{cc}^{\ 6}\end{pmatrix}\right]^{0{,}5}}. \tag{5.6}$$

E, para $I_k > 3{,}908$, a Equação (5.7).

$$I_{ac} = \frac{I_{cc}}{\sqrt{1{,}1}}. \tag{5.7}$$

Já para cabos CAA com três camadas, é recomendada a Equação (5.8).

$$I_{ac} = \frac{I_{cc}}{\sqrt{1{,}0123+2{,}319\times10^{-5}I_{cc}}}. \tag{5.8}$$

Como exposto anteriormente, os modelos de Morgan e do Cigré utilizam o valor da resistência elétrica a 20 °C, ou outra temperatura de referência, para uma corrente contínua e realiza correções devido à elevação da temperatura, aos efeitos *skin* e magnético. Também são encontradas na literatura e em catálogos de fabricantes valores de resistência elétrica, a 60 Hz sob diferentes temperaturas, para diversos condutores.

Esses valores incluem o efeito pelicular para todos os tipos de condutores encordoados, porém, exceto para os cabos CAA com uma camada de fios de alumínio, não incluem a correção para densidade de corrente dependente dos efeitos magnéticos na alma. O efeito magnético é significativo para cabos CAA com número ímpar de camadas de fios de alumínio. A resistência dos cabos CAA com uma camada de alumínio pode ser até 20% superior aos valores tabelados, enquanto nos cabos CAA com três camadas este acréscimo pode ser de até 3% (IEEE, 2007).

O modelo proposto pelo IEEE calcula o valor da resistência em função apenas da temperatura, porém os valores utilizados nas equações podem ser função da frequência e da densidade de corrente. A resistência do condutor a qualquer temperatura (T_c) é encontrada pela interpolação linear, de acordo com a Equação (5.9).

$$R_{T_c} = \left(\frac{R_{T_2} - R_{T_1}}{T_2 - T_1} \right) (T_c - T_1) + R_{T_1}. \tag{5.9}$$

onde:

- R_{T_c} = resistência ca do condutor à temperatura T_c [Ω/m];
- R_{T_1} = resistência ca do condutor à temperatura T_1 [Ω/m];
- R_{T_2} = resistência ca do condutor à temperatura T_2 [Ω/m];
- T_c = temperatura do condutor [°C];
- T_1 = temperatura mínima do condutor para a qual a resistência ca é especificada [°C];
- T_2 = temperatura máxima do condutor para a qual a resistência ca é especificada [°C].

A taxa de variação da resistividade com a temperatura é maior do que a de uma função linear. Caso a temperatura do condutor esteja entre T_1 e T_2, a resistência calculada pela Equação (5.9) é um pouco maior do que o valor medido, logo o método de avaliação da ampacidade é mais conservativo. Para uma temperatura do condutor acima de T_2, os valores calculados podem ser de até 5% menor do que os valores medidos (IEEE, 2007).

Umas das principais diferenças entre os modelos do IEEE e o do Cigré é a forma como cada um aborda a temperatura do condutor. Enquanto o primeiro assume que a temperatura do condutor (T_c) é isotrópica (não há variação radial ou axial), o segundo trabalha com seu valor médio (T_m), ressaltando a importância da distribuição radial da temperatura em razão de o valor médio da temperatura influenciar na resistência elétrica e o valor da temperatura da alma de aço determinar a flecha. O calor gerado na alma de aço do condutor é relativamente pequeno, assim a geração de calor interna pode ser assumida uniformemente (CIGRÉ, 1992). A diferença de temperatura radial pode ser expressa pela Equação (5.10).

$$T_{al} - T_s = \frac{Q_T}{2\pi\lambda} \left[\frac{1}{2} - \frac{D_2^2}{D^2 - D_2^2} \ln \frac{D}{D_2} \right]. \tag{5.10}$$

onde:

- T_{al} = temperatura da alma do condutor [°C];
- T_s = temperatura superficial do condutor [°C];
- Q_T = ganho de calor total [W/m];
- D = diâmetro externo do condutor [m];
- D_2 = diâmetro da alma de aço [m];
- λ = condutividade térmica [W/mK].

Segundo o modelo do Cigré, o fato de a diferença de temperatura entre a alma e a superfície do condutor estar entre 0,5 °C e 7 °C é condição suficiente para considerar $T_s = T_m$.

Na Figura 5.7, é ilustrado graficamente o comportamento da ampacidade com a variação da temperatura do condutor para os quatro modelos em estudo. É possível verificar que, neste caso, o modelo de Morgan é mais conservador e que quase não há diferença entre o modelo de House e Tuttle (H&T) e o modelo do IEEE. Para a temperatura do condutor a 50 °C, a diferença entre os valores da ampacidade, calculadas por meio dos modelos do Cigré e do IEEE, é de aproximadamente 33%.

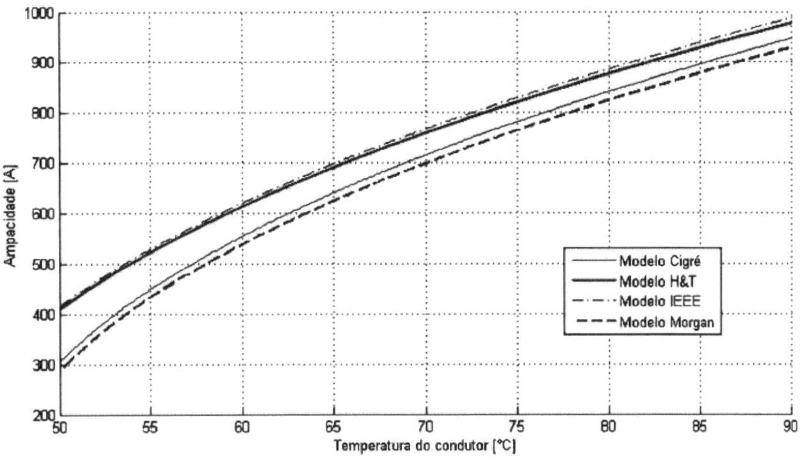

Figura 5.7 – Variação da ampacidade com a temperatura do condutor.

Uma das parcelas de calor que mais contribuem para essa diferença será analisada na próxima seção. Como visto na Tabela, as empresas transmissoras utilizam diferentes limites térmicos determinados por estudos econômicos. Obviamente, com o aumento do limite térmico da linha, aumenta a corrente que ela poderá transportar. Modificando a temperatura de projeto de 60 °C para 90 °C, é possível obter, pelo modelo do IEEE, um ganho de 60% na ampacidade. Aumentar a capacidade de transporte de energia mediante a elevação do limite térmico da linha requer a análise das distâncias do cabo ao solo, do estado térmico das conexões e do custo do empreendimento.

5.2.2 GANHO DE CALOR DEVIDO AO AQUECIMENTO SOLAR

A inclinação da Terra, em relação à sua órbita em torno do Sol, associada aos seus movimentos de rotação e translação, produz consequências meteorológicas que fazem com que a quantidade de radiação solar atingindo determinado ponto da superfície terrestre varie ao longo do dia e no decorrer do ano. Para quantificar o ganho de calor devido ao aquecimento solar em uma linha de transmissão, é necessário determinar sua posição em relação à superfície terrestre e ao Sol.

A topografia irregular da Terra dificulta sua representação por meio de uma expressão matemática. Uma das primeiras aproximações propostas foi a de representá-la por um corpo de revolução ligeiramente achatado nos polos, com superfície lisa e perpendicular à força da gravidade em todos os seus pontos, conhecido como "geoide" (SILVA, M. A. V., 2006). Como a distribuição de massa no interior da Terra não é uniforme, a força gravitacional em pontos equidistantes da sua superfície nem sempre é perpendicular a ela.

Em 1924, a União Internacional de Geodésia e Geofísica estabeleceu que a superfície terrestre poderia ser convencionalmente representada por um elipsoide de revolução designado como elipsoide internacional de referência. As diferenças entre este elipsoide e a Terra são insignificantes. Como a diferença entre o cume da mais alta cordilheira e o fundo do mais acentuado abismo oceânico corresponde a apenas 0,32% do raio médio da Terra, além de seu pequeno achatamento, ela pode ser tratada como uma esfera perfeita para fins meteorológicos.

Em torno da Terra pode ser considerada uma esfera, cujo centro coincide com o do astro e na qual são projetados os demais corpos celestes, também conhecida como "esfera celeste". Um semieixo vertical à superfície da Terra no sentido contrário ao seu interior, em um dado ponto P, é considerado positivo e determina um ponto Z na esfera celeste, chamado "zênite de P". Um plano que contenha esse ponto P e que seja perpendicular à vertical local é denominado "plano do horizonte".

A localização de pontos situados na superfície terrestre ou em suas vizinhanças é realizada por meio de coordenadas como latitude, longitude e altitude. A latitude corresponde à distância em graus à linha do equador. Seu valor pode variar de -90° a 90°; o sinal negativo indica a localização do ponto no hemisfério sul e o sinal positivo no hemisfério norte. Pontos da superfície terrestre com mesma latitude formam os paralelos. A longitude equivale à distância em graus de um ponto ao meridiano de Greenwich, podendo variar de -180° a 180°. Os valores negativos indicam o posicionamento do ponto a oeste do meridiano supracitado e os valores positivos a leste. Já a altitude é a distância vertical de um dado ponto ao nível médio do mar. Este é determinado em pontos selecionados do litoral e usado como referência para estabelecer a altitude de locais não muito distantes por processo altimétrico.

Como a distribuição de massa no interior da Terra não é uniforme, dois pontos localizados a uma mesma latitude podem estar a diferentes distâncias do seu centro. O nível do mar não é uma superfície lisa, muito menos esférica. A rigor, não deveriam ser comparadas altitudes de locais afastados, obtidas a partir de referências determinadas em pontos do litoral muito distante entre si. Como mencionado no início deste tópico, os estudos de ampacidade foram realizados para uma linha de transmissão localizada na cidade do Recife, cuja latitude é de 8° 11' S (-8° 11'), longitude de 34° 55' W (-34° 55') e altitude de 4 m (Prefeitura do Recife, 2009).

Para determinação da posição do Sol na esfera celeste em relação a um referencial local em um dado ponto P da superfície terrestre, será utilizado o sistema de coordenadas C, A, Z, conforme ilustrado na Figura 5.8. C corresponde ao módulo do versor posição do sol ($\vec{C}$) tomado a partir da origem (P) do referencial. O azimute do sol (A) é o ângulo formado entre o semieixo no sentido norte de P e a projeção do versor posição do Sol sobre o plano do horizonte ($\overrightarrow{C_H}$), medido a partir do norte no sentido horário, podendo variar de 0° a 360°, exclusive. O ângulo compreendido entre a direção do versor posição do Sol e a direção do zênite local é chamado de "ângulo zenital" e pode assumir valores de 0° a 180°. O complemento angular do ângulo zenital é chamado de "elevação" (E) e tem valor positivo se estiver acima do horizonte e negativo se estiver abaixo. O versor $\vec{N}$ é tangente ao meridiano em P e aponta no sentido norte.

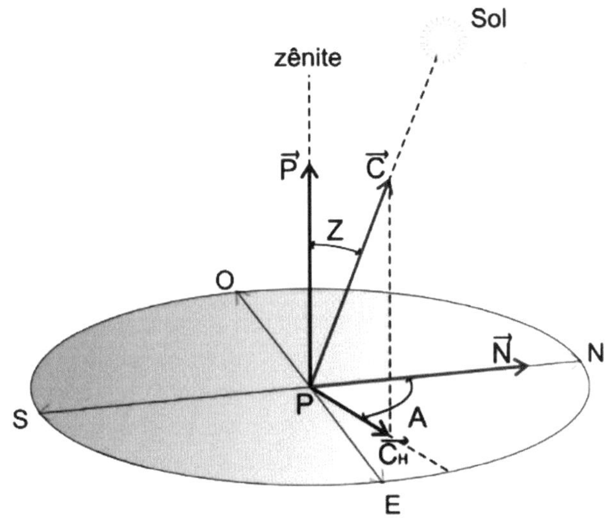

Figura 5.8 – Sistema de coordenadas esféricas modificadas, associado ao referencial local (com origem em um ponto P qualquer da superfície do globo). N, E, S e O correspondem, respectivamente, aos pontos cardeais norte, leste, sul e oeste. Z e A indicam, respectivamente, o ângulo zenital e o azimute do Sol em relação ao ponto P.

A inclinação do eixo terrestre em relação à vertical do plano da órbita é uma das principais causas da variação da posição do Sol na esfera celeste. Essa inclinação tem um valor praticamente constante de 23°27', conforme ilustrado na Figura 5.5.9 (SILVA, M. A. V., 2006), que determina geometricamente os trópicos e círculos polares. O ângulo formado entre o plano do equador e o vetor posição do Sol, tomado desde o centro da Terra, é chamado de "declinação solar" (δ). O valor deste ângulo equivale à latitude do local onde o astro culmina de forma zenital. Devido ao movimento de translação da Terra, o valor da declinação do Sol varia com o tempo. Embora essa variação ocorra continuamente com a passagem do tempo, para fins meteorológicos se considera que a declinação solar não sofre alterações ao longo do dia.

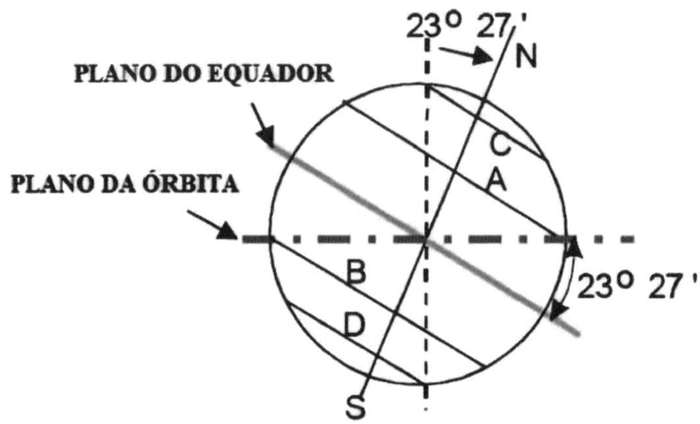

Figura 5.9 – Ângulo de 23° 27'entre o plano do equador e o plano da órbita que permite estabelecer geometricamente os trópicos (A e B) e os círculos polares (C e D). Fonte: Silva (2006).

Para um cálculo preciso da declinação solar (δ), pode ser utilizada a Equação (5.11), onde F é a fração angular do ano correspondente à data escolhida determinada pela equação (5.12) e N indica o número de ordem do dia (N = 1 em 1o. de janeiro, N = 41 em 10 de fevereiro), tomando-se fevereiro sempre com 28 dias. Na maior parte dos cálculos meteorológicos, onde é possível considerar a órbita da Terra circular, a Equação (5.13) pode ser aplicada obtendo resultados relativamente precisos. A maior diferença entre os valores das duas equações ocorre nas proximidades dos solstícios e equinócios quando de fato a declinação do Sol varia mais rápido com o tempo.

$$\begin{aligned}\delta = {} & 0{,}3964 + 3{,}631 \times \text{sen}(F) - 22{,}97 \times \cos(F) \\ & + 0{,}03838 \times \text{sen}(2F) - 0{,}3885 \times \cos(2F) \\ & + 0{,}07659 \times \text{sen}(3F) - 0{,}1587 \times \cos(3F) \\ & - 0{,}01021 \times \cos(4F).\end{aligned} \tag{5.11}$$

$$F = \frac{360° \times N}{365}. \tag{5.12}$$

$$\delta = 23{,}45° \times \text{sen}\left[360° \times \frac{(284 + N)}{365}\right]. \tag{5.13}$$

Uma análise da Figura 5.10 permite observar a diferença entre os valores das Equações (5.11) e (5.13) e as implicações práticas para o período de 1 ano. Como a declinação solar corresponde à latitude onde ocorre a culminação zenital, a figura também pode ser interpretada como uma representação de parte dos hemisférios norte e sul e nela estão ilustrados os eventos que estabelecem o início das estações do ano, solstícios e equinócios, em cada hemisfério. Por exemplo, no período de 21 de março a 22 de junho, o Sol culmina de forma zenital em regiões do hemisfério norte, correspondendo ao inverno no hemisfério sul.

No caso do Recife, o Sol culmina de forma zenital no dia 2 de março (valor escolhido para os cálculos neste capítulo). Por causa da rotação da Terra, a luz solar ilumina metade da superfície deste planeta a cada instante, originando a alternância dos dias e noites. Como o eixo terrestre é inclinado, acontece que a porção iluminada de cada paralelo varia com a época do ano. Somente por ocasião dos equinócios é que metade de cada paralelo está iluminada. Portanto, a duração dos dias e noites varia ao longo do ano, exceto na linha do equador, onde duram sempre cerca de 12 horas.

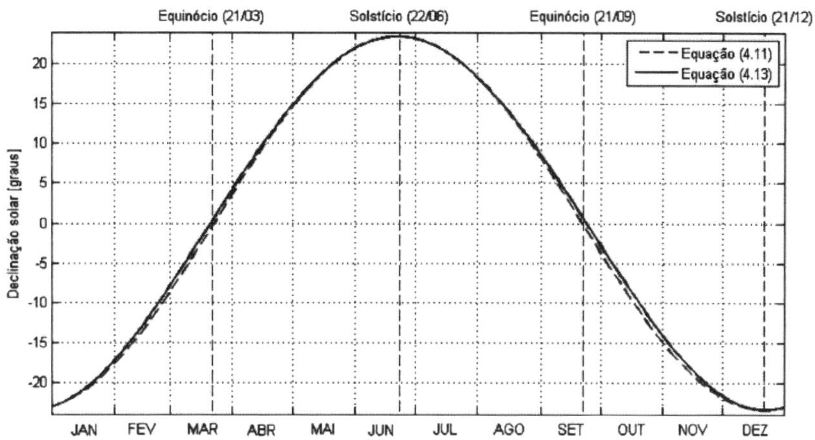

Figura 5.10 – Variação da declinação solar ao longo do ano.

O ângulo zenital do sol (Z) pode ser determinado a partir de medições ou, de forma mais prática, a partir de expressões em função de variáveis conhecidas. Para sua determinação será adotado o seguinte sistema de coordenadas, ilustrado na Figura 5.11 (Silva, M. A. V., 2006):

- o eixo z coincidente com o eixo da Terra e orientado para o zênite do polo norte;
- o eixo y representado pela projeção, sobre o plano do equador, do versor posição do Sol, tomado a partir do centro da Terra, onde se fixou a origem do referencial;
- o eixo x perpendicular aos outros dois.

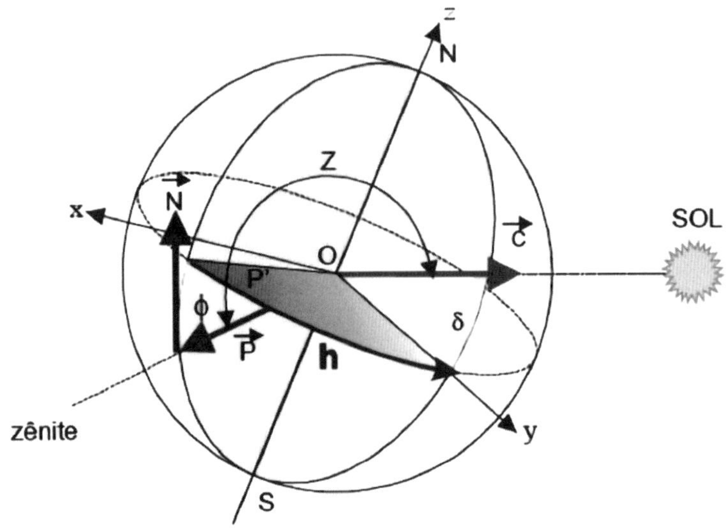

Figura 5.11 – Referencial x, y, z usado para determinar o ângulo zenital do sol (Z), em função da latitude (ϕ) do local (P), do ângulo horário (h) e da declinação do sol δ. Fonte: M. A. V. Silva. (2006).

Em meteorologia, é comum admitir que a vertical local de um ponto P qualquer da superfície da Terra se confunde com o prolongamento do raio terrestre nesse mesmo ponto. Considerando:

- $\vec{P}$, o versor vertical local do ponto genérico P;
- $\vec{C}$, o versor posição do centro do disco solar;
- $\vec{N}$, o versor norte, tangente ao meridiano em P, e
- h, o ângulo horário, compreendido entre os polos do meridiano que contém P e o centro do disco solar, no instante dado.

Os componentes dos versores $\vec{P}$, $\vec{C}$ e $\vec{N}$ são obtidos pelas Equações (5.14), (5.15) e (5.16).

$$\vec{P} = \cos\phi \, \text{sen}h \, \vec{i} + \cos\phi \cosh \vec{j} + \text{sen}\phi \vec{k}, \tag{5.14}$$

$$\vec{C} = 0\vec{i} + \cos\delta \vec{j} + \text{sen}\delta \vec{k}, \tag{5.15}$$

$$\vec{N} = -\text{sen}\phi \, \text{sen}h \, \vec{i} - \text{sen}\phi \cosh \vec{j} + \cos\phi \vec{k}. \tag{5.16}$$

Os sinais negativos da Equação (5.16) decorrem da necessidade de compensar o sinal da latitude e são válidos para ambos os hemisférios.

O produto escalar entre os versores $\vec{P}$ e $\vec{C}$, como pode ser deduzido a partir da Figura 5.11, é igual ao cosseno do ângulo zenital, expresso pela Equação (5.17).

$$\vec{P}.\vec{C} = \cos Z. \tag{5.17}$$

Substituindo as Equações (5.14) e (5.15) em (5.17) e resolvendo o produto escalar, obtém-se a Equação (5.18).

$$\cos Z = \text{sen}\phi \text{sen}\delta + \cos\phi\cos\delta\cosh \tag{5.18}$$

No instante do nascimento do Sol (t_{ns}), sob o aspecto puramente geométrico, o centro do disco solar se situa no plano do horizonte do observador e, assim, o ângulo zenital do Sol é de 90° (cosZ = 0). Fazendo a substituição na Equação (5.18) e definindo o ângulo horário no instante t_{ns} como h_{ns}, obtém-se a Equação (5.19).

$$0 = \text{sen}\phi \times \text{sen}\delta + \cos\phi \times \cos\delta \times \cosh_{ns} \tag{5.19}$$

Realizando algumas manipulações algébricas na Equação (5.19), o termo h_{ns} pode ser escrito conforme Equação (5.20).

$$h_{ns} = \cos^{-1}\left(-\text{tg}\phi\text{tg}\delta\right). \tag{5.20}$$

Como a Terra gira em torno de seu eixo com uma velocidade angular de 15°h-1, entre o instante do nascimento do Sol (t_{ns}) e o instante (t_h), no qual é determinado o ângulo horário h, o versor posição do Sol teve um deslocamento angular de $15(t_h - t_{ns})$. Logo, o ângulo horário (h) pode ser determinado pela Equação (5.21).

$$h = h_{ns} - 15\left(t_h - t_{ns}\right). \tag{5.21}$$

Substituindo a Equação (5.20) na Equação (5.21), obtém-se a Equação (5.22).

$$h = \cos^{-1}\left(-\text{tg}\phi\text{tg}\delta\right) - 15\left(t_h - t_{ns}\right). \tag{5.22}$$

A Expressão (5.22) é utilizada no modelo de Morgan para determinar o ângulo horário. Uma análise mais detalhada dos seus termos permite o cálculo de forma bem mais simples, conforme utilizado nos modelos do Cigré e IEEE.

O horário de nascimento do Sol, para qualquer local da Terra, pode ser determinado pelo cálculo do período diurno (t_d) (BORGES, 2009) (YAMASOE, 2006). O ângulo horário no nascimento do sol (h_{ns}) corresponde ao deslocamento angular que a Terra terá de realizar para que haja culminação solar. Da culminação do Sol até o ocaso, a Terra também deve girar h_{ns} graus. Desse modo, entre o nascimento e o ocaso do Sol, o ângulo horário total será de $2h_{ns}$. Como a duração do dia é representada por esse período, e lembrando que a Terra tem uma velocidade angular de $15°h^{-1}$, por simples regra de três, verifica-se que t_d é determinado de acordo com a Expressão (5.23).

$$t_d = \frac{2h_{ns}}{15} = \frac{2\cos^{-1}\left(-\text{tg}\phi\text{tg}\delta\right)}{15}. \tag{5.23}$$

Após o cálculo da duração do dia, divide-se esse tempo em duas partes, subtraindo-se uma parcela do meio-dia. Os horários obtidos são para a posição exata do fuso do local escolhido. O que requer uma correção de alguns minutos caso o local não fique exatamente sobre o meridiano do fuso horário local (o que acontece na maioria das vezes). A correção do fuso horário (cf) pode ser realizada adicionando 4 min por grau de longitude ao leste do fuso horário local ou subtraindo 4 min por grau a oeste do fuso horário local. Matematicamente, essa correção pode ser obtida pela Equação (5.24).

$$t_{ns} = 12 - \frac{t_d}{2} + cf. \tag{5.24}$$

Substituindo as Equações (5.23) e (5.24) na Equação (5.22), obtém-se a Equação (5.25).

$$h = \cos^{-1}(-tg\phi tg\delta) - 15\left[t_h - \left(12 - \frac{\cos^{-1}(-tg\phi tg\delta)}{15} + cf\right)\right]. \tag{5.25}$$

Simplificando, chega-se à Equação (5.26).

$$h = 15[12 - t_h + cf] \tag{5.26}$$

A Equação (5.26) mostra que o ângulo horário, realizadas as correções devido ao fuso horário, aumenta 15° a cada hora após o meio-dia solar e é positivo antes do meio-dia. Por exemplo, para um local situado no meridiano de longitude 0°, às 10h o ângulo horário seria de 30°.

Para determinar o azimute do Sol em um dado instante e local (P), será considerado o referencial adotado na Figura 5.8. Por essa figura, é possível verificar que o módulo do vetor $\overrightarrow{C_H}$ é determinado pela Equação (5.27).

$$C_H = senZ. \tag{5.27}$$

O versor $\vec{C}$ também pode ser escrito como a soma dos vetores $\overrightarrow{C_H}$ e $\cos Z\vec{P}$, de acordo com a Equação (5.28).

$$\overrightarrow{C_H} = \vec{C} - \vec{P}\cos Z. \tag{5.28}$$

Observando ainda a Figura 5.8, pode-se obter a Equação (5.29).

$$\left(\overrightarrow{C_H} \wedge \vec{N}\right).\vec{P} = senZsenA \tag{5.29}$$

Considerando a Equação (5.28), o primeiro termo da equação (5.29) pode ser reescrito de acordo com a Equação (5.30).

$$\left(\overrightarrow{C_H} \wedge \vec{N}\right).\vec{P} = \left(\vec{C} \wedge \vec{N}\right).\vec{P} - \left(\vec{P} \wedge \vec{N}\right).\vec{P}\cos Z \tag{5.30}$$

Como o versor $\vec{P}$ é perpendicular a $\vec{N}$, o último termo do segundo membro da Equação (5.30) é nulo e o primeiro pode ser resolvido segundo as componentes dos versores, levando à Equação (5.31).

$$\left(\overrightarrow{C_H} \wedge \vec{N}\right).\vec{P} = senh\cos\delta \tag{5.31}$$

Igualando-se as Equações (5.29) e (5.31), chega-se à Expressão (5.32), utilizada nos modelos de Morgan e Cigré para calcular o azimute do Sol:

$$senA = \frac{\cos\delta senh}{\cos E} \tag{5.32}$$

No modelo fornecido pelo IEEE, o azimute do Sol é calculado pela Expressão (5.33).

$$A = C_A + \tan^{-1}\chi. \tag{5.33}$$

onde χ é dado pela Equação (5.34).

$$\chi = \frac{\text{sen}h}{\text{sen}\phi \cos h - \cos\phi \,\text{tg}\delta}. \tag{5.34}$$

A constante do azimute solar (C_A) é uma função do ângulo horário, h, e da variável do azimute solar, χ, como mostrado na Tabela 5.5 (IEEE, 2007).

Tabela 5.5 – Constante do azimute solar, C_A, em função do ângulo horário, h, e da variável do azimute, χ

Ângulo horário, h (graus)	C_A se $\chi \geq 0$ (graus)	C_A se $\chi < 0$ (graus)
$-180 \leq h < 0$	0	180
$0 \leq h < 180$	180	360

Fonte: IEEE (2007).

Outra variável que influencia na parcela de calor por aquecimento solar é o ângulo entre o eixo do condutor e feixe de raios solares (η), representado na Figura 5.12. Esse ângulo, por sua vez, depende do azimute da linha (A_L) e do Sol (A), da elevação solar (E) e da inclinação do condutor em relação ao plano do horizonte (ξ). O azimute da linha corresponde ao ângulo entre o versor $\vec{N}$ e o vetor resultante da projeção no plano do horizonte do versor $\vec{L}$ na direção do eixo da linha. O ângulo entre esse versor e sua projeção no plano do horizonte ($\overrightarrow{L_H}$) é a inclinação do condutor. De forma semelhante ao método empregado no cálculo do azimute, a projeção perpendicular do versor $\vec{L}$ ao plano do horizonte pode ser escrita de acordo com a Equação (5.35) e seu módulo determinado pela Expressão (5.36).

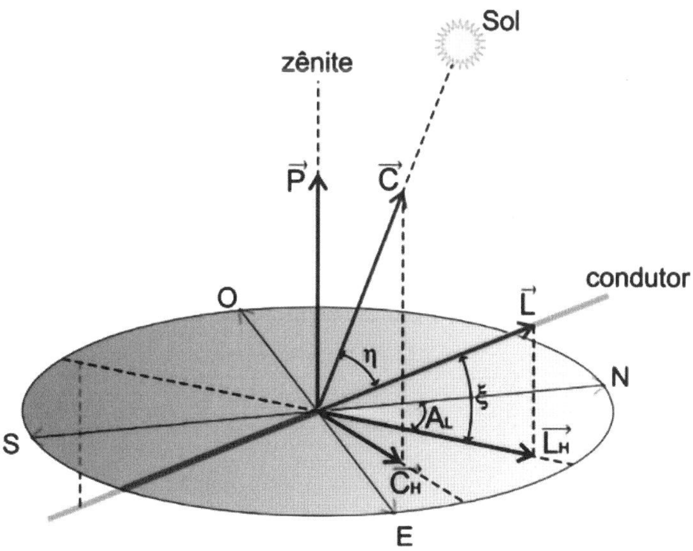

Figura 5.12 – Referencial usado para determinar o ângulo entre o eixo do condutor e feixe de raios solares (η).

$$\overrightarrow{L_H} = \vec{L} - \vec{P}\text{sen}\xi. \tag{5.35}$$

$$L_H = \cos\xi. \tag{5.36}$$

O produto escalar entre os vetores $\overrightarrow{L_H}$ e $\overrightarrow{C_H}$ pode ser escrito da forma expressa na Equação (5.37).

$$\overrightarrow{L_H}.\overrightarrow{C_H} = L_H C_H \cos\left(A - A_L\right) \tag{5.37}$$

Substituindo as Expressões (5.27), (5.28), (5.35) e (5.36) em (5.37) e realizando as manipulações algébricas necessárias, o ângulo entre o condutor e o feixe de raios solares pode ser computado pela Expressão (5.38).

$$\cos\eta = \text{sen}\xi\text{sen}E + \cos\xi\cos E\cos\left(A - A_L\right) \tag{5.38}$$

Os modelos do Cigré e IEEE desprezam a inclinação do condutor em relação ao plano do horizonte e determinam η a partir da Equação (5.39).

$$\cos\eta = \cos E\cos\left(A - A_L\right) \tag{5.39}$$

Determinada a posição da linha em relação ao Sol e à superfície terrestre, a quantidade de calor devido ao aquecimento solar pode, então, ser calculada. Da radiação solar total que atinge o topo da atmosfera (aproximadamente 1353 W/m^2), apenas 25% atingem a superfície terrestre, constituindo a radiação direta (R_D) (YURI, 2009). Parte da radiação solar total sofre espalhamento devido à reflexão em nuvens, vapor de água, ozônio e outras partículas existentes na atmosfera, compondo a radiação difusa (R_d). A soma dessas duas contribuições é definida como radiação solar global (R_G). Quando o céu está sem nuvens, a parcela de radiação difusa é muito pequena.

Quando o céu está totalmente encoberto, quase toda a radiação solar que chega à superfície é difusa. Parte da radiação solar global que atinge a superfície terrestre é refletida em direção à atmosfera, a parcela restante é absorvida pelo solo, pelo ar, pela evaporação da água etc. A fração de calor que é refletida denomina-se "albedo" (F). Na Tabela 5.6, são fornecidos os albedos de algumas superfícies naturais (MORGAN, 1982; HOLMAN, 1987).

Tabela 5.6 – Albedos para algumas superfícies

Superfície	Albedo
Água	0,05
Floresta	0,10
Áreas urbanas	0,15
Solo, grama e culturas diversas	0,20
Areia	0,30
Deserto	0,29-0,31
Gelo	0,40-0,60
Neve	0,60-0,80

Fonte: Morgan (1982); Holman (1987).

A radiação solar difusa aumenta na direção do Sol e do horizonte, porém considerar seu comportamento isotrópico é uma suposição razoável em virtude de sua menor contribuição na quantidade de calor absorvido pelo condutor. Essa premissa é utilizada no modelo de Morgan, que determina o ganho de calor Q_s pela Equação (5.40), onde α_s é o coeficiente de absorção do condutor.

$$Q_S = \alpha_S D\left[R_D\left(\text{sen}\eta + \frac{\pi}{2}\text{FsinE}\cos^2\frac{\zeta}{2}\right) + \frac{\ }{2}\cos^2\frac{\zeta}{2}R_d\left(1+F\right)\right] \tag{5.40}$$

A intensidade da radiação solar direta varia em função da elevação do Sol e da atenuação que sofre devido ao espalhamento pelas moléculas de ar, partículas de poeira e vapor d'água, e absorção pelo ozônio. A intensidade da radiação direta ao nível do mar para uma atmosfera padrão (R_{DP}) é determinada pela Equação (5.41).

$$R_{DP} = 1280\frac{\text{senE}}{\text{senE} + 0{,}314} \tag{5.41}$$

O valor de R_D aumenta com o aumento da altitude do condutor (H_g) de acordo com a Equação (5.42).

$$R_D = R_{DP} + 1{,}4\times10^4 H_g\left(1353 - R_{DP}\right) \tag{5.42}$$

A intensidade da radiação difusa pode ser determinada pela Equação (5.43).

$$R_d = \left(570 - 0{,}47R_{DP}\right)\left(\text{senE}\right)^{1,2} \tag{5.43}$$

Como citado anteriormente, o método do Cigré despreza a inclinação do condutor em relação ao plano do horizonte ($\zeta = 0$), logo a Equação (5.40) pode ser simplificada, resultando na Equação (5.44).

$$Q_S = \alpha_S D\left[R_D\left(\text{sen}\eta + \frac{\pi}{2}\text{FsinE}\right) + \frac{\pi}{2}R_d\left(1+F\right)\right] \tag{5.44}$$

Embora o modelo de Morgan forneça expressões para determinação da radiação solar direta e difusa, traduzidas nas Equações (5.42) e (5.43), o modelo do Cigré sugere que esses valores sejam obtidos por meio de medições, critica o alto custo da medição da radiação direta e comenta a dificuldade de obtenção da radiação difusa em locais remotos. Uma alternativa é a medição da radiação solar global (R_G), que tem um custo menor e maior confiabilidade (CIGRÉ, 1992). Neste caso, o ganho de calor devido ao Sol pode ser obtido pela Equação (5.45).

$$Q_S = \alpha_S R_G D \tag{5.45}$$

O modelo de House e Tuttle também calcula Q_s em função da intensidade da radiação direta e difusa, de acordo com a Equação (5.46).

$$Q_S = \alpha_S\left(R_D\text{sen}\eta + R_d\right)D \tag{5.46}$$

Já o modelo do IEEE utiliza a mesma expressão fornecida por House e Tuttle, porém não considera a contribuição da radiação difusa ($R_d = 0$) e estima o valor da radiação direta pela Equação (5.47).

$$R_D = \left(1 + 1.148 \times 10^{-4} H_g - 1{,}108 \times 10^{-8} H_g^{\ 2}\right)\left(x_1 + x_2E + x_3E^2 + \right.$$
$$\left. + x_4E^3 + x_5E^4 + x_6E^5 + x_7E^6\right) \tag{5.47}$$

onde H_g corresponde à altitude do condutor, medida em metros, e os coeficientes x_i(i = 1, 2, 3, 4, 5, 6, 7) são função do tipo de atmosférica, de acordo com a Tabela 5.7 (IEEE, 2007).

Tabela 5.7 – Coeficientes para a Equação (5.47)

Coeficientes	Atmosfera limpa	Atmosfera industrial
x_1	–42.2391	53,1821
x_2	63,8044	14,2110
x_3	–1,9220	$6{,}6138 \times 10^{-1}$
x_4	$3{,}46921 \times 10^{-2}$	$-3{,}1658 \times 10^{-2}$
x_5	$-3{,}61118 \times 10^{-4}$	$5{,}4654 \times 10^{-4}$
x_6	1.94318×10^{-6}	$-4{,}3446 \times 10^{-6}$
x_7	$-4{,}07608 \times 10^{-9}$	$1{,}3236 \times 10^{-8}$

Fonte: IEEE (2007).

A parcela de calor devido ao aquecimento solar é a que mais contribui na diferença entre os resultados de cada modelo. Pela Figura 5.13, pode ser constatada uma diferença de 33% entre os modelos do Cigré e o do IEEE para o condutor a uma temperatura de 50 °C. Desprezando a radiação difusa ($R_d = 0$), os modelos apresentariam os resultados registrados na Figura 5.14. A diferença entre os modelos do Cigré e do IEEE para o condutor a uma temperatura de 50 °C diminui para aproximadamente 11%. Resultados de mesma ordem foram encontrados por Schmidt (1999), quando comparou os modelos do Cigré e do IEEE. Ele também desprezou, em seus estudos, o impacto da radiação difusa e concluiu que a diferença de ampacidade nos resultados, em geral, não era significativa, especialmente considerando a imprecisão dos parâmetros utilizados. Com o desenvolvimento tecnológico atual, simplificações como essas são desnecessárias e apenas eliminam as particularidades de cada modelo.

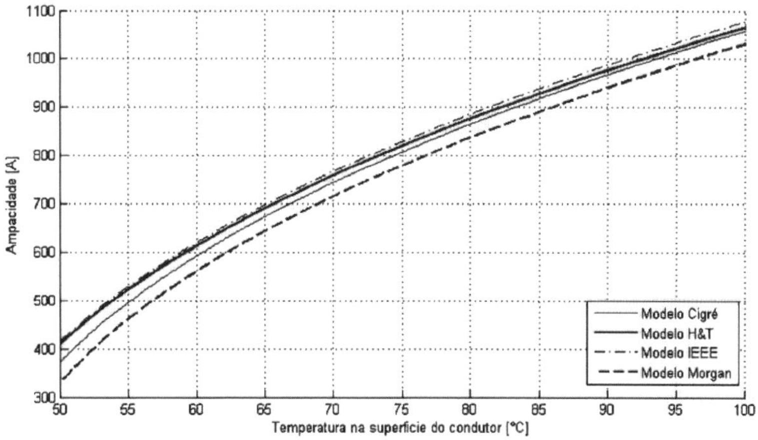

Figura 5.13 – Variação da ampacidade com a temperatura do condutor, desprezando a radiação solar difusa.

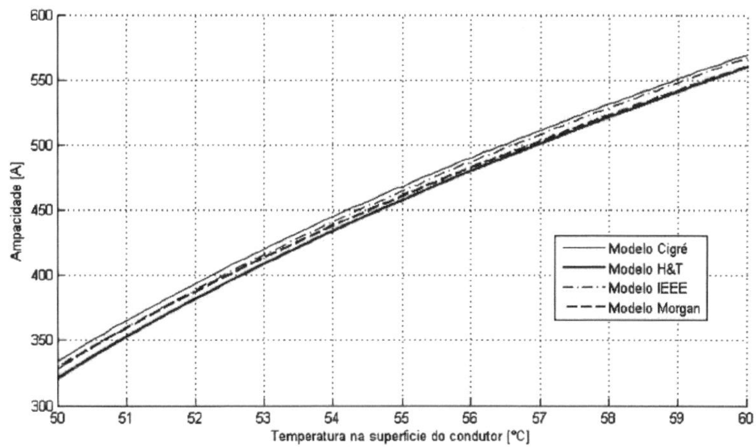

Figura 5.14 – Variação da ampacidade com a temperatura do condutor, considerando o mesmo ganho de calor devido ao aquecimento solar.

Uma prática comum é a utilização de um valor para radiação solar, no lugar de sua estimação, obtido por meio de medições ou considerado igual a valores fixados em norma. O impacto da alteração pode ser analisado mediante a Figura 5.14. O ganho de calor devido ao aquecimento solar para os quatro modelos foi considerado igual a 29,98 W/m (valor obtido aplicando-se o modelo de Morgan aos dados da Tabela 5.2). A maior diferença é de 4% entre os modelos do Cigré e o de House e Tuttle. Entre o modelo do Cigré e o modelo do IEEE, a diferença é de 1,5%. Esses resultados indicam que, no caso de o valor da radiação solar ser medido, a diferença entre os modelos para as condições utilizadas nos cálculos não é significativa; mas no caso de seu valor ser estimado, os valores obtidos por cada modelo se diferenciam significativamente.

A relevância da sazonalidade do clima na determinação da ampacidade pode ser verificada por meio da Figura 5.15. Esta foi obtida com a aplicação do modelo do IEEE e representa a variação da ampacidade em função da latitude e da ordem do dia do ano. O eixo das abscissas cobre uma faixa de latitude de -35° a 5°, correspondendo aos pontos extremos sul e norte do Brasil, respectivamente. A Figura também destaca a latitude de três cidades brasileiras: Porto Alegre; São Paulo; e Recife. Fixando a análise na latitude do Recife, a variação na ampacidade é de cerca de 5% no decorrer do ano.

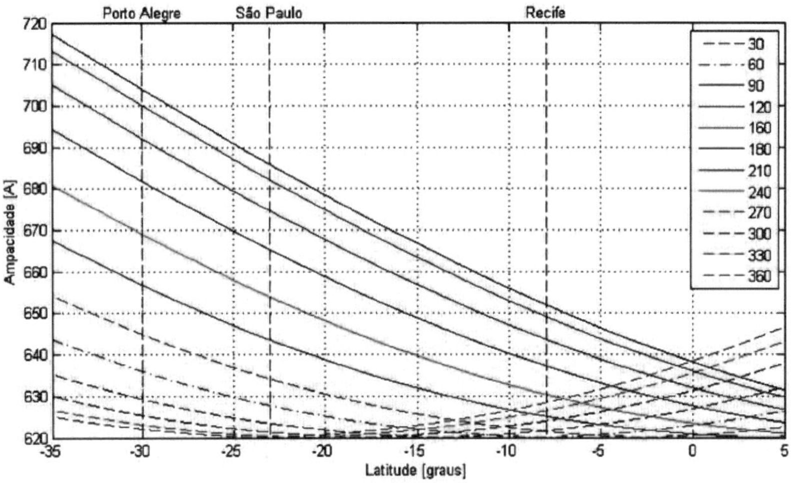

Figura 5.15 – Variação da ampacidade com a latitude no decorrer de 1 ano.

Quanto maior a distância do local em relação à linha do equador, maior é a influência da latitude na ampacidade, cerca de 10% em São Paulo e 13% em Porto Alegre. Vale ressaltar que foi considerada uma temperatura ambiente constante para todas as latitudes, porém seu valor diminui com o aumento da distância do paralelo local à linha do equador. Ou seja, a variação na ampacidade será ainda maior do que os valores representados na Figura 5.16, justificando a adoção de ampacidades diferentes para cada período do ano.

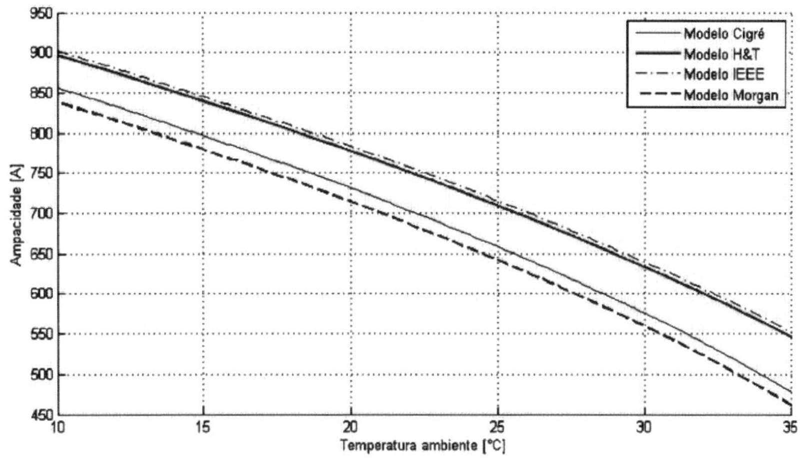

Figura 5.16 – Variação da ampacidade com a temperatura ambiente.

O comportamento da ampacidade em função da temperatura ambiente, registrado na Figura 5.16, mostra a importância de trabalhar com ampacidades diferentes para o período diurno e noturno. Durante a noite, o valor da temperatura ambiente é bem menor. Alterando-se a temperatura ambiente de 31,2 °C para 20 °C, pode ser obtido um ganho de 33% na ampacidade pela aplicação do modelo de Morgan.

5.2.3 DISSIPAÇÃO DE CALOR POR CONVECÇÃO

A parcela que mais influi no estabelecimento do equilíbrio térmico é a dissipação de calor por convecção. Uma das primeiras expressões para cálculo do calor transmitido por convecção entre uma superfície e um fluido foi proposta por Newton (BEZERRA; AMARAL; JUNIOR, 1998). No caso dos condutores, sua temperatura superficial aquece o ar que os envolve, diminuindo a densidade deste e provocando sua substituição por um fluxo de ar frio, responsável pelo resfriamento do condutor. O processo de convecção pode ocorrer de forma natural (velocidade do vento igual a zero) ou forçada (velocidade do vento diferente de zero).

O modelo do Cigré utiliza quatro parâmetros adimensionais para quantificar a dissipação de calor por convecção: os números de Reynolds (Re), Grashof (Gr), Prandtl (Pr) e Nusselt (Nu) (CIGRÉ, 1992). O número de Reynolds é determinado pela equação (5.48).

$$Re = \frac{\rho_r VD}{\nu}, \tag{5.48}$$

sendo:

- ρ_r = densidade relativa do ar;
- V = velocidade do vento [m/s];
- ν = viscosidade cinemática do ar [m²/s].

O número de Grashof é é obtido pela Equação (5.49).

$$Gr = \frac{D^3 (T_S - T_a) g}{(T_f + 273) v^2}, \tag{5.49}$$

onde g é a aceleração da gravidade (9,807 m/s²) e T_f corresponde à temperatura do filme de ar que envolve o condutor, obtido pela Equação (5.50).

$$T_f = \frac{(T_S + T_a)}{2} \tag{5.50}$$

A densidade relativa do ar, a viscosidade cinemática do ar e o número de Prandtl são calculados a partir das Equações Empíricas (5.51), (5.52) e (5.53).

$$\nu = 1,32 \times 10^{-5} + 9,5 \times 10^{-8} T_f, \tag{5.51}$$

$$Pr = 0,715 - 2,5 \times 10^{-4} T_f, \tag{5.52}$$

$$\rho_r = e^{\left(-1,16 \times 10^{-4} H_g\right)} \tag{5.53}$$

A dissipação de calor é, então, definida pela Equação (5.54), onde o número de Nusselt (Nu) depende do tipo de convecção e λ_f é a condutividade térmica do ar em W/mK calculado pela Equação (5.55). As Expressões (5.51), (5.52) e (5.55) são válidas para temperaturas do filme de ar entre 0 °C e 100 °C (MORGAN, 1982).

$$Q_c = \pi \lambda_f (T_S - T_a) Nu \tag{5.54}$$

$$\lambda_f = 2,42 \times 10^{-2} + 7,2 \times 10^{-5} T_f \tag{5.55}$$

No caso de convecção natural, o número de Nusselt é função do produto dos números de Prandtl e Grashof, expresso pela Equação (5.56).

$$Nu = A_2 (GrPr)^{m_2} \tag{5.56}$$

Os valores das constantes A_2 e m_2 são registrados na Tabela 5.8.

Tabela 5.8 – Coeficientes para equação (5.56)

Número de Rayleigh (GrPr)	A_2	m_2
$10^2 \leq GrPr < 10^4$	0,85	0,188
$10^4 \leq GrPr < 10^6$	0,48	0,25

Fonte: Cigré (1992).

Para convecção forçada, o número de Nusselt é determinado a partir da Equação (5.57).

$$Nu = B_1 (Re)^n \left[A_1 + B_2 (\text{sen}\varphi)^{m_1} \right] \tag{5.57}$$

onde as constantes B_1 e n dependem do número de Reynolds e da rugosidade superficial do condutor (R_f), conforme registrado na Tabela 5.9, e os valores das constantes A_1, B_2 e m_1 dependem da direção do vento em relação ao eixo do condutor (φ) (CIGRÉ, 1992):

$A_1 = 0{,}42$, $B_2 = 0{,}68$ e $m_1 = 1{,}08$. para $0° \leq \varphi \leq 24°$;

$A_1 = 0{,}42$, $B_2 = 0{,}58$ e $m_1 = 0{,}8$. para $24° \leq \varphi \leq 90°$.

Tabela 5.9 – Coeficientes para Equação (5.57)

Rugosidade superficial do condutor (R_f)	Número de Reynolds (Re)	B_1	n
–	$10^2 \leq Re \leq 2{,}65 \times 10^3$	0,641	0,471
$R_f \leq 0{,}5$	$2{,}65 \times 10^3 < Re \leq 5 \times 10^4$	0,178	0,633
$R_f > 0{,}5$	$2{,}65 \times 10^3 \leq Re < 5 \times 10^4$	0,048	0,800

Fonte: Cigré (1992).

A rugosidade superficial do condutor é calculada pela Expressão (5.58), onde d é o diâmetro do fio da camada externa do condutor.

$$R_f = \frac{d}{2(D-2d)} \tag{5.58}$$

O termo $B_1(Re)^n$ da Equação (5.57) deriva da aproximação de uma equação descrita no modelo de Morgan para a temperatura do filme de ar entre 0 °C e 50 °C. Embora esse modelo forneça uma expressão para cálculo da equação citada, ele não informa os valores dos coeficientes utilizados nela.

Para ventos de baixa intensidade (V < 0,5 m/s), os anemômetros geralmente utilizados não conseguem medir com precisão o valor da direção do vento. Nesses casos, o modelo do Cigré defende que não há direção de vento preferencial e recomenda a utilização do maior valor calculado para as três condições citadas a seguir como parcela de calor dissipado por convecção:

- determinar Q_c pela Equação (5.54) utilizando o número de Nusselt da Equação (5.57) com o ângulo da direção do vento igual a 45°;
- determinar Q_c pela Equação (5.54) utilizando o número de Nusselt da Equação (5.56);
- determinar Q_c pela Equação (5.54) utilizando o número de Nusselt igual a $0{,}55B_1(Re)^n$, para valores de B_1 e n de acordo com a Tabela 5.9.

Na primeira condição, o ângulo da direção do vento é igual a 45°; logo, os valores das constantes A_1, B_2 e m_1 serão, respectivamente, iguais a 0,42, 0,58 e 0,8. Substituindo esses valores na Equação (5.57), tem-se que o número de Nusselt será igual a $0{,}86B_1(Re)^n$. Ou seja, a terceira condição sempre terá um valor inferior ao da primeira, bastando comparar, para cálculo de calor dissipado por convecção, apenas as duas primeiras condições.

Na Figura 5.17, é apresentado o comportamento da ampacidade em conformidade com a velocidade e direção do vento. As alterações abruptas na taxa de variação das curvas se devem à mudança de equação utilizada para calcular a dissipação de calor por convecção. Para velocidades inferiores a 0,5 m/s, notam-se algumas peculiaridades do modelo. Por exemplo, a ampacidade calculada para um vento paralelo à linha é maior do que a calculada para um vento perpendicular. Com o aumento da velocidade, é esperado que o valor da ampacidade aumente; porém, com uma direção do vento de 30°, esse valor diminui ao passar de 0,5 m/s e volta a aumentar. Como o modelo cita a dificuldade de determinar a direção do vento para velocidades inferiores a 0,5 m/s, as particularidades descritas não seriam tão relevantes. Mas atualmente já existem anemômetros capazes de determinar a direção de ventos de menor intensidade. Um método que apresentasse valores mais consistentes para esta faixa de velocidade seria mais consistente.

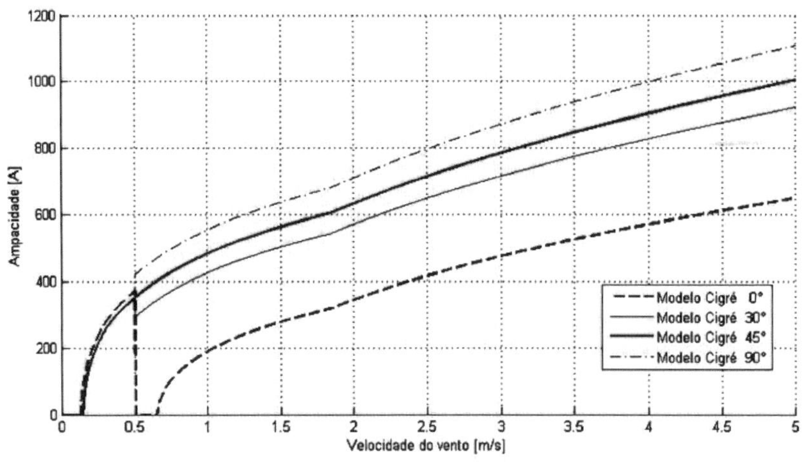

Figura 5.17– Variação da ampacidade com a intensidade e direção do vento pelo modelo do Cigré.

As expressões utilizadas no modelo do Cigré são as mesmas do modelo de Morgan. Há apenas duas diferenças na forma de calcular o calor dissipado por convecção. A primeira se refere à inclinação do condutor com o plano do horizonte. O modelo de Morgan considera essa inclinação utilizando a relação $D/\cos\xi$ no lugar da variável D para calcular o número de Nusselt e Grashof. Outra opção é multiplicar o número de Nusselt por $(\cos\xi)^{m_1}$. A segunda diferença está associada à forma como o modelo de Morgan calcula a dissipação de calor por convecção para ventos de baixa intensidade.

Esse modelo não cita um valor específico. A baixa velocidade de vento à convecção natural e a forçada coexistem. O modelo de Morgan sugere um número de Reynolds equivalente (Re*) encontrado por meio do número de Nusselt com fluxo de ar natural e forçado. Igualando as Equações (5.56) e (5.57) para um vento atingindo o condutor perpendicularmente, seria obtida a Equação (5.59).

$$A_2\left(GrPr\right)^{m_2} = B_1\left(Re^*\right)^n, \tag{5.59}$$

e daí a Equação (5.60).

$$Re^* = \left[\frac{A_2\left(GrPr\right)^{m_2}}{B_1}\right]^{\frac{1}{n}} \tag{5.60}$$

Quando o fluxo natural está com um ângulo ϑ em relação ao fluxo forçado, o número de Reynolds efetivo (Re_{ef}) é obtido a partir da Equação (5.61).

$$Re_{ef} = \left\{\left[Re^* + Re\cos\vartheta\right]^2 + \left[Re\operatorname{sen}\vartheta\right]^2\right\}^{0,5} \tag{5.61}$$

O calor dissipado por convecção pode, então, ser encontrado utilizando Re_{ef} no lugar de Re.

Na Figura 5.18, é apresentada a variação da ampacidade com a velocidade e direção do vento para o modelo de Morgan. O comportamento das curvas é semelhante ao do modelo do Cigré para velocidades maiores do que 0,5 m/s. Para valores inferiores, o modelo de Morgan não apresenta as descontinuidades e incoerências do modelo do Cigré.

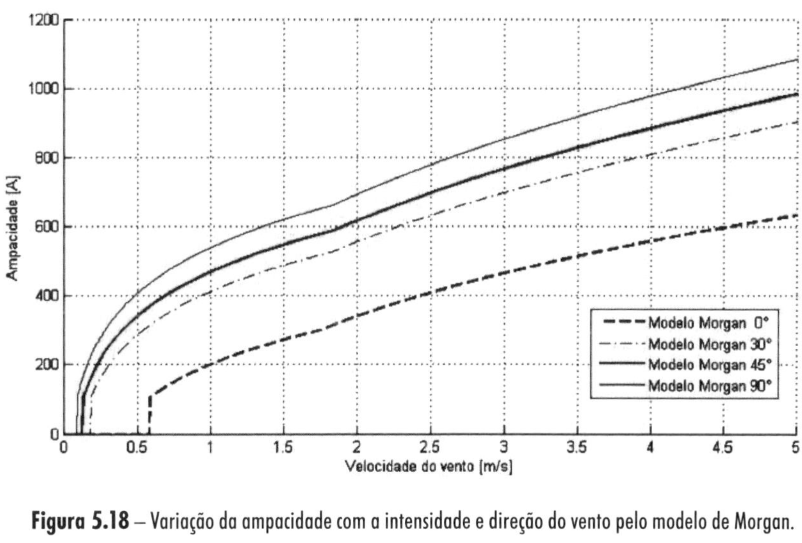

Figura 5.18 – Variação da ampacidade com a intensidade e direção do vento pelo modelo de Morgan.

O modelo de House e Tuttle determina as perdas de calor por convecção forçada a partir das expressões obtidas por McAdams (MCADAMS, 1954) para tubos e fios horizontais. São utilizadas duas expressões: uma para fluxo de ar laminar, Equação (5.62); e outra para fluxo de ar turbulento, Equação (5.63), onde μ_f, λ_f e ρ_f correspondem, respectivamente, à viscosidade dinâmica, condutividade térmica e densidade do ar. A transição entre essas duas equações é realizada para um número de Reynolds de 1.000; abaixo desse valor, o modelo de House e Tuttle recomenda a Equação (5.62) e, para valores acima, a Equação (5.63). Esse valor foi escolhido como uma conveniência para o cálculo da ampacidade do condutor, mas não reflete o comportamento real do fluxo turbulento, resultando em uma descontinuidade na curva da ampacidade em função da velocidade do vento, conforme registrado na Figura 5.19. Como a turbulência começa a uma determinada velocidade e atinge seu pico a um valor superior, a transição de uma curva para outra é uma curva linear, não uma descontinuidade (IEEE, 2007).

$$Q_c = \left[0,3078 + 0,4118\left(\frac{\rho_f VD}{\mu_f}\right)^{0,52}\right]\lambda_f\left(T_c - T_a\right) \tag{5.62}$$

$$Q_c = 0,2298\left(\frac{\rho_f VD}{\mu_f}\right)^{0,6}\lambda_f\left(T_c - T_a\right) \tag{5.63}$$

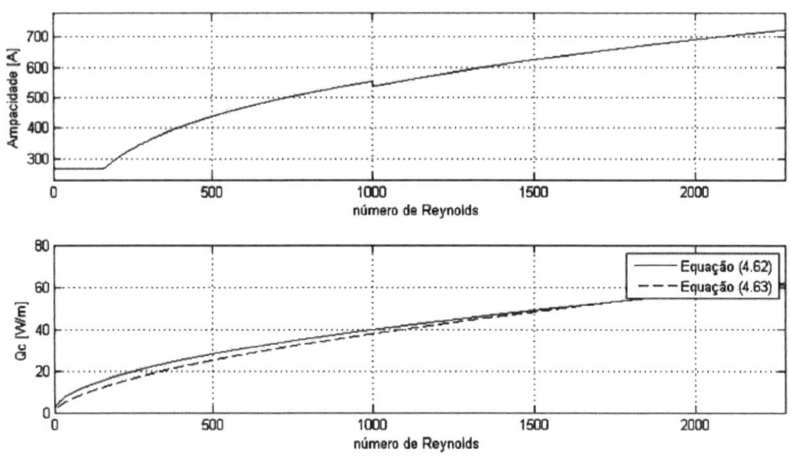

Figura 5.19 –Variação da ampacidade e da quantidade de calor dissipado por convecção com o número de Reynolds, aplicando o modelo de House e Tuttle.

Para dissipação de calor por convecção natural, o modelo de House e Tuttle utiliza a Expressão (5.64).

$$Q_c = 0,0219\rho_f^{\ 0,5}D^{0,75}\left(T_c - T_a\right)^{1,25} \tag{5.64}$$

Para evitar a descontinuidade na curva da ampacidade em função do número de Reynolds que acontece no modelo de House e Tuttle, o modelo do IEEE utiliza como valor de transição o ponto onde essas curvas se cruzam, porém as expressões para o cálculo da convecção forçada são a (5.65) e (5.66).

$$Q_c = \left[1,01 + 0,0372\left(\frac{\rho_f VD}{\mu_f}\right)^{0,52}\right]k_f K_{ang}\left(T_c - T_a\right), \tag{5.65}$$

$$Q_c = \left[0,0119\left(\frac{\rho_f VD}{\mu_f}\right)^{0,6}\right]k_f K_{ang}\left(T_c - T_a\right) \tag{5.66}$$

A perda de calor por convecção é multiplicada por um fator de direção de vento (K_{ang}) determinado pela Equação (5.67).

$$K_{ang} = 1{,}194 - \cos\varphi + 0{,}194\cos(2\varphi) + 0{,}368\operatorname{sen}(2\varphi) \quad (5.67)$$

As expressões para calcular a viscosidade dinâmica (μ_f), condutividade térmica (λ_f) e densidade do ar (ρ_f), utilizadas no modelo do IEEE, são:

$$\mu_f = \frac{1{,}458\times10^{-6}\left(T_f + 273\right)^{1{,}5}}{T_f + 383{,}4}, \quad (5.68)$$

$$\lambda_f = 2{,}424\times10^{-2} + 7{,}477\times10^{-5}\,T_f - 4{,}407\times10^{-9}\,T_f^2, \quad (5.69)$$

$$\rho_f = \frac{1{,}293 - 1{,}525\times10^{-4}\,H_g + 6{,}379\times10^{-9}\,H_g^2}{1 + 0{,}00367T_f}. \quad (5.70)$$

O modelo proposto pelo IEEE não comenta para qual intervalo de temperatura as expressões para viscosidade dinâmica e condutividade térmica são válidas. A referência (CHEN; BLACK; LOARD, 2003) garante a validade da Expressão (5.69) para temperatura do filme de ar entre 0 °C e 300 °C.

O calor dissipado por convecção natural pode ser calculado, segundo o modelo do IEEE, pela Equação (5.71).

$$Q_c = 0{,}0205\rho_f^{\,0{,}5}D^{0{,}75}\left(T_c - T_a\right)^{1{,}25} \quad (5.71)$$

Para ventos de baixa intensidade, o modelo IEEE recomenda que seja utilizado o maior valor calculado pelas expressões para convecção forçada e natural.

Na Figura 5.20 é mostrada a variação da ampacidade em função da velocidade e direção do vento. Conforme esperado, quanto maior for o ângulo entre a direção do vento e o eixo do condutor, maior será o seu resfriamento. Tanto a intensidade como a direção do vento influenciam no resfriamento convectivo. Como mostrado na Figura, um vento perpendicular de 0,9 m/s produz o mesmo resfriamento que um vento de 1,55 m/s com um ângulo de 30° ou um vento paralelo de 4,6 m/s. Quando for considerada uma velocidade de vento conservativa, deve-se levar em conta também sua direção. A simples suposição de um fluxo de vento perpendicular não é conservativa (IEEE, 2007).

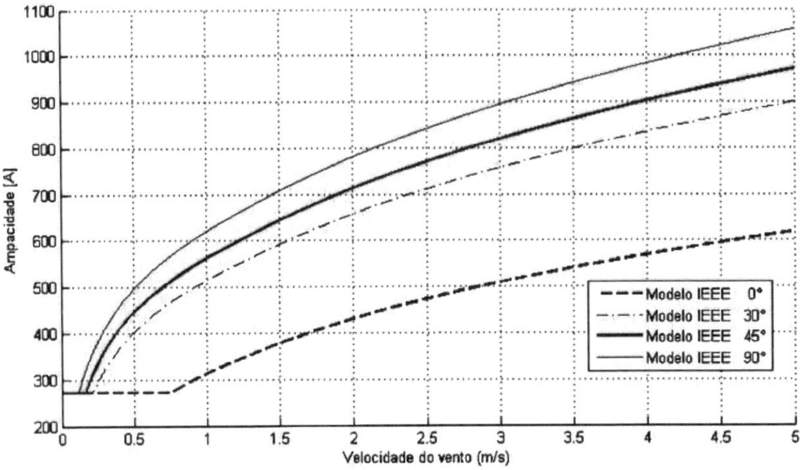

Figura 5.20 – Variação da ampacidade em função da intensidade e direção do vento, aplicando o modelo do IEEE.

Pela Figura 5.21, é possível comparar a variação da ampacidade com a velocidade do vento para os quatro modelos. A discrepância é maior para velocidades de pequena intensidade, principalmente entre os métodos do Cigré e do IEEE.

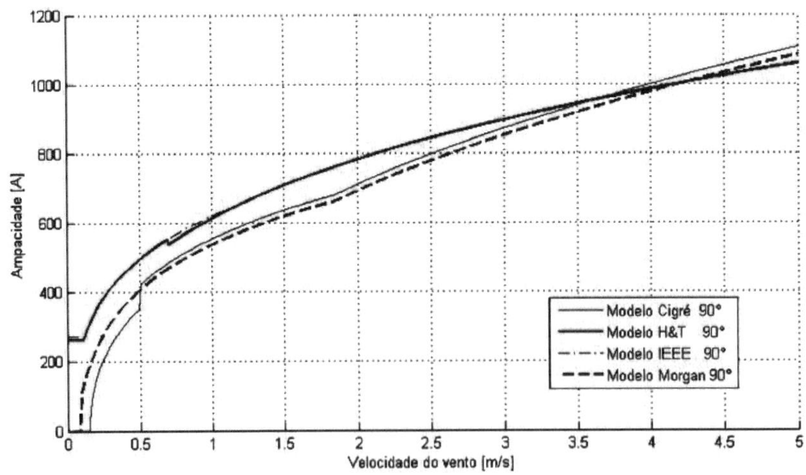

Figura 5.21 – Variação da ampacidade em função da velocidade do vento.

Outra variável importante no cálculo da ampacidade é a altitude da linha. Seu impacto na ampacidade pode ser avaliado pela Figura 5.22. Embora a diferença no valor da ampacidade entre os modelos para uma mesma altura seja considerável, a variação da ampacidade com a altura não é tão significativa. A maior variação ocorre no modelo do IEEE, aproximadamente 3,6% para a ampacidade calculada a 0 m e a 500 m.

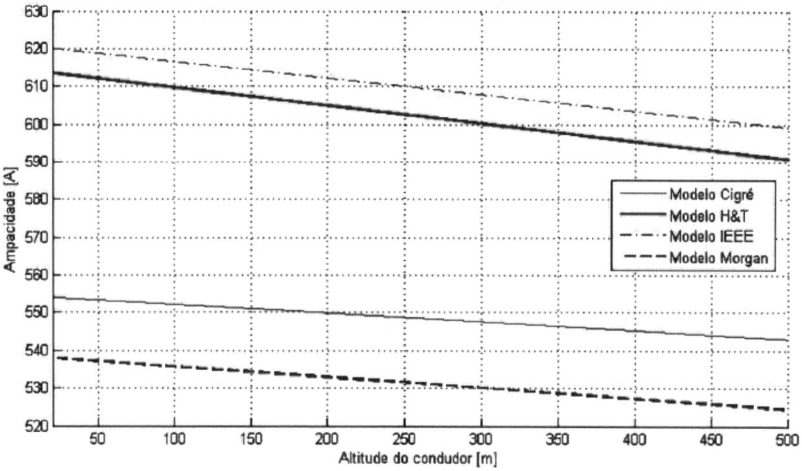

Figura 5.22 – Variação da ampacidade com a altitude do condutor.

5.2.4 DISSIPAÇÃO DE CALOR POR RADIAÇÃO

A radiação é uma forma de energia que se propaga sem a necessidade de um meio material. Sua natureza é alvo de estudos da física moderna, apresentando comportamento ora corpuscular (na forma de fótons), ora na forma de ondas eletromagnéticas, dependendo do experimento. Para a meteorologia, o comportamento de interesse é o de onda eletromagnética (SILVA, M. A. V., 2006). A radiação se caracteriza por sua frequência ou comprimento de onda, os quais variam de 10^{-10} cm (raios gama) a 10^{7} cm (ondas longas de rádio). O conjunto de todos esses comprimentos denomina-se "espectro eletromagnético". A faixa que vai de 360 nm a 740 nm corresponde ao espectro visível, acima de 740 nm está a faixa da radiação infravermelha e abaixo de 360 nm, a faixa da radiação ultravioleta.

Quando um corpo é atingido por certa quantidade de radiação (R), parte desta é refletida ($R_{r'}$), parte absorvida ($R_{a'}$) e parte transmitida ($R_{t'}$). Pode-se, então, de acordo com a lei da conservação da energia, escrever a Equação (5.72).

$$R = R_{r'} + R_{a'} + R_{t'} \tag{5.72}$$

Dividindo a Equação (5.72) por R, obtém-se a Equação (5.73).

$$1 = r' + a' + t', \tag{5.73}$$

onde r', a', t' são os coeficientes de reflexão, absorção e transmissão. Esses coeficientes podem ser determinados para um comprimento de onda específico ou para todo o espectro eletromagnético.

Um conceito bastante utilizado em estudos radiativos é o do corpo negro, que corresponde a um corpo absorvente perfeito (a' = 1). Apesar do nome, os corpos negros produzem radiação eletromagnética. Quando aquecido a determinada temperatura, cercado por outros objetos da mesma temperatura e em equilíbrio térmico, o corpo negro emitirá a mesma quantidade de radiação que absorve.

Na literatura sobre a radiação, é comum encontrar vários termos para a mesma grandeza radiativa. Com o intuito de unificar a terminologia e a simbologia, a Organização Meteorológica Mundial (OMM) recomenda a todos os países membros a adoção de certas grandezas; entre elas, a emitância (M_e), que é o fluxo de energia radiante (F_e) emitido por unidade de área, conforme expressa a Equação (5.74).

$$M_e = \frac{F_e}{S}. \tag{5.74}$$

Em 1879, Josef Stefan mostrou experimentalmente que a emitância de um corpo negro é proporcional à quarta potência de sua temperatura absoluta (T). Cinco anos depois, Ludwig Boltzmann comprovou teoricamente essa proporcionalidade. A Equação (5.75) representa a expressão analítica que traduz a lei de Stefan-Boltzmann para o corpo negro.

$$M_e = \sigma T^4, \tag{5.75}$$

onde σ é a constante de Stefan-Boltzmann ($5{,}66977 \times 10^{-8}$ $Wm^{-2}K^{-4}$). Admite-se que a emitância de um corpo real (M) pode ser expressa como uma fração da emitância do corpo negro, podendo-se escrever a Equação (5.76).

$$M = \varepsilon\sigma T^4 \tag{5.76}$$

O coeficiente de emissividade (ε) representa o grau de enegrecimento do corpo. Considerando a Expressão (5.74) para o caso de corpo real e a substituindo em (5.76), obtém-se a Equação (5.77).

$$\frac{F_e}{S} = \varepsilon\sigma T^4 \tag{5.77}$$

O fluxo de energia radiante (F_e) por unidade de comprimento do condutor equivale à dissipação de calor por radiação (Q_R). Para um condutor cilíndrico, a área será dada por πD, sendo D *o diâmetro do condutor. Como a temperatura do condutor e do meio que o envolve podem ser diferentes, torna-se necessário realizar adequações na* Equação (5.77) de forma a considerar a temperatura ambiente (T_a). Assumindo a temperatura do condutor e do ambiente em °C, a dissipação de calor por radiação pode ser obtida a partir da Equação (5.78).

$$Q_R = \pi D\varepsilon\sigma\left[\left(T_c + 273\right)^4 - \left(T_a + 273\right)^4\right] \tag{5.78}$$

A Equação (5.78) é utilizada nos modelos de House e Tuttle, Cigré e IEEE. O modelo de Morgan também sugere a utilização dessa equação pelo fato de as perdas por radiação corresponderem a uma pequena parcela das perdas de calor do condutor, porém disponibiliza também a Equação (5.79).

$$Q_R = \pi D \varepsilon \sigma \left[\left(T_c + 273\right)^4 - \frac{1}{2}\left(T_g + 273\right)^4 - \frac{1}{2}\left(T_d + 273\right)^4 \right] \tag{5.79}$$

A temperatura do solo (T_g) geralmente é maior do que a temperatura do ar durante o dia e menor durante a noite, particularmente com céu claro. A temperatura do céu (T_d) varia de 5 °C a 18 °C menor do que a temperatura do solo, dependendo da estação e da quantidade de vapor de água na atmosfera. Uma aproximação do seu valor pode ser determinada pela Equação (5.80).

$$T_d = 0{,}0552\left(T_a + 273\right)^{1{,}5} - 273 \tag{5.80}$$

O valor do coeficiente de emissividade térmica contribui expressivamente na capacidade de transmissão das LT. Como a temperatura do condutor raramente excede 150 °C, a energia emitida permanece predominantemente na faixa do infravermelho (VARELA, 2005). Dessa forma, a emissividade apropriada para uso no cálculo do termo de energia irradiada é a emissividade infravermelha. Seu valor está fortemente relacionado ao coeficiente de absorção solar. A lei de Kirchoff da irradiação estabelece que, a uma determinada temperatura, a emissividade e a absortividade monocromática de uma superfície são aproximadamente iguais. A absortividade dos condutores permanece predominantemente na faixa de comprimento de onda da porção visível do espectro eletromagnético, próxima ao infravermelho.

Há uma grande dispersão entre os valores de emissividade e absortividade encontrados na literatura. O modelo do Cigré recomenda valores para absortividade e emissividade de 0,27 para condutores novos e 0,95 para condutores envelhecidos. Sugere que para a maioria dos propósitos valores de 0,5 podem ser adotados, tanto para o coeficiente de absorção como de emissividade. O modelo do IEEE também recomenda esse par de valores ou a utilização de 0,9 para absortividade e 0,7 para emissividade. Na prática é comum utilizar valores iguais para as duas variáveis. Na Tabela 5.10, são apresentados os valores recomendados pela Chesf para a emissividade em função do tempo de operação da LT (VARELA, 2005).

Tabela 5.10 – Coeficientes de emissividade em função do tempo de operação da LT

Tempo de operação (anos)	Emissividade
0-1	0,54
1-10	0,76
11-20	0,8
21-30	0,89
Acima de 30	0,89

Fonte: Varela (2005).

Adotar valores de 0,5 para o coeficiente de absorção e emissividade não é condição conservativa e pode ir contra a segurança operacional da linha. Na Figura 5.23, é apresentada a variação da ampacidade com o envelhecimento do condutor. Verifica-se uma redução de 16% na capacidade de transmissão do cabo envelhecido (ε = 0,9) em relação ao cabo novo (ε = 0,3) utilizando o modelo do Cigré. Essa variação pelo modelo do IEEE é de 7%. Neste caso, a ampacidade diminui com o envelhecimento do condutor devido à parcela de calor por aquecimento solar ser maior do que a dissipação de calor por radiação. Observa-se ainda que, para linhas com longo tempo de operação e limite térmico de 60 °C, a utilização de valores de emissividade e de absortividade iguais a 0,5 corresponde a uma ampacidade 10,9% superior ao permitido pelo real estado de conservação da linha.

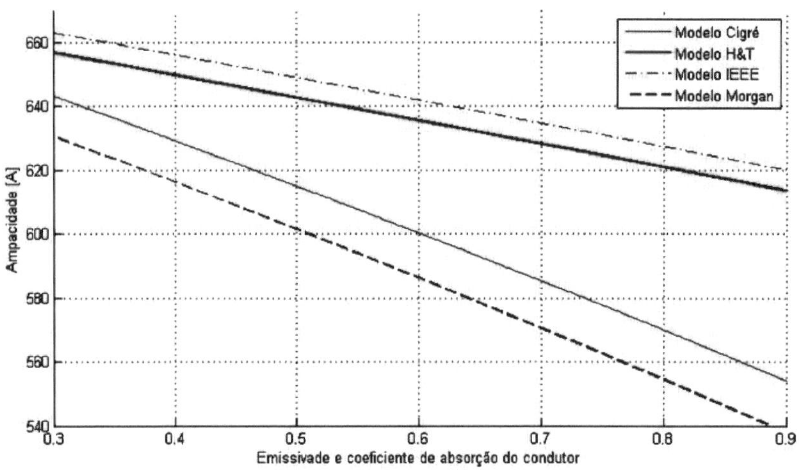

Figura 5.23 – Variação da ampacidade em função da emissividade e coeficiente de absorção do condutor, para um limite térmico de 60 °C.

O comportamento da ampacidade com a emissividade e a absortividade depende do limite térmico. Na Figura 5.24, é apresentada essa relação para um limite térmico de 100 °C. Neste caso, o envelhecimento do condutor aumenta os limites da capacidade operativa diurna das LT. Isso ocorre devido ao ganho de calor por aquecimento solar ser menor do que o calor dissipado por radiação. Verifica-se uma redução de 3,2% na capacidade de transmissão do cabo envelhecido (ε = 0,9) em relação ao cabo novo (ε = 0,3) utilizando o modelo do Cigré. Essa variação pelo modelo do IEEE é de 5,4%. Quanto maior for o limite térmico, maior será a variação. Entre o limite térmico de 60 °C e 100 °C, existe um valor de temperatura para a qual o valor da ampacidade independe do grau de envelhecimento do condutor (VARELA, 2005).

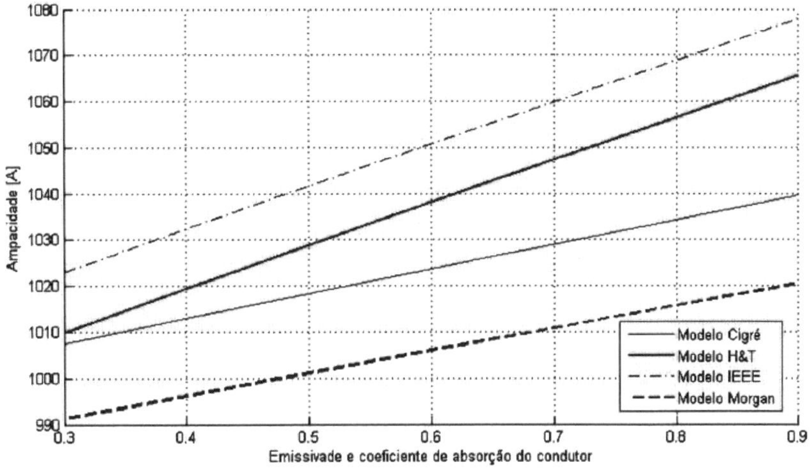

Figura 5.24 – Variação da ampacidade em função da emissividade e coeficiente de absorção do condutor, para um limite térmico de 100 °C.

5.2.5 CONSIDERAÇÕES FINAIS SOBRE OS MODELOS DE AMPACIDADE

A metodologia utilizada nos quatro modelos descritos neste capítulo é a mesma, baseia-se na resolução da equação do equilíbrio térmico para determinar a ampacidade. Porém a forma como é calculada cada parcela de calor difere expressivamente. Em 2004, o ONS apresentou, em atendimento à solicitação da Aneel, a Nota Técnica 028/2004-SRT/ANEEL com recomendações para o cálculo da capacidade operativa de longa duração das linhas aéreas de transmissão (ANEEL, 2004). Nessa Nota, foi proposto um método, composto pela mistura dos modelos do Cigré, IEEE e Morgan, que recebeu críticas severas em uma audiência pública realizada no ano seguinte.

Cada modelo está alicerçado em um conjunto de pesquisas distintas, a reconstituição e a mistura das parcelas que constituem o equilíbrio térmico não proporcionam um aprimoramento científico (BATÁVIA ENGENHARIA E CONSULTORIA, 2005). Os resultados da aplicação de cada modelo podem diferir significativamente, embora certas suposições e simplificações possam minimizar a divergência. Outro ponto polêmico da nota técnica foi a recomendação para utilizar coeficientes de emissividade e absortividade iguais a 0,5, como se esta fosse uma solução conservadora. Como foi verificada em seções anteriores, essa afirmação não corresponde à realidade dependendo do limite térmico da linha.

Apesar de toda a discussão em torno do assunto, em 14 de novembro de 2005 foi emitida a Nota Técnica nº 038/2005 – SRT/ANEEL Anexo A – Cálculo da Capacidade Operativa de Longa Duração das Linhas Aéreas de Transmissão (ANEEL, 2005a), a qual fundamenta toda a modelagem de cálculo utilizada na resolução 191 da Aneel para determinação das capacidades operativas das LT (ANEEL, 2005b). Essa Nota estabelece a utilização do modelo do Cigré em virtude de sua simplicidade de aplicação e aderência com o modelo de Morgan para velocidades de vento superiores a 0,5 m/s. Para calcular o ganho de calor por aquecimento solar, é recomendada medição da radiação incidente global na altura da LT.

Caso não haja disponíveis valores medidos, deverá ser utilizado o valor de 1000 W/m^2, conforme previsto na NBR 5422. Se o calor absorvido pelo condutor, devido ao aquecimento solar, for obtido por medição, qualquer um dos modelos de ampacidade apresentados neste capítulo adere ao modelo de Morgan e escolher um valor fixo de 1000 W/m^2 não representa, de forma alguma, a radiação mais severa em todo o território brasileiro. Quanto à emissividade e absortividade, foram mantidos os valores de 0,5 recomendados pelo Cigré. Caso o concessionário entenda que estes valores não devem ser aplicados em algumas de suas LT, pode propor outros valores desde que apresente relatório técnico fundamentado com prova documental.

Embora a resolução 191 da ANEEL estabeleça a aplicação do modelo do Cigré para determinação da ampacidade dos condutores, nos próximos tópicos será utilizado o modelo do IEEE. Esta escolha se deve aos seguintes fatos:

- o modelo do IEEE trabalha com valores de resistência elétrica ca, facilmente obtidos em catálogos de fabricantes, os quais levam em consideração os efeitos pelicular e magnético. O modelo do Cigré utiliza o valor da resistência elétrica cc e realiza correções em seguida para corrente alternada. Os fatores de correção ou métodos apresentados para determinar a influência dos efeitos citados foram obtidos experimentalmente para cabos CA e CAA. Como os condutores especiais são compostos por ligas diferentes, a utilização do modelo do IEEE se torna mais adequada.
- o número de Nusselt utilizado para calcular a dissipação de calor por convecção forçada no modelo do Cigré deriva da aproximação de uma equação descrita no modelo de Morgan para a temperatura do filme de ar entre 0 °C e 50 °C. Para uma temperatura de projeto maior ou igual a 50 °C e uma temperatura ambiente maior ou igual a zero, o valor obtido para o número de Nusselt não teria validade.
- outras equações utilizadas no cálculo da dissipação de calor por convecção do modelo do Cigré também têm restrições relacionadas à temperatura do filme de ar que envolve o condutor. Por exemplo, as fórmulas para viscosidade cinemática do ar, número de Prandtl e condutividade térmica são válidas para temperaturas do filme de ar variando de 0 °C a 100°C. Enquanto as fórmulas empregadas pelo modelo do IEEE para os mesmos parâmetros são válidas para temperatura do filme de ar entre 0 °C e 300 °C.
- conforme demonstrado neste tópico, para velocidades de vento inferiores a 0,5 m/s, o modelo do Cigré apresenta incoerências no cálculo da ampacidade. Situações que não ocorrem com a aplicação do modelo do IEEE.

Essas considerações foram submetidas e publicadas em periódico científico (SILVA, A. A. P., 2012).

5.3 COMPORTAMENTO ELETROMECÂNICO

A relação entre a corrente elétrica e a temperatura do condutor é fundamental para determinar a distância do condutor ao solo. Com o aumento da temperatura, o condutor sofre uma expansão e, com a redução da temperatura, uma contração. Ou seja, uma modificação em seu comprimento e, consequentemente, nas distâncias que o separam do solo ou outro obstáculo. Como o condutor está preso nos suportes, a alteração em seu comprimento é acompanhada de uma variação na tração mecânica à qual está submetido. Essa variação é inversamente proporcional à temperatura. Distâncias de segurança são definidas em função do tipo de terreno, da classe de tensão e dos obstáculos atravessados pela linha. Esses valores são estabelecidos em norma e devem garantir a segurança operacional e integridade física de pessoas e equipamentos.

Além de garantir uma distância mínima de segurança decorrente da maior temperatura do condutor prevista no projeto, é preciso considerar também que o resfriamento do cabo aumenta sua tração mecânica e, consequentemente, os esforços nos suportes (FILHO; LISBOA; JUNIOR, 2003). Uma linha de transmissão, geralmente, é composta por várias seções de tensionamento, também conhecidas como "tramos". Essas seções são limitadas por estruturas de amarração, que emprestam à linha maior rigidez mecânica e são dimensionadas para resistirem à tração unilateral de todos os cabos. Essas estruturas representam uma descontinuidade para o sistema mecânico dos cabos, pois não transmitem esforços mecânicos entre os vãos adjacentes (LABEGALINI et al, 2005).

Geralmente, a análise da capacidade de transporte de energia elétrica é realizada com base em um vão representativo da seção de tensionamento, conhecido como "vão regulador" e, a partir deste, são estimadas as flechas nos demais vãos da seção. A variação das flechas e das tensões mecânicas dos cabos é determinada por equações de mudança de estado aplicadas a vãos contínuos. Para altas temperaturas e vãos desiguais em um tramo, a equação de mudança de estado utilizando o conceito do vão regulador produz erros significativos (MOTLIS *et al.*, 1999).

Com a utilização do enfoque estatístico, monitoramento em tempo real, aplicação de condutores especiais e outras técnicas para aumentar a capacidade de transmissão de LT, podem-se atingir temperaturas superiores às utilizadas tradicionalmente e um método que forneça resultados precisos se faz necessário. As soluções propostas pela literatura trabalham com apenas um condutor por seção de tensionamento e recomendam que, de preferência, eles sejam provenientes do mesmo fabricante e, se possível, do mesmo lote de fabricação para garantir que os condutores tenham as mesmas características físicas, mecânicas e elásticas.

Aconselham também que esses condutores recebam o mesmo tensionamento durante a montagem e duração antes da sua fixação definitiva com a finalidade de provocar os mesmos alongamentos plásticos (LABEGALINI et al, 2005). Embora alguns métodos para resolução da equação de mudança de estado considerem a ocorrência de temperaturas diferentes nos vãos, o condutor empregado é o mesmo ao longo de toda a seção de tensionamento. Ou seja, trabalha-se com o mesmo módulo de elasticidade, mesma seção transversal e mesmo coeficiente de expansão térmica para o condutor.

Em linhas de transmissão que apresentem violação das distâncias de segurança em alguns vãos devido a alterações durante sua operação (mudança da atividade realizada sob a LT, construção de novas travessias, modificação do nível do terreno etc.) e que os vãos adjacentes aos citados apresentem folga nestas distâncias, a utilização de condutores especiais apenas nos vãos com restrições pode corrigir a violação de forma que os limites normativos sejam respeitados. Para garantir o confinamento do condutor especial ao vão com restrições, são utilizadas cadeias de falsa amarração. O elemento vertical deste conjunto pode ser uma cadeia de isoladores com mesmo comprimento da cadeia de suspensão original (Figura 5.25), uma cadeia de isoladores com comprimento inferior ao da cadeia de suspensão original (Figura 5.26) ou uma haste com comprimento de 0,5 m (Figura 5.27) (BEZERRA; AMARAL; JUNIOR, 1998). Também é possível utilizar uma falsa amarração sem elemento vertical (Figura 5.28).

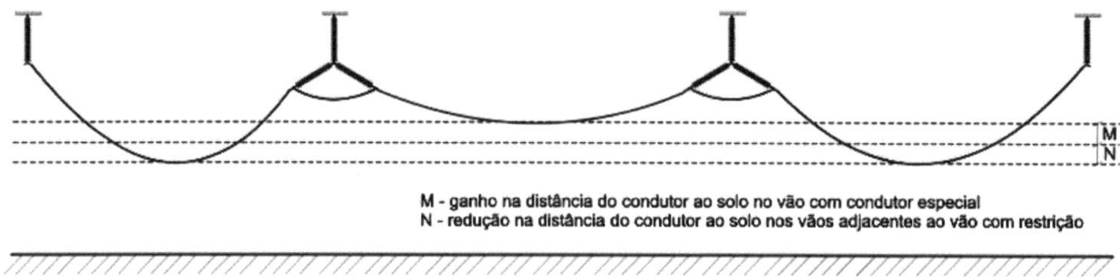

Figura 5.25 – Trecho de uma seção de tensionamento constituída por vãos com condutores diferentes, separados por cadeias de falsa amarração cujo elemento vertical tem comprimento igual ao da cadeia de suspensão original.

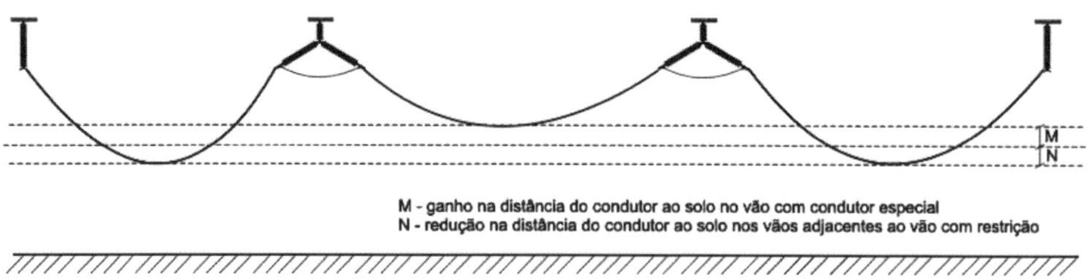

Figura 5.26 – Trecho de uma seção de tensionamento constituída por vãos com condutores diferente, separados por cadeias de falsa amarração cujo elemento vertical tem metade do comprimento da cadeia de suspensão original.

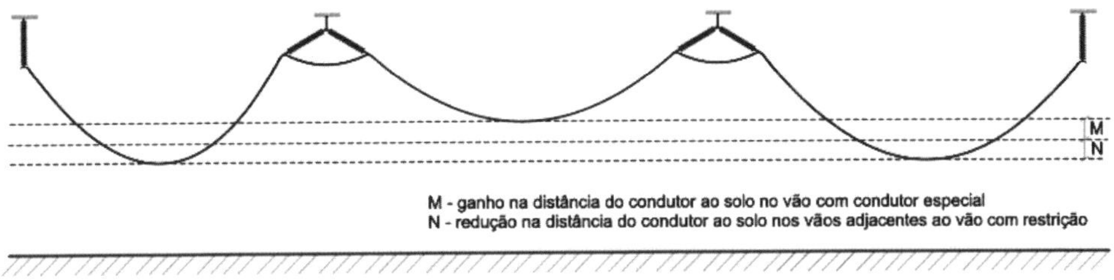

Figura 5.27 – Trecho de uma seção de tensionamento constituída por vãos com condutores diferentes, separados por cadeias de falsa amarração cujo elemento vertical é composto por uma haste de 0,5 m.

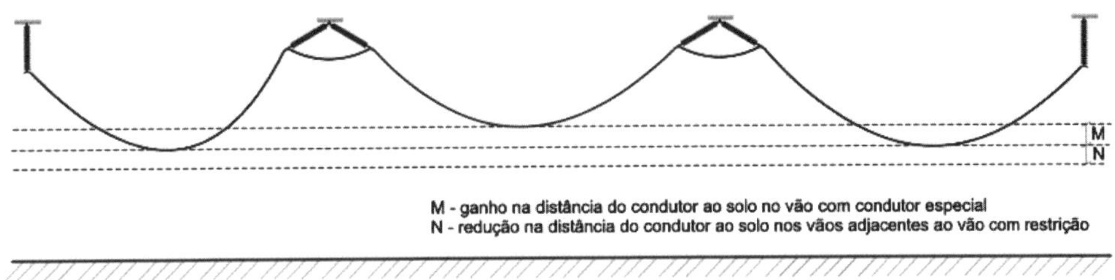

Figura 5.28 – Trecho de uma seção de tensionamento constituída por vãos com condutores diferentes, separados por cadeias de falsa amarração cujo elemento vertical foi totalmente suprimido.

A redução no comprimento da cadeia de isoladores de suspensão é definida em função do ganho desejado na distância de segurança. No caso de uma redução parcial do comprimento da cadeia de suspensão, todo o conjunto sofreria um deslocamento com a variação de estado da linha e o peso dos isoladores da falsa amarração deve ser levado em consideração nos cálculos. Essa técnica é aplicável em situações pontuais e deve ser assegurado que os esforços mecânicos no tramo alterado não serão superados no caso de queda de uma das suas torres. Vale ressaltar que essa situação de contingência é atenuada pelas estruturas de suspensão pela movimentação das suas cadeias de isoladores (ROTHSTEIN; NICODEM; DUARTE, 2009).

No caso da conversão total da cadeia de suspensão em ancoragem, não haverá mais deslocamento e a estrutura terá de suportar os esforços longitudinais resultantes. Neste capítulo, são descritas as equações básicas para determinar o comportamento mecânico de LT e a equação de mudança de estado para seções de tensionamento constituídas por vãos com condutores diferentes.

A correção da distância do cabo ao solo empregando condutores especiais nos vãos com restrições pode requerer que os vãos adjacentes tenham uma folga em suas distâncias ao solo dependendo do arranjo da suspensão ancorada utilizado. Com a utilização de um elemento vertical na cadeia de falsa amarração, haverá um ganho na distância do condutor ao solo no vão com condutor especial, porém ocorre uma redução nestas distâncias nos vãos adjacentes, conforme ilustrado nas Figuras 5.25, 5.26 e 5.27. Isso ocorre devido ao condutor especial ter um peso inferior aos dos cabos utilizados tradicionalmente. Sem elemento vertical, o comportamento mecânico do condutor especial fica restrito ao seu vão e a variação na distância dos cabos ao solo dos vãos adjacentes se deve à elevação do ponto de suspensão dos condutores, como mostrado na Figura 5.28.

5.3.1 EQUACIONAMENTO BÁSICO

Quando suspenso entre dois suportes, o cabo adquire a forma de uma catenária, termo oriundo do latim *catena* (corrente) e utilizado para definir o formato assumido por uma corrente de elos iguais ao ser estendida entre dois pontos elevados e suficientemente afastados de forma a não se apoiar sobre o solo (LABEGALINI *et al.*, 2005).

Na Figura 5.29, é representado um cabo suspenso entre dois suportes rígidos A e B separados entre si por uma distância a, conhecida como "vão". A variável h_y corresponde à diferença de alturas entre os suportes. As tensões S_A e S_B constituem as reações das estruturas A e B ao sistema de forças atuantes no condutor. A tração S_x varia ao longo do condutor, mas sua componente horizontal H permanece inalterada e é determinada no momento da fixação do condutor aos suportes. A componente vertical V_x da tração S_x está associada ao peso do condutor ($m_c g$), e eventuais camadas de neve ou inclusão do efeito do vento sobre o condutor.

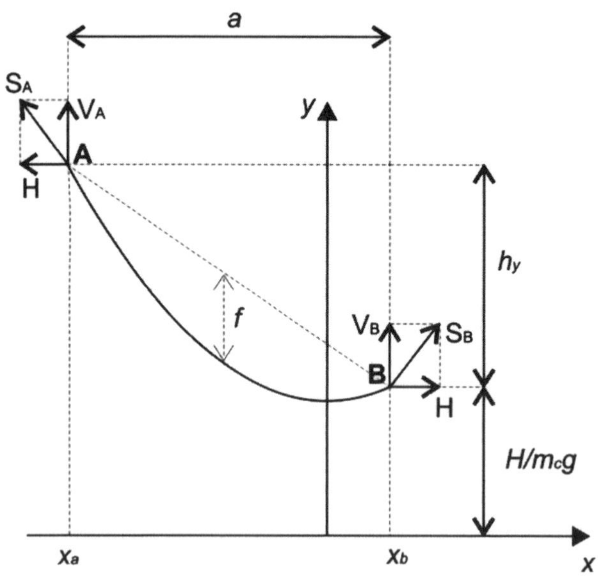

Figura 5.29 – Condutor suspenso por dois suportes representados pelos pontos A e B.

A equação da catenária pode ser determinada por meio das condições de equilíbrio estabelecidas para as forças atuantes no condutor. Adotando o sistema de coordenadas da Figura 5.29, a ordenada do condutor de um ponto qualquer da catenária pode ser obtida pela equação (5.81).

$$y = \frac{H}{m_C g} \cosh\left(\frac{m_C g}{H} x\right) \tag{5.81}$$

O desnível do vão pode ser determinado pela diferença entre as ordenadas para x igual a x_A e x_B, levando à Equação (5.82).

$$h_y = \frac{2H}{m_C g} \operatorname{senh}\left[\frac{m_C g}{2H}(x_B + x_A)\right] \operatorname{senh}\left[\frac{m_C g}{2H}(x_B - x_A)\right] \tag{5.82}$$

Considerando ainda a Figura 5.29, a flecha (f) de um determinado ponto do condutor é a distância deste a reta que passa pelos pontos A e B, sendo determinada pela Equação (5.83).

$$f = \frac{h_y}{a}(x - x_A) + \frac{H}{m_C g}\left[\cosh\left(\frac{m_C g}{H} x_A\right) - \cosh\left(\frac{m_C g}{H} x\right)\right] \tag{5.83}$$

A flecha no vértice do condutor pode ser calculada pela Equação (5.84).

$$f_S = -\frac{h_y}{a} x_A + \frac{H}{m_C g}\left[\cosh\left(\frac{m_C g}{H} x_A\right) - 1\right] \tag{5.84}$$

Outras grandezas importantes na determinação do comportamento mecânico de um vão é o comprimento do condutor (L), a abscissa do apoio A em relação à origem (x_A), o esforço vertical (V_x) e a tração mecânica ao longo no condutor (S_x), as quais podem ser obtidas pelas Equações (5.85), (5.86), (5.87) e (5.88), respectivamente.

$$L = \sqrt{h_y^2 + \left\{\frac{2H}{m_C g} \operatorname{senh}^2\left[\frac{m_C g}{2H}(x_B - x_A)\right]\right\}}, \tag{5.85}$$

$$x_A = \frac{H}{m_C g} \ln\left[\frac{H}{m_C g(L - h_y)}\left(1 - e^{-\frac{m_C g}{H} a}\right)\right], \tag{5.86}$$

$$V_x = H \operatorname{senh}\left(\frac{m_C g}{H} x\right), \tag{5.87}$$

$$S_x = \sqrt{H^2 + V^2} = H \cosh\left(\frac{m_C g}{H} x\right) \tag{5.88}$$

O valor médio da tração do condutor ($\overline{S}$) pode ser determinado pela Equação (5.89).

$$\overline{S} = \frac{1}{a}\int_{x_A}^{x_B} S_x \, dx = \frac{H}{a}\int_{x_A}^{x_B} \cosh\left(\frac{m_C g}{H} x\right) dx \tag{5.89}$$

Por definição, a integral do último termo da fórmula anterior representa o comprimento L do condutor, permitindo construir a Equação (5.90).

$$\overline{S} = \frac{HL}{a} \tag{5.90}$$

A força vertical V_x atua no sentido contrário a gravidade no caso do sinal positivo. Deste modo, as forças nos suportes A e B (G_A e G_A) têm sinal contrário ao valor de V_x, levando às Equações (5.91) e (5.92).

$$G_A = -H\text{senh}\left(\frac{m_C g}{H} x_A\right), \tag{5.91}$$

$$G_B = H\text{senh}\left(\frac{m_C g}{H}(a + x_A)\right) \tag{5.92}$$

5.3.2 EQUAÇÃO DE MUDANÇA DE ESTADO EM VÃO ISOLADO

Se a temperatura ou carregamento de um condutor em um vão se altera, o comprimento do condutor sofrerá uma contração ou expansão, resultando em uma modificação no valor da tração mecânica. A variação no comprimento pode ser determinada em função da dilatação elástica e térmica do condutor. A primeira obedece à lei de Hooke, a qual estabelece a proporcionalidade entre deformações elásticas e as tensões aplicadas. A deformação térmica está relacionada ao coeficiente de dilatação térmica linear do condutor. Desta forma, pode-se escrever a equação (5.93).

$$L_2 = L_1\left[1 + \varepsilon_t\left(T_{c2} - T_{c1}\right)\right]\left[1 + \left(\overline{S_2} - \overline{S_1}\right)/\left(E_c S\right)\right], \tag{5.93}$$

onde:

- L_2 = comprimento do condutor relativo *à* condição 2 [m];
- L_1 = comprimento do condutor relativo *à* condição 1 [m];
- ε_t = coeficiente de dilatação témica linear do condutor [°C^{-1}];
- E_c = módulo de elasticidade do condutor [kgf/mm^2];
- T_{c_2} = temperatura do condutor na condição 2 [°C];
- T_{c_1} = temperatuta do condutor na condição 1 [°C];
- $\overline{S_2}$ = tração média do condutor na condição 2 [kgf];
- $\overline{S_1}$ = tração média do condutor na condição 1 [kgf];
- S = seção transversal do condutor [mm^2].

Neste tópico, as variáveis referentes ao estado inicial são descritas com o subscrito 1 e as variáveis relativas ao estado final têm o subscrito 2. Os termos $\varepsilon_t\left(T_{c_2} - T_{c_1}\right)$ e $\left(\overline{S_2} - \overline{S_1}\right)/\left(E_c S\right)$ são pequenos quando comparados à condição inicial, e seu produto pode ser desprezado na Equação (5.93), resultando na Equação (5.94).

$$L_2 = L_1 + L_1\varepsilon_t\left(T_{c_2} - T_{c_1}\right) + L_1\left(\overline{S_2} - \overline{S_1}\right)/\left(E_c S\right) \tag{5.94}$$

Como o interesse está na diferença entre os comprimentos L_2 e L_1 e não no valor absoluto do comprimento do condutor, a equação da curva que representa o condutor pode ser aproximada, com precisão suficiente para as aplicações práticas, por uma parábola, e L_1 e L_2 podem ser calculados pela Equações (5.95) e (5.96), respectivamente.

$$L_1 = a + \frac{a^3 \left(m_{c_1} g\right)^2}{24H_1^2} \tag{5.95}$$

$$L_2 = a + \frac{a^3 \left(m_{c_2} g\right)^2}{24H_2^2} \tag{5.96}$$

As tensões $\overline{S_1}$ e $\overline{S_2}$ são obtidas pelas Equações (5.97) e (5.98), respectivamente.

$$\overline{S_1} = \frac{H_1 L_1}{a}, \tag{5.97}$$

$$\overline{S_2} = \frac{H_2 L_2}{a} \tag{5.98}$$

Pode-se considerar que a diferença $\overline{S_2} - \overline{S_1}$ é aproximadamente igual a H_2 - H_1 (KIESSLING *et al.*, 2003). Substituindo as Equações (5.95) a (5.98) em (5.94) e realizando as manipulações algébricas necessárias, obtém-se a Equação (5.99).

$$H_2^2 \left[H_2 - H_1 + \frac{E_c S \left(a m_{c_1} g\right)^2}{24H_1^2} + E_c S \varepsilon_t \left(T_{c_2} - T_{c_1}\right) \right] = \frac{E_c S \left(a m_{c_2} g\right)^2}{24}, \tag{5.99}$$

onde:

- $m_{c_2} g$ = peso do condutor por unidade de comprimento no estado 2 [kgf];
- $m_{c_1} g$ = peso do condutor por unidade de comprimento no estado 1 [kgf].

A Equação (5.99), conhecida como "equação de mudança de estado", permite estabelecer o estado de um vão isolado a partir do conhecimento de um estado prévio. Na Figura 5.30, é registrado graficamente o comportamento da tração horizontal com a variação da temperatura do condutor para diferentes comprimentos de vãos. Foi considerado como condição inicial o condutor Grosbeak tensionado a 20% da sua tração de ruptura sob uma temperatura de 20 °C. Pode-se verificar que, quanto maior for o comprimento do vão, menor será a variação na tração mecânica para uma mesma temperatura. Com o aumento da temperatura, a redução de tração nos vãos menores será maior do que nos vãos maiores e, com a diminuição da temperatura, o aumento na tração dos cabos dos vãos menores será maior. Pode-se constatar também que para uma mesma temperatura, superior à considerada inicialmente, a tração no condutor será proporcional ao comprimento do vão. Caso a temperatura seja inferior ao valor da condição inicial, a tração será inversamente proporcional.

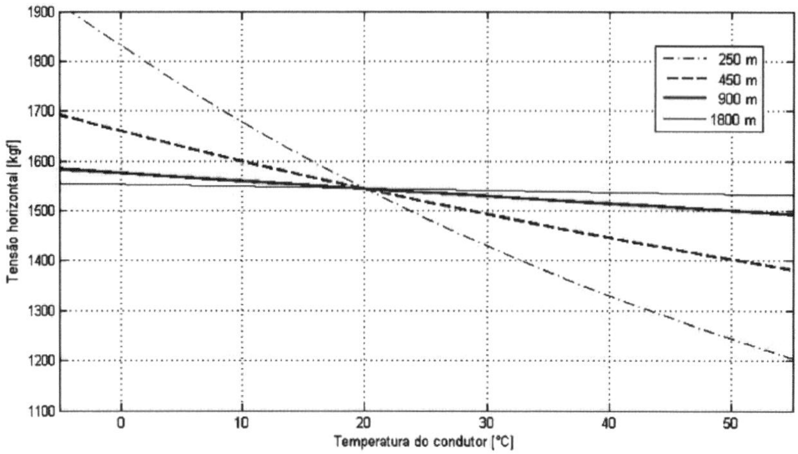

Figura 5.30 – Variação da tração horizontal com a temperatura para diversos comprimentos de vãos.

Uma aplicação prática das variações registradas na Figura 5.30 ocorre quando se trata da tração em vãos adjacentes desiguais. Considerando dois vãos adjacentes de comprimentos diferentes a_{i-1} e a_i, sendo $a_{i-1} < a_i$, e condutores tensionados com uma tração H_0. Com a elevação da temperatura, a tração horizontal no vão a_i será maior do que a tração no vão a_{i-1}. No caso de uma redução de temperatura, a tração horizontal no vão a_{i-1} terá um valor superior ao encontrado no vão a_i. Essa diferença de tração deve ser absorvida pela estrutura intermediária, caso esta seja de amarração. Se a estrutura intermediária for de suspensão, a diferença de tração provocará o movimento da cadeia de isoladores no sentido do vão de maior tração até que uma nova condição de equilíbrio seja atingida. O resultado é uma redução no comprimento do vão que tinha maior tração e aumento de mesmo valor no comprimento do vão que tinha menor tração.

Na abordagem do vão isolado, são realizadas suposições que conduzem a desprezar o comprimento das cadeias de isoladores e os seus respectivos pesos. O comprimento do vão é medido a partir do ponto de fixação nas estruturas das cadeias de isoladores, que, por sua vez, são tratadas como uma extensão dos condutores, conforme ilustrado na Figura 5.31. As aproximações não incorporam maiores imprecisões para vãos grandes; porém, para vãos curtos, típicos de barramento de subestações, pode produzir erros nas flechas e tensões mecânicas dos condutores, provocando danos estruturais nos pórticos em condições de baixas temperaturas ou a aproximação de condutores, quando de temperaturas elevadas.

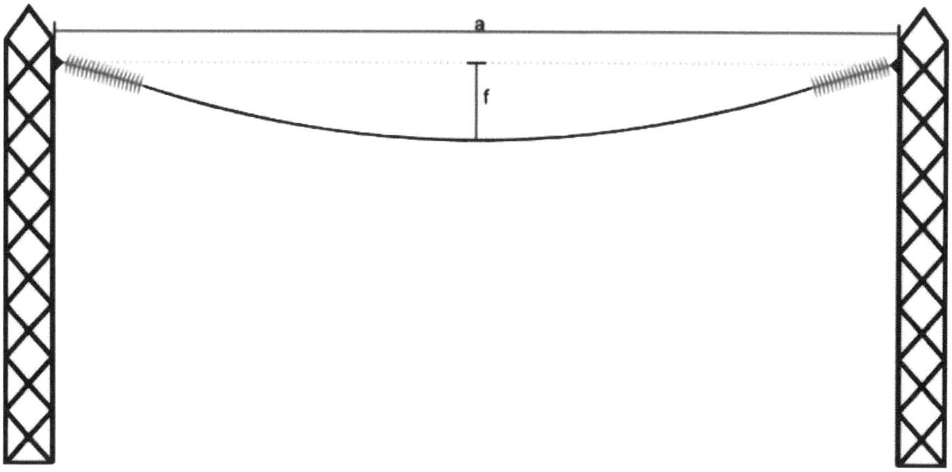

Figura 5.31 – Ilustração de um vão isolado.

A referência (KIESSLING *et al.*, 2003) propõe a utilização da Equação (5.100) para calcular as tensões mecânicas devido a uma mudança de estado levando em consideração o comprimento (L_K) das cadeias de isoladores e seus respectivos pesos (J_K) e a Equação (5.101) para determinar as flechas.

$$H_2^2\left\{H_2 - H_1 + E_c S\varepsilon_t\left(T_{c_2} - T_{c_1}\right) + \frac{E_c S}{H_1^2}\cdot\left[\frac{\left(m_{c_1} g\right)^2\left(a - 2L_K\right)\left(a + 4L_K\right)}{24} + \frac{J_{K_1} m_{c_1} g L_K}{2} + \frac{J_{K_1}{}^2 L_K}{4\left(a \quad 2L_K\right)}\right]\right\} = E_c S\left[\frac{\left(m_{c_2} g\right)^2\left(a - 2L_K\right)\left(a + 4L_K\right)}{24} + \frac{J_{K_2} m_{c_2} g L_K}{2} + \frac{J_{K_2}{}^2 L_K}{4\left(a - 2L_K\right)}\right]. \tag{5.100}$$

$$f = L_K\left(\frac{U}{H_2}\right)\left[1 - \frac{1}{2}\left(\frac{U}{H_2}\right)^2\right] + m_{c_2} g\frac{\left(a - 2L_{Kx}\right)}{8H_2}. \tag{5.101}$$

onde L_{Kx} e U *são obtidos a partir das* Equações (5.102) e (5.103).

$$L_{Kx} = L_K\left[1 - \frac{1}{2}\left(\frac{U}{H_2}\right)^2\right], \tag{5.102}$$

$$U = \frac{1}{2}\left[m_{c_2} g\left(a - 2L_{Kx}\right) + J_{K2}\right]. \tag{5.103}$$

Na Figura 5.32, são registradas comparações da variação das flechas em função do comprimento do vão para as duas metodologias discutidas. Pode-se verificar que, para comprimentos de vãos superiores a 60 m, a diferença entre as curvas é desprezível. Para vãos inferiores a 50 m, pode ser notada uma divergência entre as curvas; para um vão de 10 m, a diferença foi de aproximadamente 5 cm. A Figura 5.32 foi construída para um vão isolado constituído por um cabo CAA Grosbeak 636 MCM tensionado inicialmente com 20% da sua carga de ruptura a 25 °C. Os valores das flechas foram calculados para uma temperatura de 60 °C, considerando uma cadeia de isoladores de 2,5 m de comprimento e peso de 80 kgf. Para um condutor de menor bitola, cadeia de isoladores de maior peso e comprimento, a divergência entre os métodos pode ser significativa.

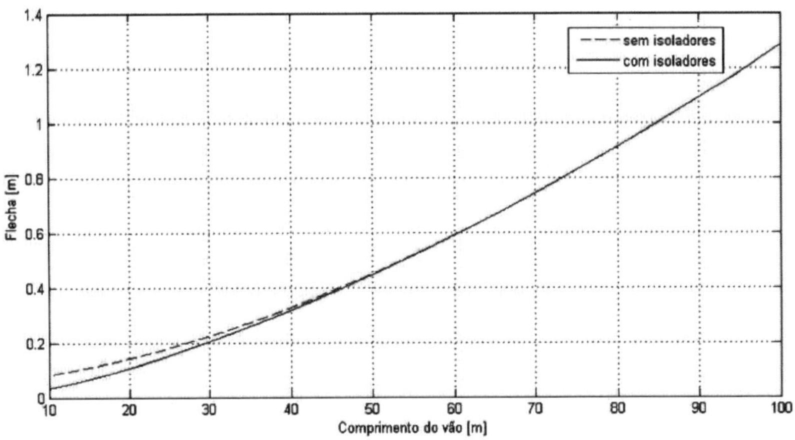

Figura 5.32 – Variação da flecha em função do comprimento do vão levando em consideração o efeito das cadeias de isoladores.

5.3.3 EQUAÇÃO DE MUDANÇA DE ESTADO EM UMA SEÇÃO DE TENSIONAMENTO COM VÃOS CONTÍNUOS

As linhas de transmissão são constituídas por vários vãos consecutivos que não podem ser tratados isoladamente, pois os pontos de suspensão não são rígidos, nem os condutores são independentes do ponto de vista mecânico. Os esforços são transmitidos de um vão para o outro dentro de uma mesma seção de tensionamento. O comprimento das seções depende da classe de tensão elétrica da linha. Devido ao alto custo das estruturas de amarração, o comprimento é bem maior em linhas de alta tensão.

A determinação da equação de mudança de estado para os vãos de uma seção de tensionamento parte da premissa de que, durante o trabalho de tensionamento, os cabos podem deslizar livremente sobre os apoios intermediários, transmitindo igualmente a tração mecânica em todos os vãos. Nessas condições, a seção de tensionamento pode ser representada por um vão único, denominado "vão regulador" (a_r), para efeito do cálculo das tensões. O vão regulador é calculado em função dos n vãos da seção de tensionamento pela Equação (5.104).

$$a_r = \sqrt{\frac{a_1^3 + a_2^3 + \ldots + a_n^3}{a_1 + a_2 + \ldots + a_n}} \tag{5.104}$$

A equação de mudança de estado pode assumir a forma (5.105).

$$H_2^2 \left[H_2 - H_1 + \frac{E_c S \left(a_r m_{c_1} g \right)^2}{24 H_1^2} + E_c S \varepsilon_t \left(T_{c_2} - T_{c_1} \right) \right] = \frac{E_c S \left(a_r m_{c_2} g \right)^2}{24} \tag{5.105}$$

Para que essa expressão apresente resultados satisfatórios, os vãos da seção não podem ser muito diferentes do vão regulador. Na prática, admite-se um desvio de até ±10%, e a temperatura do condutor não deve ser superior a 70 °C (FILHO; LISBOA; JUNIOR, 2003). Com vãos nivelados de mesmo comprimento a qualquer temperatura ou vãos desnivelados com comprimentos aproximados a baixas temperaturas, a equação de mudança de estado produz resultados satisfatórios, mas erros inaceitáveis na estimativa da flecha com condutores operando acima de 100 °C podem ocorrer se as diferenças de tração mecânica não forem levadas em consideração em seções de tensionamento com vãos de comprimentos diferentes (MOTLIS *et al.*, 1999).

Em 1999, uma força-tarefa formada por membros do IEEE apresentou um estudo com as limitações do método do vão regulador (MOTLIS *et al.*, 1999). No ano seguinte, foi publicado o método do vão regulador modificado, o qual permite a determinação das tensões mecânicas e das flechas em seções de tensionamento apenas com vãos nivelados de tamanhos diferentes a altas temperaturas pela inclusão da inclinação da cadeia de isoladores nos cálculos (KESHAVARZIAN; PRIEBE, 2000). No cenário nacional, foi apresentado pelo Cepel, em 2003, um método para o cálculo dos parâmetros citados em seções de tensionamento com vãos contínuos, nivelados ou não (FILHO; LISBOA; JUNIOR, 2003). Possibilita também a análise de situações em que a temperatura do condutor varia ao longo da seção de tensionamento, o que não é possível no caso do método do vão regulador, no qual a temperatura é única para todos os vãos. Na literatura, podem ser encontrados outros métodos, alguns mais complexos como o método dos elementos finitos.

Na próxima seção, será apresentado um método baseado no descrito na referência de Kiessling *et al.* (2003) para determinação da equação de mudança de estado em seções de tensionamento constituída por vãos nivelados ou desnivelados, iguais ou desiguais, admitindo, além de temperaturas diferentes em cada vão, a presença de condutores diferentes no tramo. O método desenvolvido considera o deslocamento da cadeia de isoladores tanto na vertical como na horizontal, enquanto o método do Cepel trabalha apenas com o deslocamento longitudinal da cadeia de isoladores e não considera a presença de condutores diferentes em uma mesma seção de tensionamento.

5.3.4 EQUAÇÃO DE MUDANÇA DE ESTADO EM UMA SEÇÃO DE TENSIONAMENTO COM VÃOS CONTÍNUOS E CONDUTORES DIFERENTES

Como foi visto na Seção 5.3.3, em vãos adjacentes com comprimentos desiguais, uma variação no estado inicial, por mudança de temperatura, efeito do vento ou camada de neve sob os condutores, provoca o deslocamento, tanto na vertical como na horizontal, da cadeia de isoladores de suspensão de sua posição original, conforme mostrado na Figura 5.33.

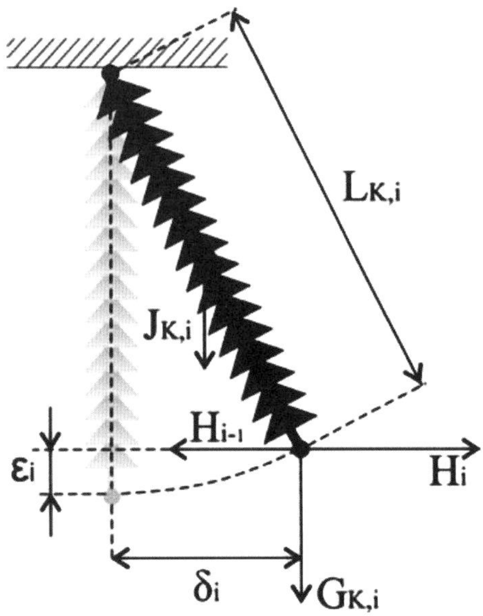

Figura 5.33 – Forças atuantes em uma cadeia de isoladores de suspensão e deslocamento horizontal e vertical da sua posição de equilíbrio inicial.

A análise dos esforços atuantes sobre a cadeia de isoladores de suspensão, representados na Figura 5.33, possibilita a determinação do seu deslocamento horizontal (δ_i) e vertical (ε_i) pelas equações (5.106) e (5.107). Os subscritos i e i – 1 utilizados nas equações desta seção indicam a posição dos vãos e respectivos parâmetros em relação a um suporte intermediário. Por exemplo, à direita do i-ésimo suporte há o vão a_i com um condutor de comprimento L_i submetido a uma tração horizontal H_i. À esquerda do mesmo suporte há o vão de comprimento a_{i-1} com um condutor de comprimento L_{i-1} submetido a uma tração horizontal H_{i-1}. Vale ressaltar que, conforme já citado, os subscritos 1 e 2 indicam, respectivamente, o estado inicial e final do condutor.

$$\delta_i = \frac{\left(H_i - H_{i-1}\right)L_{k_i}}{\sqrt{G_{k_i}{}^2 + \left(H_i - H_{i-1}\right)^2}} \tag{5.106}$$

$$\varepsilon_i = \left[1 - \frac{G_{k_i}}{\sqrt{G_{k_i}^{\ 2} + \left(H_i - H_{i-1}\right)^2}}\right] L_{k_i} \tag{5.107}$$

onde:

δ_i = deslocamento horizontal do i-ésimo suporte [m];

ε_i = deslocamento vertical do i-ésimo suporte [m];

H_i = tração horizontal no vão à direita do i-ésimo suporte [kgf];

H_{i-1} = tração horizontal no vão à esquerda do i-ésimo suporte [kgf];

G_{k_i} = esforço vertical no ponto de suspensão dos condutores dos vãos adjacentes ao i-ésimo suporte [kgf];

L_{k_i} = comprimento da cadeia de isoladores do i-ésimo suporte [m].

Em relação ao deslocamento, as cadeias de falsa amarração serão tratadas como cadeias de suspensão, visto que, para os comprimentos usuais das LT, as cadeias de isoladores de amarração se comportam como uma extensão do cabo. O esforço vertical no ponto de suspensão dos condutores dos vãos adjacentes ao i-ésimo suporte (G_{k_i}) é constituído pela contribuição do peso da cadeia de isoladores e pelo esforço vertical devido ao peso dos condutores destes vãos, podendo ser calculado pela Expressão (5.108). O valor de x_{A_i} pode ser obtido aplicando a Equação (5.86).

$$G_{k_i} = \frac{J_{k_i}}{2} + X_{i-1}H_0 \sinh\left[\frac{m_{c_i} g\left(a_{i-1} + x_{A_{i-1}}\right)}{X_{i-1}H_0}\right] - X_i H_0 \sinh\left[\frac{m_{c_i} g x_{A_i}}{X_i H_0}\right], \tag{5.108}$$

onde:

- J_{k_i} J= peso da cadeia de isoladores do i-ésimo suporte [kgf];
- $m_{c_i} g$ = peso do condutor por unidade de comprimento relativo ao i-ésimo vão [kgf/m];
- a_{i-1} = vão a jusante do i-ésimo suporte [m];
- X_i = razão entre a tração horizontal no condutor do i-ésimo vão e a tração inicial H_0;
- X_{i-1} = razão entre a tração horizontal no condutor do (i-1)-ésimo vão e a tração inicial H_0;
- x_{A_i} = abscissa no apoio A em relação ao vértice do i-ésimo vão [m];
- $x_{A_{i-1}}$ = abscissa no apoio A em relação ao vértice do (i-1)-ésimo vão [m];
- H_0 = tração horizontal inicial do condutor [kgf].

Caso o vão a_i de uma seção de tensionamento seja limitado por duas estruturas de suspensão, a mudança de estado provoca uma variação no seu comprimento (Δa_i) e em seu desnível (Δh_{yi}), dados por (5.109) e (5.110). As variáveis δ_{0_i} e ε_{0_i} representam o deslocamento inicial da cadeia de isoladores, que pode ser diferente ou igual a zero (posição vertical).

$$\Delta a_i = \left(\delta_{i+1} - \delta_{0_{i+1}}\right) - \left(\delta_i - \delta_{0_i}\right) \quad (5.109)$$

$$\Delta h_{y_i} = \left(\varepsilon_{i+1} - \varepsilon_{0_{i+1}}\right) - \left(\varepsilon_i - \varepsilon_{0_i}\right) \quad (5.110)$$

A equação para o cálculo do comprimento do condutor (L_i) é expressa em termos de uma função hiperbólica que pode ser desenvolvida como uma série exponencial, resultando na Equação (5.111).

$$L_i = L_{0i}\left(1 + \bar{L}_i\right), \quad (5.111)$$

onde as variáveis L_{0_i} e $\bar{L}_i$ *são obtidas a partir das* Equações (5.112) e (5.113).

$$L_{0_i} = \sqrt{a_i^2 + h_{y_i}^{\ 2}}, \quad (5.112)$$

$$\bar{L}_i = \frac{a_i^2}{L_{0i}^{\ 2}}\left[\frac{a_i^2 (m_{ci} g)^2}{24 H_0^2} + \frac{a_i^4 (m_{ci} g)^4}{720 H_0^4}\right] - \frac{a_i^4}{L_{0i}^{\ 4}}\left[\frac{a_i^4 (m_{ci} g)^4}{1152 H_0^4}\right] \quad (5.113)$$

A variação ΔL_{0_i} do comprimento L_{0_i} entre o estado inicial e final é obtida por (5.114).

$$\Delta L_{0_i} = L_{0_{2_i}} - L_{0_{1_i}} = \sqrt{\left(a_i + \Delta a_i\right)^2 + \left(h_{y_i} + \Delta h_{y_i}\right)^2} - \sqrt{a_i^{\ 2} + h_{y_i}^{\ 2}} \quad (5.114)$$

A Expressão (5.114) pode ser aproximada por (5.115).

$$\Delta L_{0_i} \cong \frac{a_i \Delta a_i + h_{y_i} \Delta h_{y_i}}{L_{0_i}} \quad (5.115)$$

O deslocamento do isolador altera o comprimento dos vãos e as condições dos condutores nos vãos adjacentes. Aplicando a Equação (5.93) ao vão i e assumindo que na condição inicial todos os isoladores estão na posição vertical e a tração horizontal em todos os vãos é igual a H_0, obtém-se a Equação (5.116).

$$L_{2,i} = L_{1,i} + L_{1,i}\varepsilon_{ti}\left(T_{c2,i} - T_{c1,i}\right) + L_{1,i}\left(\bar{S}_{2,i} - \bar{S}_{1,i}\right) / \left(E_{ci} S_i\right) \quad (5.116)$$

Como está sendo proposta uma abordagem da equação de mudança de estado para condutores diferentes em uma mesma seção de tensionamento, a princípio, considera-se que o condutor do vão a_i tem módulo de elasticidade E_{c_i}, coeficiente de dilatação térmica ε_{ti}, seção transversal S_i, na condição inicial está a uma temperatura $T_{1,i}$ e na condição final a uma temperatura $T_{2,i}$. Substituindo as Equações (5.97), (5.98) e (5.101) em (5.116), resulta na Equação (5.117).

$$\begin{aligned} L_{02,i}\left(1 + \bar{L}_{2,i}\right) &= L_{01,i}\left(1 + \bar{L}_{1,i}\right) + L_{01,i}\varepsilon_{ti}\left(1 + \bar{L}_{1,i}\right)\left(T_{c2,i} - T_{c1,i}\right) + \\ &+ \frac{L_{01,i}\left(1 + \bar{L}_{1,i}\right)}{a_i E_{ci} S_i}\left[L_{02,i}\left(1 + \bar{L}_{2,i}\right) X_i H_0 - L_{01,i}\left(1 + \bar{L}_{1,i}\right) H_0\right] \end{aligned} \quad (5.117)$$

Na Equação (5.117), a tração horizontal $H_{2,i}$ na condição 2 foi expressa como X_iH_0 e na condição 1 a tração horizontal $H_{1,i}$ é igual a H_0. Realizando os produtos do primeiro membro e do primeiro termo do segundo membro da Equação (5.117), obtém-se a Equação (5.118).

$$\begin{aligned} & L_{01,i} + L_{01,i}\bar{L}_{1,i} - L_{02,i} - L_{02,i}\bar{L}_{2,i} + L_{01,i}\varepsilon_{ti}\left(1+\bar{L}_{1,i}\right)\left(T_{c2,i} - T_{c1,i}\right) + \\ & + \frac{L_{01,i}\left(1+\bar{L}_{1,i}\right)}{a_iE_{ci}S_i}\left[L_{02,i}\left(1+\bar{L}_{2,i}\right)X_iH_0 - L_{01,i}\left(1+\bar{L}_{1,i}\right)H_0\right] = 0. \end{aligned} \tag{5.118}$$

Substituindo a Equação (5.115) na Equação (5.118) e considerando em seguida que $L_{0_{1,i}} \cong L_{0_{2,i}} \cong L_{0_i}$, obt*é*m-se a Equação (5.119).

$$\begin{aligned} & \left(\bar{L}_{1,i} - \bar{L}_{2,i}\right) + \left(1+\bar{L}_{1,i}\right)\frac{L_{0i}}{a_iE_{ci}S_i}\left[\left(1+\bar{L}_{2,i}\right)X_iH_0 - \left(1+\bar{L}_{1,i}\right)H_0\right] + \\ & + \left(1+\bar{L}_{1,i}\right)\varepsilon_{ti}\left(T_{c2,i} - T_{c1,i}\right) - \frac{a_i\Delta a_i + h_{yi}\Delta h_{yi}}{L_{0i}^2} = 0 \end{aligned} \tag{5.119}$$

Um sistema com n equações para a tração horizontal do condutor $H_{2,i} = X_iH_0$ (i = 1, 2, 3, ..., n) pode ser obtido da Equação (5.119), onde n é o número de vãos na seção de tensionamento e cada equação do sistema é expressa pela Equação (5.120).

$$X_i^4\left(K_1X_i + K_2 - C_i\right) + \left(K_3X_i^2 + K_4\right)\left(K_1X_i - \frac{E_{ci}S_i}{H_0}\right)\frac{a_i^2}{L_{0i}^2} = 0 \tag{5.120}$$

Na Equação (5.120), os termos C_i, $K_{1,i}$, $K_{2,i}$, $K_{3,i}$ e $K_{4,i}$ *são* obtidos pelas Equaç*ões* (5.121), (5.122), (5.123), (5.124) e (5.125), respectivamente.

$$\begin{aligned} C_i(X_{i-1}, X_i, X_{i+1}) = {} & \frac{E_{c_i}S_ia_i}{H_0L_{0_i}^2}\left\{\left[\frac{X_{i+1} - X_i}{\sqrt{(G_{k_{i+1}}/H_0)^2 + (X_{i+1} - X_i)^2}}L_{k_{i+1}} - \delta_{0_{i+1}}\right] - \right. \\ & \left. - \left[\frac{X_i - X_{i-1}}{\sqrt{(G_{k_i}/H_0)^2 + (X_i - X_{i-1})^2}}L_{k_i} - \delta_{0_i}\right]\right\} + \frac{E_{c_i}S_ih_i}{H_0L_{0_i}^2}\left\{\left[\left(1 - \right.\right.\right. \\ & \left.\left. - \frac{G_{k_{i+1}}/H_0}{\sqrt{(G_{k_{i+1}}/H_0)^2 + (X_{i+1} - X_i)^2}}\right)L_{k_{i+1}} - \varepsilon_{0_{i+1}}\right] - \left[\left(1 - \right.\right. \\ & \left.\left.\left. - \frac{G_{k_i}/H_0}{\sqrt{(G_{k_i}/H_0)^2 + (X_i - X_{i-1})^2}}\right)L_{k_i} - \varepsilon_{0_i}\right]\right\} \end{aligned} \tag{5.121}$$

$$K_{1,i} = \left(1 + \bar{L}_{1,i}\right)\frac{L_{0i}}{a_i}, \tag{5.122}$$

$$K_{2,i} = -\left(1 + \bar{L}_{1,i}\right)^2 \frac{L_{0i}}{a_i} + \frac{E_{ci}S_i}{H_0}\bar{L}_{1,i} + \frac{E_{ci}S_i}{H_0}\varepsilon_{ti}\left(1 + \bar{L}_{1,i}\right)\left(T_{c2,i} - T_{c1,i}\right), \tag{5.123}$$

$$K_{3,i} = \frac{a_i^2\left(m_{c_{2,i}} g\right)^2}{24H_0}, \tag{5.124}$$

$$K_{4,i} = \frac{a_i^4\left(m_{c_{2,i}} g\right)^4}{720H_0^4} - \frac{a_i^2}{L_{0i}^2}\left[\frac{a_i^4\left(m_{c_{2,i}} g\right)^4}{1152H_0^4}\right], \tag{5.125}$$

A aplicação da Equação (5.120) aos n vãos da seção de tensionamento forma um sistema de n equações não lineares onde as incógnitas são as razões entre as tensões do estado inicial e final (X_i) nos vãos da LT. O sistema de equações pode ser reescrito como expresso na Equação (5.126).

$$f(X) = \begin{bmatrix} f_1(X) \\ f_2(X) \\ \vdots \\ f_i(X) \\ \vdots \\ f_n(X) \end{bmatrix} = \begin{bmatrix} f_1(X_1, X_2, ..., X_n) \\ f_2(X_1, X_2, ..., X_n) \\ \vdots \\ f_i(X_1, X_2, ..., X_n) \\ \vdots \\ f_n(X_1, X_2, ..., X_n) \end{bmatrix} = 0 \tag{5.126}$$

onde $f_i(X)$ corresponde à Equação (5.120). A não linearidade dessas funções impossibilita a resolução direta do sistema com um número finito de passos. É preciso utilizar um método iterativo. Para encontrar a solução do sistema, será utilizado o método de Newton-Raphson, que converge quando a estimativa inicial está próxima da raiz. Admitindo uma estimativa inicial X_0, as próximas iterações do método são expressas em conformidade com a Equação (5.127).

$$X_{V+1} = X_V + \left[F_V\right]^{-1} f\left(X_V\right) \tag{5.127}$$

A matriz F_v representa a matriz jacobiana de f(X) e pode ser determinada pela Equação (5.128).

$$F_V(X) = \begin{bmatrix} f_{11}(X) & f_{12}(X) & \dots & f_{1n}(X) \\ f_{21}(X) & f_{22}(X) & \dots & f_{2n}(X) \\ \vdots & \vdots & \ddots & \vdots \\ f_{n1}(X) & f_{n2}(X) & \dots & f_{nn}(X) \end{bmatrix}, \tag{5.128}$$

onde cada $f_{ik}(X)$ pode ser obtido pela Equação (5.129).

$$f_{ik}(X) = \frac{\partial f_i(X_1,\ldots,X_n)}{\partial X_k} \quad i,k = 1,2,\ldots,n \tag{5.129}$$

Devido à complexidade de derivar a função $f_i(X)$ em relação a X_k, a Expressão (5.129) pode ser aproximada pela Equação (5.130).

$$f_{ik}(X) = \frac{f_i(X_1,\ldots,X_k + p_k, X_n) - f_i(X_1,\ldots,X_k p_k, X_n)}{2p_k} \tag{5.130}$$

A quantidade p_k representa o elemento do vetor P_k que deve ser selecionado de forma adequada para o comprimento dos passos das iterações.

5.3.5 VALIDAÇÃO DA METODOLOGIA

A partir do método descrito na seção anterior, foi desenvolvido um programa em linguagem MATLAB® para sua resolução. O usuário deve fornecer as características do tramo (número, comprimento e desnível dos vãos); tipo, comprimento e peso das cadeias de isoladores utilizadas em cada estrutura; condição inicial e final; dados do condutor original e especial; trechos da seção de tensionamento onde o condutor especial será aplicado; parâmetros meteorológicos da região onde a LT está inserida.

A aplicação dos condutores especiais em determinados trechos da seção de tensionamento, sem substituição dos condutores dos outros vãos, pode produzir temperaturas diferentes no mesmo tramo. A temperatura do condutor especial na condição final é determinada pela aplicação do modelo do IEEE, considerando uma corrente igual à ampacidade da LT. Essa temperatura complementa os dados de entrada e possibilita a execução do programa.

Além da tração final em todos os vãos do tramo, o programa disponibiliza como dados de saída as flechas ou distâncias do condutor ao solo no estado inicial e final, os deslocamentos horizontal e vertical de todas as cadeias de isoladores, as variações das distâncias do condutor ao solo devido à mudança de estado, os esforços longitudinais nas estruturas e a visualização do perfil do tramo no estado inicial e final. Na Figura 5.34, é ilustrado um fluxograma simplificado do programa desenvolvido.

O principal objetivo do programa, e grande diferencial em relação aos programas disponíveis comercialmente, é a resolução da equação de mudança de estado para tramos que têm condutores diferentes. No entanto, pode ser perfeitamente utilizado em seções de tensionamento com cabos iguais.

A validação do programa foi realizada por intermédio dos exemplos disponíveis na literatura. Um dos mais utilizados para validação foi apresentado pela força-tarefa do IEEE com o intuito de avaliar as limitações do método de vão regulador (MOTLIS *et al.*, 1999), conforme comentado anteriormente. O exemplo de validação consiste em uma seção de tensionamento com as seguintes características:

- condutor: CAA Lawping 45/7;
- temperatura inicial do condutor: 10 °C;
- temperatura final do condutor: 100 °C;
- tramo: 10 vãos;
- comprimento das cadeias de suspensão: 1,52 m;
- peso da cadeia de suspensão: 54 kgf;
- tração horizontal inicial: 3815 kgf.

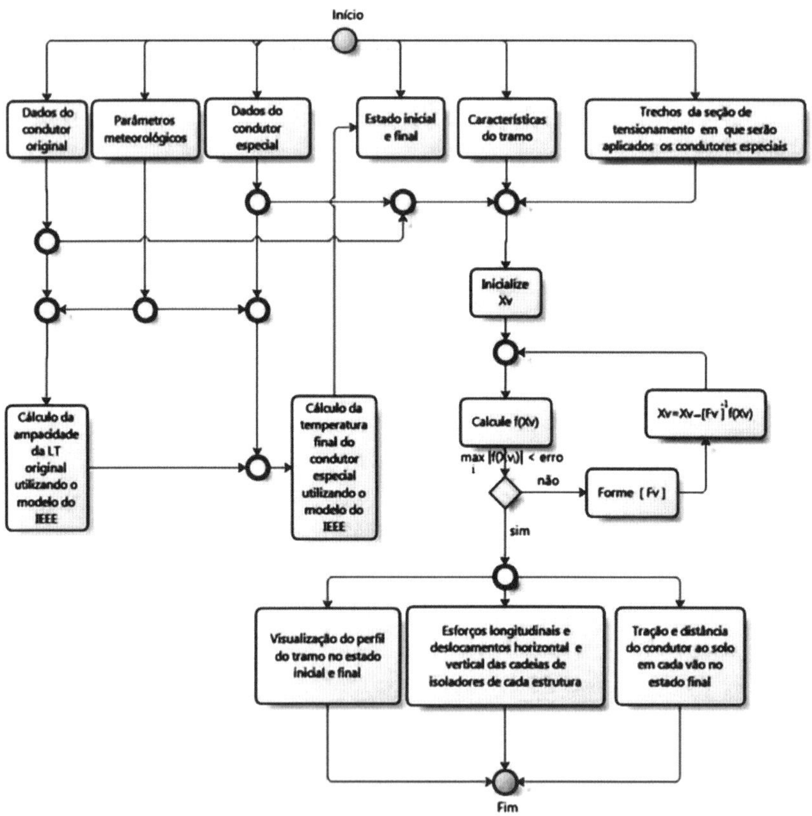

Figura 5.34 – Fluxograma simplificado do programa desenvolvido.

Os comprimentos dos vãos estão relacionados na Tabela 5.11. Na mesma Tabela, são comparados os resultados obtidos pelo algoritmo desenvolvido com os valores constantes nas referências (FILHO; LISBOA; JUNIOR, 2003; MOTLIS *et al.*, 1999; KESHAVARZIAN; PRIEBE, 2000). A segunda e a quarta colunas correspondem aos resultados da aplicação do método do vão regulador e do vão regulador modificado, respectivamente. Na terceira coluna, constam as médias dos valores obtidos por seis programas computacionais desenvolvidos por pesquisadores diferentes, divulgados pela força-tarefa do IEEE. Também são apresentados os valores encontrados pelo método desenvolvido por pesquisadores do Cepel. Pode-se constatar, pela análise dos dados da

Tabela 5.11, a consonância entre os resultados obtidos com o algoritmo desenvolvido e os resultados disponíveis na literatura para vãos nivelados de comprimentos diferentes a altas temperaturas.

Tabela 5.11 – Flechas do condutor Lawping à temperatura de 100 °C em dez vãos contínuos obtidos por Filho, Lisboa e Junior (2003), Motlis et al. (1999) e Keshavarzian e Priebe (2000) e pelo programa desenvolvido

Vão [m]	Flecha [m]				
	Vão regulador	Média de seis programas	Vão regulador modificado	Cepel	Programa desenvolvido
213,4	5,5	5,8	5,8	5,8	5,8
350,5	14,9	15,3	15,2	15,2	15,2
228,6	6,3	6,8	6,7	6,7	6,7
137,2	2,3	2,5	2,4	2,4	2,4
274,3	9,1	9,7	9,6	9,6	9,6
228,6	6,3	6,6	6,5	6,6	6,5
289,6	10,1	10,2	10,1	10,1	10,1
457,2	25,3	23,8	23,6	23,7	23,7
259,1	8,1	8,2	8,1	8,1	8,2
198,1	4,8	4,9	4,9	4,9	4,9

Ainda considerando o mesmo exemplo, na Tabela 5.12 são comparados os valores das trações horizontais em cada vão obtidos aplicando o método do vão regulador modificado (MOTLIS *et al.*, 1999) e o algoritmo proposto. Para a análise, foram mantidas as unidades utilizadas no artigo que contém os dados mostrados na Tabela citada com o intuito de evitar erros de arredondamento durante a conversão das unidades. A maior diferença entre os valores é inferior a 2%.

Tabela 5.12 – Tração horizontal em vãos desiguais e nivelados

Vão [m]	Tração horizontal [lb]	
	Vão regulador modificado	Programa desenvolvido
213,4	5772	5794
350,5	5918	5922
228,6	5738	5715
137,2	5695	5672
274,3	5777	5744
228,6	5870	5865
289,6	6098	6097
457,2	6498	6457
259,1	6082	5982
198,1	5925	5812

Já na Tabela 5.13 são comparados os valores das trações horizontais em vãos desiguais e desnivelados encontradas pelo método desenvolvido por pesquisadores do Cepel com os resultados obtidos utilizando o algoritmo desenvolvido. Os valores foram calculados para uma seção de tensionamento com as seguintes condições:

- condutor: CAA Linnet;
- temperatura inicial do condutor: 25 °C;
- temperatura final do condutor: 70 °C e 100 °C;
- tramo: 20 vãos;
- comprimento da cadeia de suspensão: 2,5 m;
- peso da cadeia de suspensão: 80 kgf;
- tração horizontal inicial: 6393 kgf.

Tabela 5.13 – Tração horizontal em vãos desiguais e desnivelados

Vão [m]	Desnível [m]	Tração horizontal [kgf]			
		70 °C		100 °C	
		Cepel	Programa desenvolvido	Cepel	Programa desenvolvido
290	-1,7	1017	1020	902	906
310	-3,1	1021	1023	909	911
340	-1,6	1027	1026	918	917
340	3,2	1028	1028	920	918
330	0,2	1025	1026	915	915
280	1,5	1021	1022	908	910
330	-3,3	1023	1023	912	912
310	-4,3	1021	1022	911	911
320	-2,6	1022	1022	912	912
330	0,6	1022	1021	912	911
340	2,9	1018	1018	908	907
310	2,7	1008	1010	893	896
170	3,7	1000	1002	879	884
280	-2,7	1000	1002	883	885
360	-3,9	1005	1004	892	889
290	1,5	994	994	876	874
250	1,3	983	985	859	860
250	-4,2	976	980	849	853
270	-0,4	974	978	846	850
260	-0,4	972	976	844	849

Os comprimentos e desníveis dos vãos constam na Tabela. Uma análise dos dados da tabela mostra a coerência dos resultados obtidos pelo algoritmo para vãos nivelados e desnivelados a altas temperaturas. Para as condições estudadas, o método do vão regulador modificado não poderia ser aplicado, pois os vãos utilizados são desnivelados. A pequena diferença observada entre os valores de tração contidos na Tabela 5.13 se deve ao fato de que, conforme citado anteriormente, o método do Cepel considera apenas o deslocamento longitudinal da cadeia de isoladores, enquanto o programa desenvolvido leva em conta os deslocamentos horizontais e verticais de todas as cadeias. O programa desenvolvido apresenta a vantagem adicional de possibilitar aplicações de condutores diferentes em um mesmo tramo.

5.3.6 CONSIDERAÇÕES FINAIS SOBRE O COMPORTAMENTO ELETROMECÂNICO DOS CONDUTORES

As equações tradicionais que descrevem a relação entre a temperatura, o comprimento do vão e a tração mecânica dos condutores são totalmente válidas para vãos isolados. No caso de vãos contínuos de uma seção de tensionamento, seu comportamento mecânico pode ser analisado utilizando o vão regulador. Entretanto, esse procedimento não fornece resultados precisos para vãos desiguais com condutores operando a altas temperaturas. Existem vários métodos que procuram contornar essa limitação. Neste tópico, foi proposta uma metodologia, a partir da qual foi desenvolvido um programa para cálculo das flechas e tensões em uma seção de tensionamento com condutores diferentes em vãos nivelados ou desnivelados a qualquer temperatura. A vantagem da metodologia proposta está na possibilidade de utilizar condutores especiais em vãos com restrições na altura de segurança. Dentro de uma mesma seção de tensionamento, passam a existir comportamentos elásticos diferentes se os condutores tiverem módulos de elasticidade, coeficientes de variação com a temperatura ou seções transversais distintas. Uma ampla gama de combinações para os condutores disponíveis comercialmente pode ser avaliada de forma a se obter o maior ganho na distância de segurança.

No próximo tópico, serão realizados estudos para diversos condutores especiais aplicados em conjunto com cabos CAA em uma mesma seção, visando determinar os ganhos na altura do condutor ao solo ou a algum obstáculo e apresentar as limitações das aplicações.

5.4 ESTUDOS DE CASO

Para avaliar a aplicação de condutores diferentes em uma mesma seção de tensionamento, será considerada como referência uma linha de transmissão projetada para operar com um circuito simples formado por cabos CAA Grosbeak 636 MCM. A LT é constituída por oito vãos iguais e nivelados, cada um com 200 m de comprimento. As duas estruturas da extremidade são de amarração e as sete estruturas intermediárias são de suspensão. As cadeias de isoladores de suspensão têm 2,5 m de comprimento e 80 kgf de peso.

Os condutores foram tensionados inicialmente a uma temperatura de 25 °C com 20% de sua tração de ruptura. O limite térmico da linha é de 60 °C, mas tem capacidade de operar a 65 °C sem que haja superação das distâncias mínimas de segurança. A distância do condutor ao solo e as trações horizontais em todos os vãos são iguais devido ao fato de os vãos terem o mesmo comprimento e estarem nivelados.

Por meio do programa desenvolvido, foi obtida a Figura 5.35, na qual é ilustrada a mudança de estado de uma temperatura de 25 °C para 60 °C na LT em estudo, e tração mecânica horizontal de 1.648 kgf para o condutor a 60 °C. Aplicando as condições da Tabela 5.2 ao modelo do IEEE, verifica-se que a ampacidade da linha é de 619,5 A. A distância do condutor ao solo nestas condições será utilizada como referência para determinar o aumento ou redução de seu valor em cada vão com a aplicação dos condutores especiais. A diferença entre as distâncias do cabo ao solo para as temperaturas de 60 °C e 65 °C, obtidas também pela aplicação do programa, é de 0,13 m. Esse valor pode ser reduzido sem comprometer os limites normativos.

A proposta da metodologia apresentada é corrigir as distâncias do cabo ao solo devido a alterações que surgiram durante a operação da linha ou imprecisões ocorridas na sua fase de construção. Em vez de simular o surgimento de determinado tipo de obstáculo que porventura ocasione a superação dos valores permitidos por norma, serão assumidas determinadas violações e a substituição dos condutores originais por condutores especiais, nos vãos que apresentem restrições, e analisados os ganhos da solução proposta.

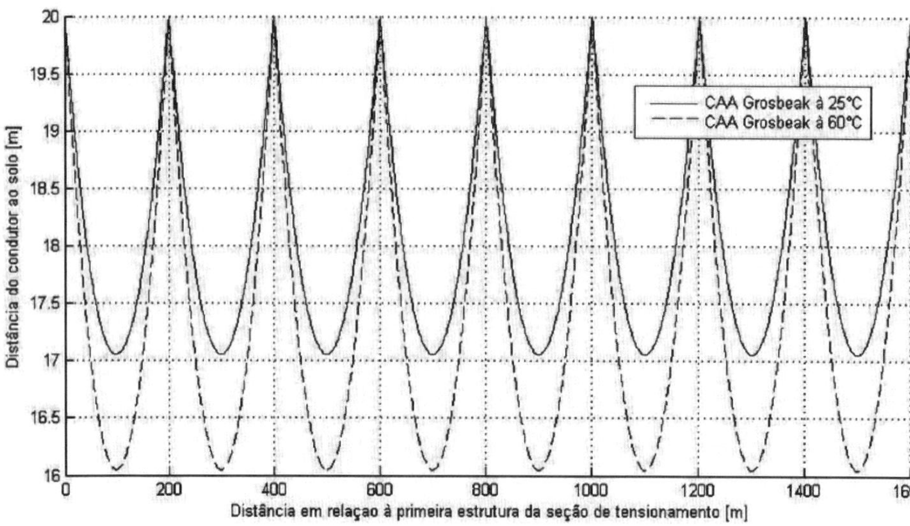

Figura 5.35 – Variação das distâncias do condutor ao solo devido à mudança de estado em uma seção de tensionamento constituída por cabos CAA Grosbeak.

Uma primeira solução a se analisar é a substituição do cabo CAA Grosbeak 636 MCM por seu correspondente ACCR. Na Figura 5.36, são apresentadas as distâncias do condutor ao solo para o cabo ACCR 636-T16 sob as mesmas condições aplicadas ao cabo CAA Grosbeak.

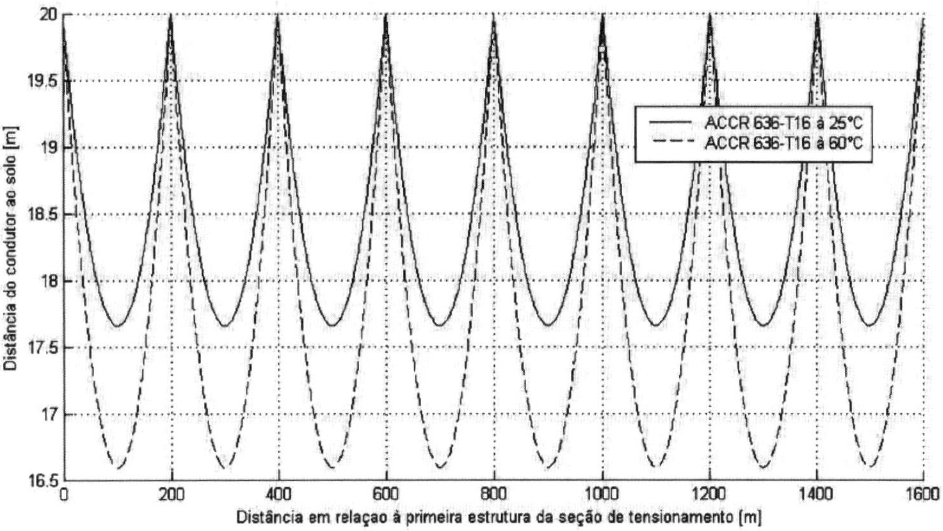

Figura 5.36 – Variação das distâncias do condutor ao solo devido à mudança de estado em uma seção de tensionamento constituída por cabos ACCR 636-T16.

Pode-se verificar um aumento de 0,67 m na distância do condutor ao solo em relação à linha original, que corresponde aproximadamente à diferença entre as distâncias de segurança entre uma travessia de máquinas agrícolas e uma de pedestre para LT de 69 kV, 138 kV ou 230 kV (BEZERRA; AMARAL; JUNIOR, 1998). Vale ressaltar que a técnica proposta é de aplicação pontual, e isso justifica sua relação custo-benefício. A substituição de todos os condutores não legitima o ganho obtido para o tipo de aplicação desejada.

5.4.1 ESCOLHA DOS CONDUTORES

O cabo desejado para correção das distâncias de segurança deve produzir uma flecha inferior à do cabo CAA Grosbeak para uma mesma temperatura. Dessa forma, a utilização de alguns condutores descritos na Seção 5.1 é preterida. Por exemplo, os cabos ZTACIR têm um valor de temperatura entre 85 °C e 100 °C, acima do qual prevalece o efeito de inibição de flecha. Para o limite térmico considerado na LT de referência, o ZTACIR apresentaria comportamento semelhante ao do CAA. Por exemplo, a menor tração de ruptura e o menor módulo de elasticidade do ACSS em relação a um CAA de mesma bitola produzem flechas superiores.

Os cabos T-CAA, ZTACSR e XTACSR têm as mesmas características elétricas e mecânicas dos cabos CAA. A vantagem dos cabos termorresistentes é a possibilidade de operar a altas temperaturas. Para uma temperatura de 60 °C, as flechas seriam aproximadamente iguais às produzidas pelos cabos CAA de bitola equivalente.

Os cabos GZTACSR têm um comportamento elétrico e mecânico semelhante ao do CAA para temperaturas inferiores à vigente durante o lançamento dos cabos. Acima desse valor, a tração mecânica é aplicada apenas à alma de aço e os coeficientes de dilatação linear e de alongamento do cabo passam a depender quase que exclusivamente da alma de aço. O cabo GZTACSR seria uma boa opção a ser estudada, caso não fossem necessárias técnicas de pré-tensionamento e uso de ferragens especiais.

Os cabos ACCC reúnem as características necessárias a essa aplicação, porém seu custo é bastante elevado e requer os mesmos cuidados dedicados ao ACSS em virtude de sua reduzida dureza superficial.

O baixo peso, reduzido coeficiente de dilatação linear e alta resistência mecânica do ACCR o tornam uma opção apropriada para o estudo. A capacidade de operar a altas temperaturas do cabo ACCR pode ser aproveitada pela escolha de cabos de bitola inferior ao do cabo CAA Grosbeak.

O cabo CAL também é uma boa alternativa, desde que o impacto do seu baixo peso no cálculo da flecha não seja superado pelo elevado coeficiente de dilatação linear. Para manter a ampacidade original da linha, não é possível utilizar um cabo CAL de bitola inferior ao do cabo CAA Grosbeak.

A partir do exposto, foram escolhidos os seguintes cabos para análise do comportamento mecânico da seção de tensionamento:

- CAL Flint;
- ACCR 336-T16;
- ACCR 397-T16;
- ACCR 477-T16;
- ACCR 556-T16;
- ACCR 636-T16.

A ampacidade da LT é determinada pelo CAA Grosbeak e tem valor de 619,5 A. Sob as mesmas condições, a aplicação do cabo CAL Flint fornecerá a mesma ampacidade para a LT. Na Figura 5.37, é ilustrada a variação da ampacidade em função da temperatura do condutor, calculada aplicando a equação de equilíbrio térmico do modelo do IEEE aos cabos ACCR escolhidos com as condições especificadas na Tabela 5.2. A partir desta figura, foram obtidas as temperaturas destes cabos quando percorridos por uma corrente elétrica de 615,9 A. Os valores das temperaturas são mostrados na Tabela 5.14.

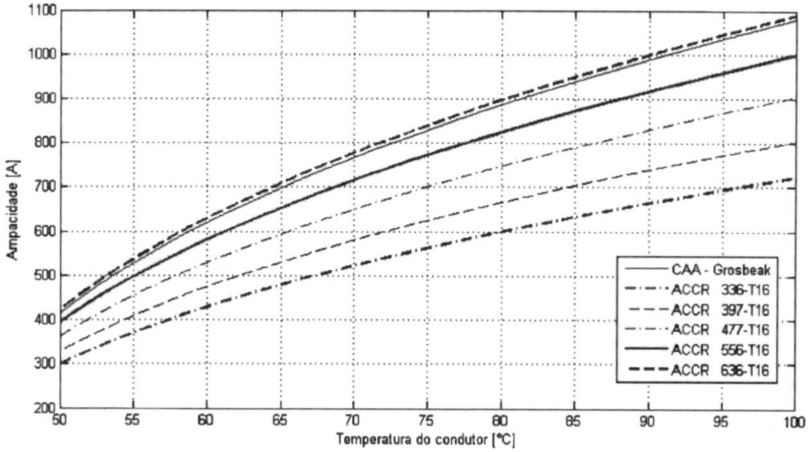

Figura 5.37 – Variação da ampacidade em função da temperatura para os cabos CAA Grosbeak, ACCR 336-T16, ACCR 397-T16, ACCR 477-T16, ACCR 556-T16 e ACCR 636-T16.

Tabela 5.14 – Temperatura de vários cabos para uma corrente elétrica de 615,9 A

Cabo	Temperatura [°C]
Grosbeak	60,0
ACCR 336-T16	82,9
ACCR 397-T16	74,3
ACCR 477-T16	67,2
ACCR 556-T16	62,6
ACCR 636-T16	59,4

5.4.2 DESCRIÇÃO DOS CASOS

Os condutores escolhidos foram aplicados nos quatro vãos centrais da LT. Para garantir que eles estejam limitados aos vãos, a terceira e sétima estrutura são convertidas de suspensão em falsa amarração, surgindo as seguintes possibilidades:

- elemento vertical do conjunto de suspensão ancorado com mesmo comprimento da cadeia de suspensão;
- elemento vertical do conjunto de suspensão ancorado com metade do comprimento da cadeia de suspensão;
- elemento vertical do conjunto de suspensão ancorado constituído por uma haste de 0,5 m;
- conjunto de suspensão ancorado sem elemento vertical.

As principais diferenças entre os quatro conjuntos estão relacionadas ao esforço vertical transferido à estrutura e ao ganho na altura. Além do peso dos condutores dos vãos adjacentes ao apoio, deve ser considerado o peso de todos os isoladores do conjunto. Quanto ao ganho de altura, ela seria maior se os conjuntos fossem aplicados nas estruturas de um mesmo vão. Nos quatro casos estudados neste tópico, todos os cabos foram tensionados inicialmente a 25 °C, com 20% da tração de ruptura do cabo CAA Grosbeak.

- **Caso 1**: elemento vertical do conjunto de suspensão ancorado com comprimento igual ao da cadeia de suspensão

Na Tabela 5.15, é mostrada a variação, em todos os vãos da seção de tensionamento, das distâncias do condutor ao solo em relação aos valores da LT de referência, quando os cabos são percorridos por uma corrente de 615,9 A. Os valores positivos indicam um aumento na distância e os valores negativos uma redução. Como citado anteriormente, a LT em estudo pode operar com um limite de 65 °C, correspondendo a uma redução nas distâncias do condutor ao solo de 0,13 m.

Mantendo o limite térmico original, é possível aplicar os condutores especiais desde que a diminuição das distâncias do cabo ao solo não seja superior a 0,13 m. Analisando a Tabela 5.15, pode ser verificado que o único condutor que satisfaz essa condição em todos os vãos da seção de tensionamento é o cabo ACCR 636-T16. O menor ganho na altura do cabo é de 0,66 m. Esse valor é aproximadamente igual ao encontrado quando o cabo ACCR 636-T16 é aplicado a toda a seção de tensionamento. Ou seja, além do alto custo associado à substituição de todos os condutores do tramo, o ganho na distância de segurança ainda seria praticamente o mesmo da técnica apresentada neste trabalho.

Tabela 5.15 – Variação das distâncias do condutor ao solo

Condutor dos vãos centrais		Ganho na distância do condutor ao solo por vão [m]							
		1	2	3	4	5	6	7	8
	CAL Flint	-0,21	-0,21	0,63	0,62	0,62	0,63	-0,21	-0,21
ACCR	636-T16	-0,05	-0,05	0,66	0,66	0,66	0,66	-0,05	-0,05
ACCR	556-T16	-0,13	-0,14	0,99	0,99	0,99	0,99	-0,14	-0,13
ACCR	477-T16	-0,23	-0,24	1,35	1,34	1,34	1,35	-0,24	-0,23
ACCR	397-T16	-0,34	-0,36	1,71	1,71	1,71	1,71	-0,36	-0,35
ACCR	336-T16	-0,45	-0,47	2,00	2,00	2,00	2,00	-0,48	-0,46

Na Tabela 5.16, é registrada a tração horizontal nos cabos de cada vão, quando os condutores são percorridos por uma corrente de 615,9 A. De forma geral, houve uma diminuição do seu valor em relação ao da LT de referência. Devido ao menor peso do cabo utilizado nos quatro vãos centrais do tramo, as cadeias de falsa amarração se deslocam no sentido dos vãos com os cabos de maior peso, provocando, além de um abaixamento nesses cabos, uma redução de sua tração horizontal.

Quanto maior o deslocamento, maior será a redução e maior será o abaixamento dos cabos. As variações nas distâncias do cabo ao solo do cabo CAA Flint foram superiores ao do cabo ACCR 556-T16; embora o primeiro tenha maior peso por unidade de comprimento, seu módulo de elasticidade é inferior e o coeficiente de dilatação linear é maior, justificando, assim, o resultado.

Tabela 5.16 – Tração horizontal nos condutores

Condutor dos vãos centrais		Tração horizontal em cada vão [10^3 kgf]							
		1	2	3	4	5	6	7	8
	CAL Flint	1,56	1,56	1,55	1,55	1,55	1,55	1,56	1,56
ACCR	636-T16	1,63	1,62	1,62	1,62	1,62	1,62	1,62	1,63
ACCR	556-T16	1,59	1,59	1,58	1,58	1,58	1,58	1,59	1,59
ACCR	477-T16	1,56	1,55	1,54	1,54	1,54	1,54	1,55	1,55
ACCR	397-T16	1,51	1,51	1,50	1,49	1,49	1,50	1,51	1,51
ACCR	336-T16	1,48	1,47	1,45	1,45	1,45	1,45	1,47	1,47

São mostradas, da Figura 5.38 à Figura 5.43, as distâncias dos cabos ao solo, obtidas a partir do algoritmo desenvolvido, de seções de tensionamento com condutores distintos, separados por conjuntos de suspensão ancorados, cujos elementos verticais têm comprimento igual ao das cadeias de suspensão.

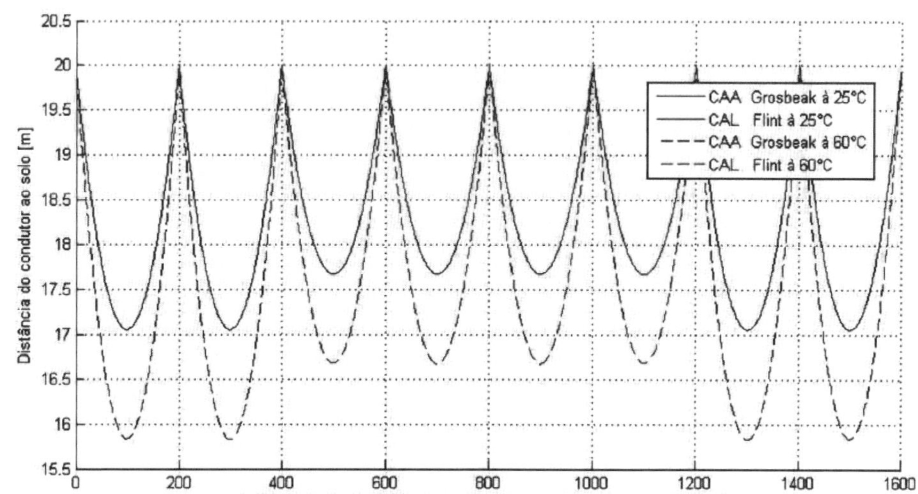

Figura 5.38 – Variação das distâncias do condutor ao solo devido à mudança de estado em uma seção de tensionamento constituída por cabos CAA Grosbeak e CAL Flint.

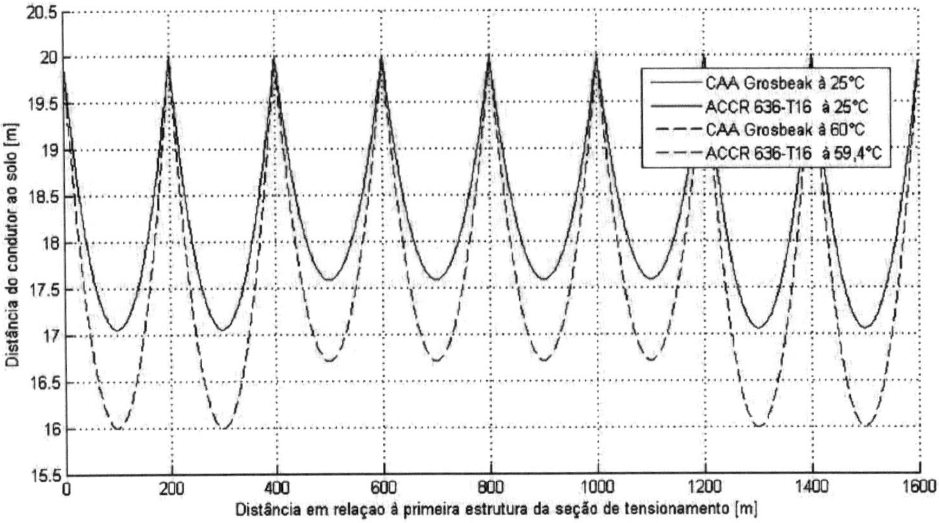

Figura 5.39 – Variação das distâncias do condutor ao solo devido à mudança de estado em uma seção de tensionamento constituída por cabos CAA Grosbeak e ACCR 636-T16.

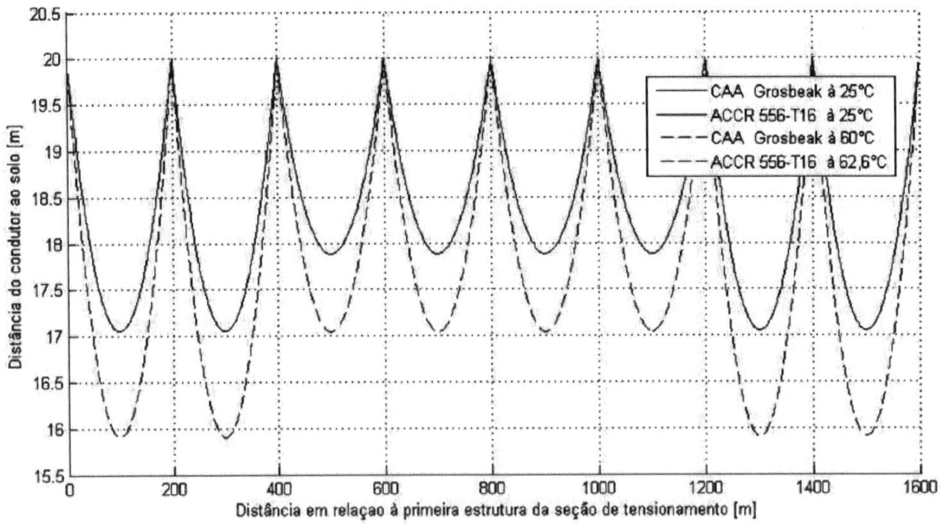

Figura 5.40 – Variação das distâncias do condutor ao solo devido à mudança de estado em uma seção de tensionamento constituída por cabos CAA Grosbeak e ACCR 556-T16.

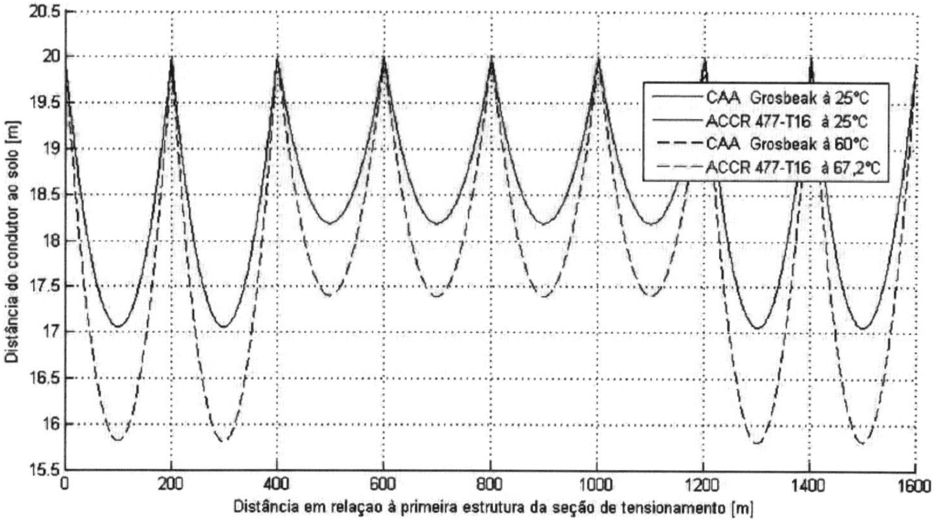

Figura 5.41 – Variação das distâncias do condutor ao solo devido à mudança de estado em uma seção de tensionamento constituída por cabos CAA Grosbeak e ACCR 477-T16.

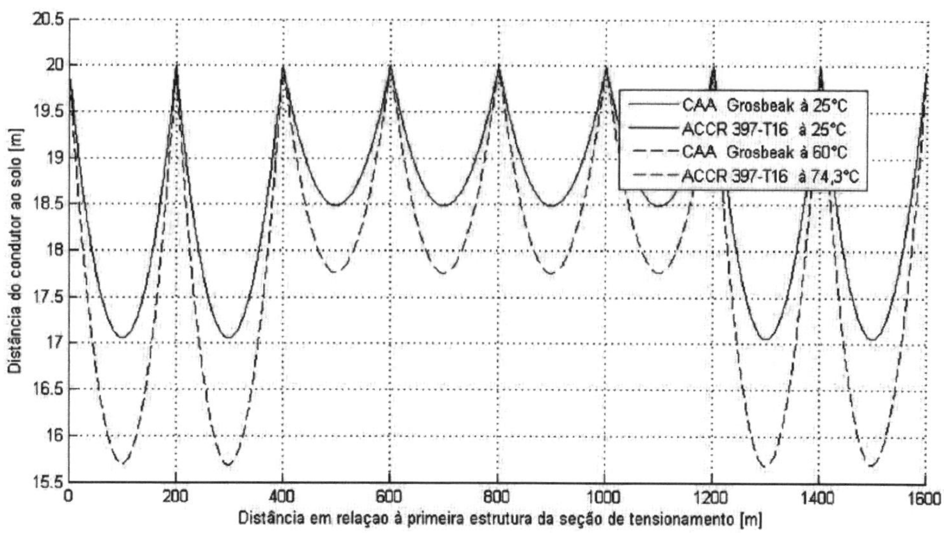

Figura 5.42 – Variação das distâncias do condutor ao solo devido à mudança de estado em uma seção de tensionamento constituída por cabos CAA Grosbeak e ACCR 397-T16.

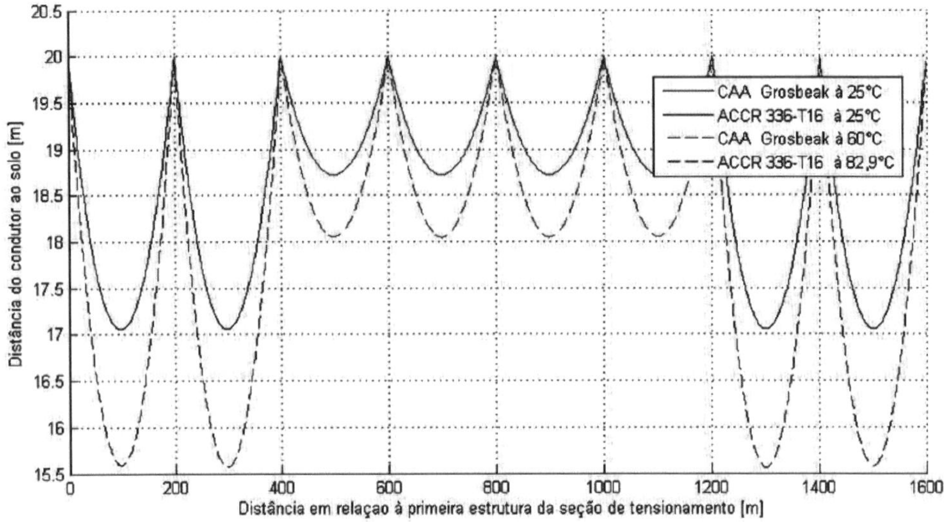

Figura 5.43 – Variação das distâncias do condutor ao solo devido à mudança de estado em uma seção de tensionamento constituída por cabos CAA Grosbeak e ACCR 336-T16.

- **Caso 2**: elemento vertical do conjunto de suspensão ancorado com comprimento igual ao da metade da cadeia de suspensão

Na Tabela 5.17, é apresentada a variação, em todos os vãos da seção de tensionamento, das distâncias do condutor ao solo em relação aos valores da LT de referência quando os cabos são percorridos por uma corrente de 615,9 A. Apenas os cabos ACCR 636-T16 e ACCR 556-T16 satisfazem as condições mínimas para a aplicação desejada. O menor ganho na altura proporcionado pelo primeiro cabo é de 0,66 m e do segundo é de 0,98 m. Em relação às distâncias do cabo ao solo, o efeito da redução do elemento vertical não se mostrou tão significativo; o ganho obtido foi maior nos vãos adjacentes ao suporte que foi convertido de suspensão a falsa amarração.

Tabela 5.17 – Variação das distâncias do condutor ao solo

Condutor dos vãos centrais		Ganho na distância do condutor ao solo por vão [m]							
		1	2	3	4	5	6	7	8
	CAL Flint	-0,20	0,39	1,22	0,62	0,62	1,22	0,39	-0,20
ACCR	636-T16	-0,05	0,54	1,25	0,66	0,66	1,25	0,54	-0,05
ACCR	556-T16	-0,13	0,46	1,58	0,98	0,98	1,58	0,46	-0,13
ACCR	477-T16	-0,22	0,36	1,93	1,34	1,34	1,93	0,36	-0,22
ACCR	397-T16	-0,33	0,25	2,29	1,70	1,70	2,29	0,24	-0,34
ACCR	336-T16	-0,44	0,14	2,57	1,98	1,99	2,57	0,12	-0,45

Na Tabela 5.18, é registrada a tração horizontal nos cabos de cada vão. A redução do comprimento do elemento vertical diminui a liberdade de movimento do conjunto de suspensão dos cabos da falsa amarração e a tração horizontal é distribuída ao longo da seção de forma mais desigual. Com a aplicação do ACCR 636-T16 e do ACCR 556-T16, a diferença é inferior a 9 kgf. A diferença de tração entre dois vãos adjacentes deverá ser absorvida pela estrutura intermediária a eles.

Tabela 5.18 – Tração horizontal nos condutores

Condutor dos vãos centrais		Tração horizontal em cada vão [10^3 kgf]							
		1	2	3	4	5	6	7	8
	CAL Flint	1,57	1,56	1,55	1,55	1,55	1,55	1,56	1,57
ACCR	636-T16	1,6	1,63	1,62	1,62	1,62	1,62	1,63	1,63
ACCR	556-T16	1,59	1,59	1,58	1,58	1,58	1,58	1,59	1,60
ACCR	477-T16	1,56	1,55	1,54	1,54	1,54	1,54	1,55	1,56
ACCR	397-T16	1,52	1,51	1,49	1,49	1,497	1,49	1,51	1,52
ACCR	336-T16	1,48	1,47	1,45	1,44	1,44	1,45	1,47	1,48

Nas Figuras 5.44 a 5.49, são ilustradas as distâncias dos cabos ao solo, obtidas a partir do algoritmo desenvolvido, de seções de tensionamento com condutores distintos separados por conjuntos de suspensão ancorados cujo elemento vertical tem comprimento igual ao da metade das cadeias de suspensão.

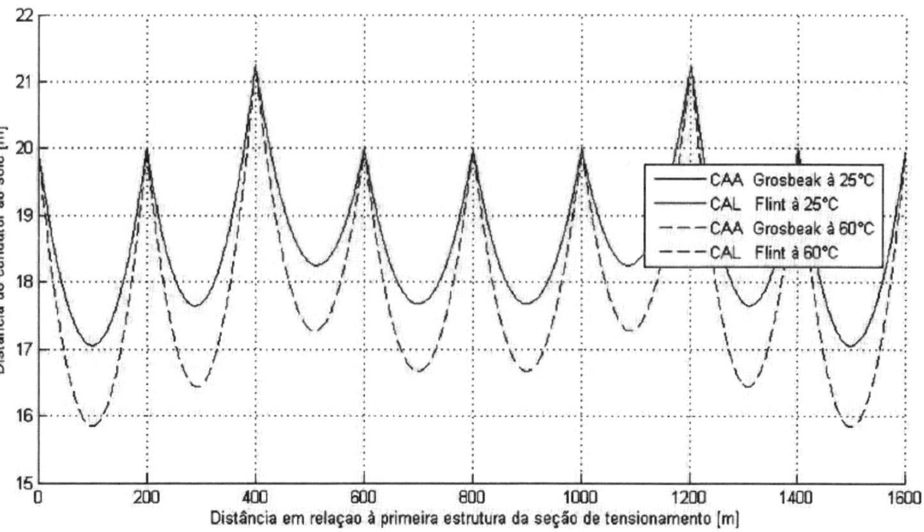

Figura 5.44 – Variação das distâncias do condutor ao solo devido à mudança de estado em uma seção de tensionamento constituída por cabos CAA Grosbeak e CAL Flint.

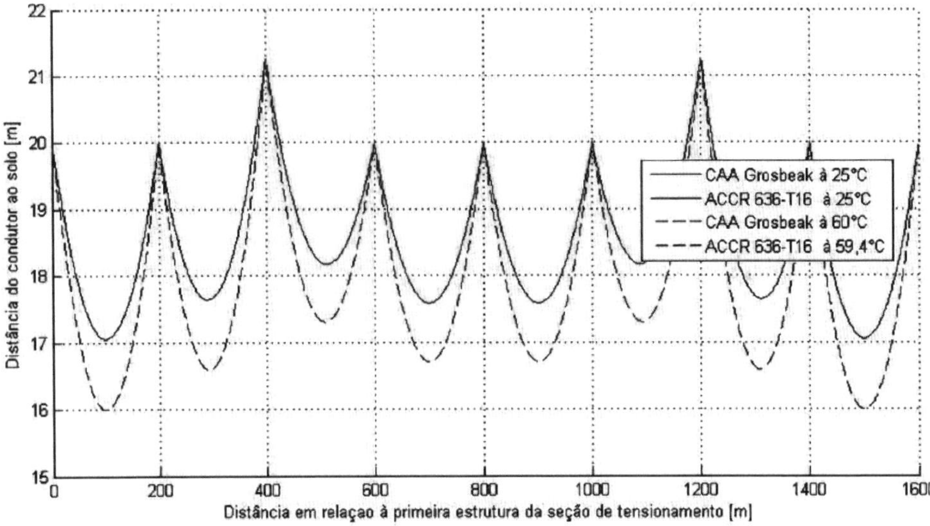

Figura 5.45 – Variação das distâncias do condutor ao solo devido à mudança de estado em uma seção de tensionamento constituída por cabos CAA Grosbeak e ACCR 636-T16.

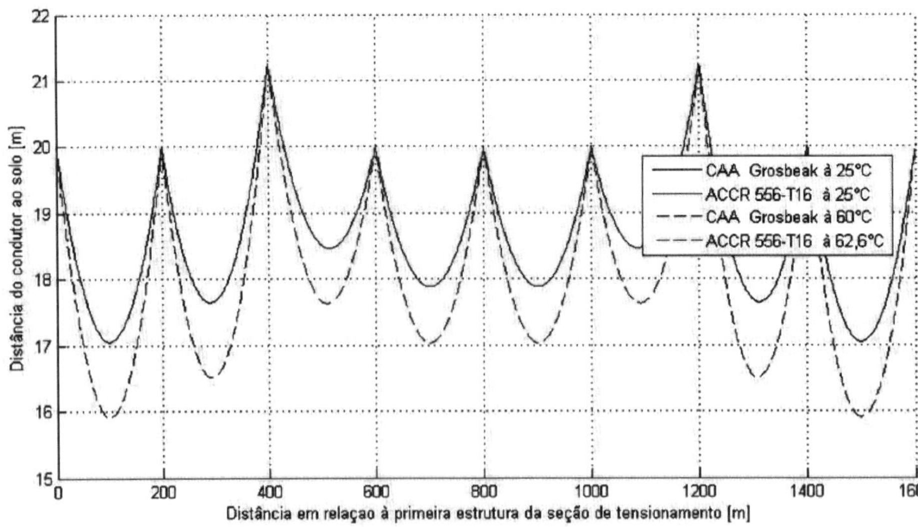

Figura 5.46 – Variação das distâncias do condutor ao solo devido à mudança de estado em uma seção de tensionamento constituída por cabos CAA Grosbeak e ACCR 556-T16.

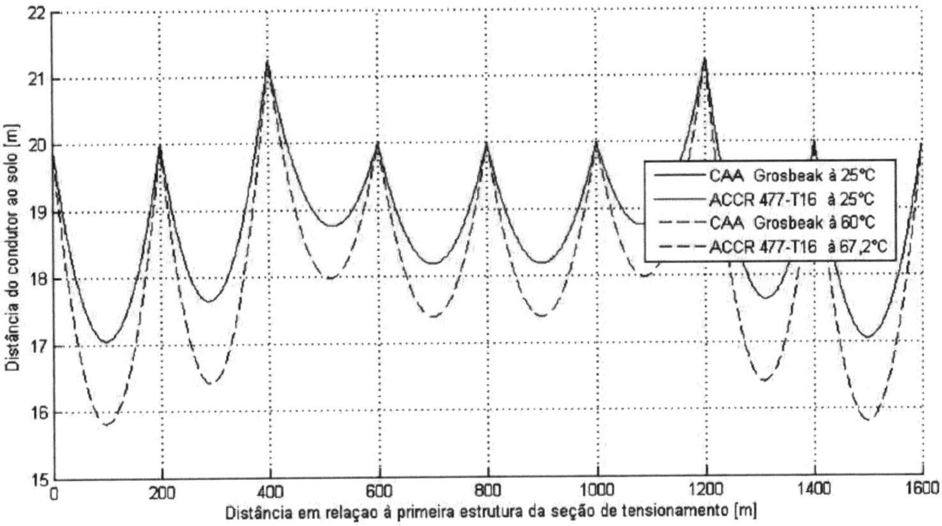

Figura 5.47 – Variação das distâncias do condutor ao solo devido à mudança de estado em uma seção de tensionamento constituída por cabos CAA Grosbeak e ACCR 477-T16.

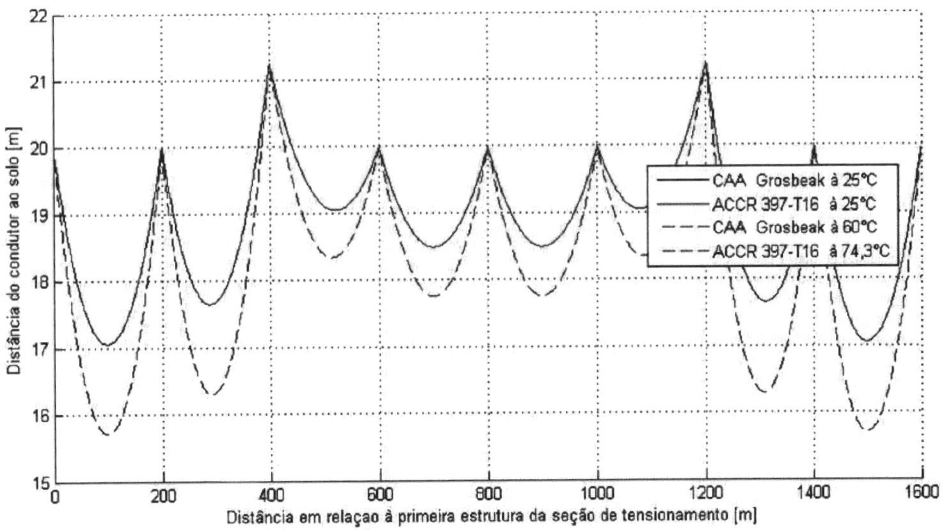

Figura 5.48 – Variação das distâncias do condutor ao solo devido à mudança de estado em uma seção de tensionamento constituída por cabos CAA Grosbeak e ACCR 397-T16.

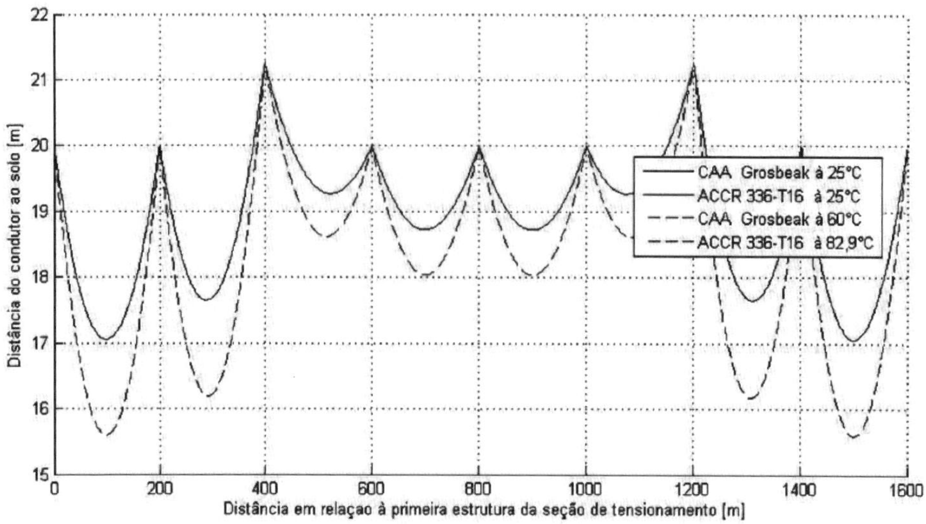

Figura 5.49 – Variação das distâncias do condutor ao solo devido à mudança de estado em uma seção de tensionamento constituída por cabos CAA Grosbeak e ACCR 336-T16.

- **Caso 3**: elemento vertical do conjunto de suspensão ancorado constituído por uma haste de 0,5 m

Na Tabela 5.19, é mostrada a variação, em todos os vãos da seção de tensionamento, das distâncias do condutor ao solo em relação aos valores da LT de referência quando os cabos são percorridos por uma corrente de 615,9 A. Em comparação com o caso anterior, houve um aumento na distância do condutor ao solo, mais significativo nos vãos adjacentes às estruturas de falsa amarração. O aumento foi obtido para todos os cabos analisados, porém apenas os cabos ACCR 636-T16 e ACCR 556-T16 continuam a satisfazer as condições mínimas para a aplicação desejada.

Tabela 5.19 – Variação das distâncias do condutor ao solo

<table>
<tr><th colspan="2" rowspan="2">Condutor dos vãos centrais</th><th colspan="8">Ganho na distância do condutor ao solo por vão [m]</th></tr>
<tr><th>1</th><th>2</th><th>3</th><th>4</th><th>5</th><th>6</th><th>7</th><th>8</th></tr>
<tr><td colspan="2">CAL Flint</td><td>-0,18</td><td>0,74</td><td>1,53</td><td>0,60</td><td>0,60</td><td>1,53</td><td>0,74</td><td>-0,18</td></tr>
<tr><td rowspan="5">ACCR</td><td>636-T16</td><td>-0,04</td><td>0,88</td><td>1,58</td><td>0,65</td><td>0,65</td><td>1,58</td><td>0,88</td><td>-0,04</td></tr>
<tr><td>556-T16</td><td>-0,12</td><td>0,81</td><td>1,89</td><td>0,97</td><td>0,97</td><td>1,89</td><td>0,81</td><td>-0,12</td></tr>
<tr><td>477-T16</td><td>-0,21</td><td>0,72</td><td>2,23</td><td>1,32</td><td>1,32</td><td>2,23</td><td>0,71</td><td>-0,21</td></tr>
<tr><td>397-T16</td><td>-0,31</td><td>0,61</td><td>2,57</td><td>1,67</td><td>1,67</td><td>2,57</td><td>0,60</td><td>-0,32</td></tr>
<tr><td>336-T16</td><td>-0,40</td><td>0,52</td><td>2,84</td><td>1,96</td><td>1,96</td><td>2,84</td><td>0,49</td><td>-0,43</td></tr>
</table>

A redução do comprimento do elemento vertical foi maior do que a do caso anterior e, como esperado, a desigualdade entre as trações horizontais aumentou, conforme pode ser observado na Tabela 5.20. Quanto menor a bitola do condutor utilizado, maior foi a diferença encontrada. Com a aplicação do ACCR 556-T16, a diferença atingiu 20 kgf.

Tabela 5.20 – Tração horizontal nos condutores

Condutor dos vãos centrais		Tração horizontal em cada vão [10^3 kgf]							
		1	2	3	4	5	6	7	8
	CAL Flint	1,57	1,57	1,54	1,54	1,54	1,54	1,57	1,57
ACCR	636-T16	1,63	1,63	1,62	1,62	1,62	1,62	1,63	1,63
ACCR	556-T16	1,60	1,60	1,58	1,57	1,57	1,58	1,60	1,60
ACCR	477-T16	1,56	1,56	1,53	1,52	1,52	1,53	1,56	1,56
ACCR	397-T16	1,53	1,52	1,47	1,47	1,47	1,47	1,52	1,52
ACCR	336-T16	1,49	1,49	1,42	1,42	1,42	1,43	1,48	1,48

Nas Figuras 5.50 a 5.55, são mostradas as distâncias dos cabos ao solo, obtidas a partir do algoritmo desenvolvido, de seções de tensionamento com condutores distintos separados por conjuntos de suspensão ancorados cujo elemento vertical é constituído por uma haste de 0,5 m.

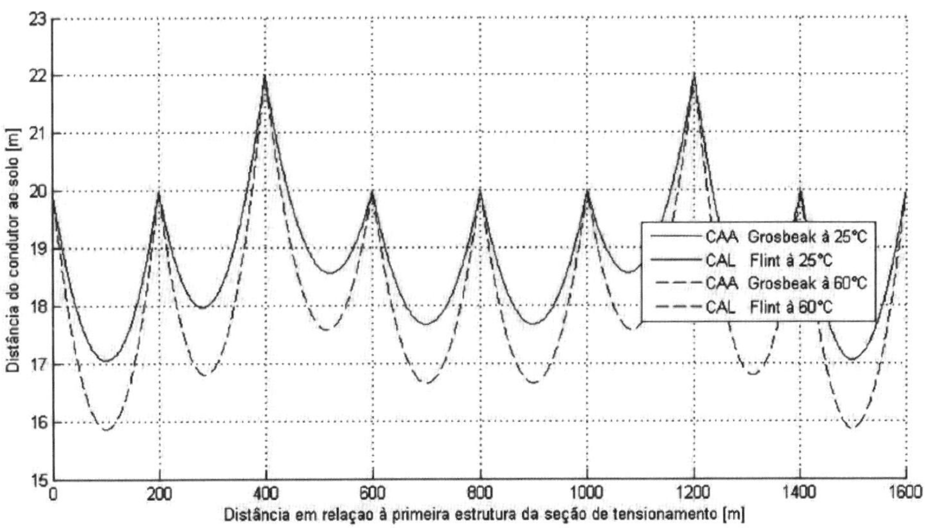

Figura 5.50 – Variação das distâncias do condutor ao solo devido à mudança de estado em uma seção de tensionamento constituída por cabos CAA Grosbeak e CAA Flint.

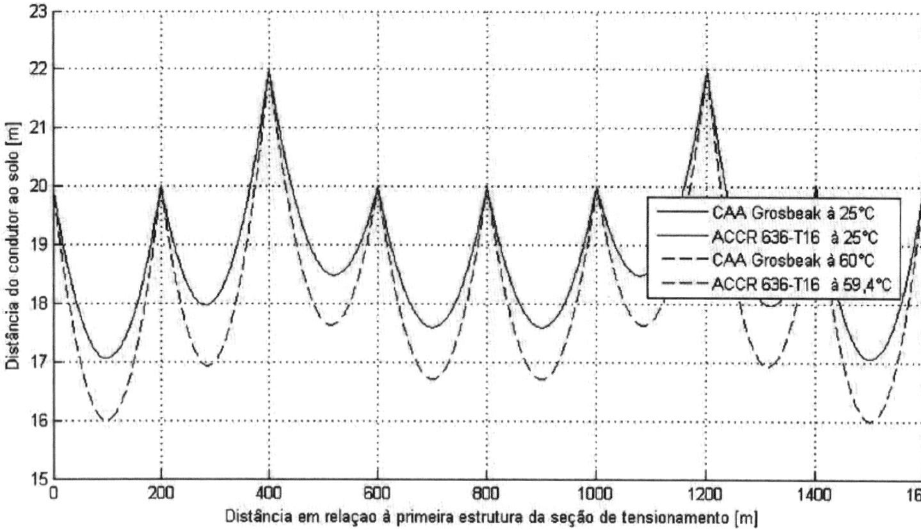

Figura 5.51 – Variação das distâncias do condutor ao solo devido à mudança de estado em uma seção de tensionamento constituída por cabos CAA Grosbeak e ACCR 636-T16.

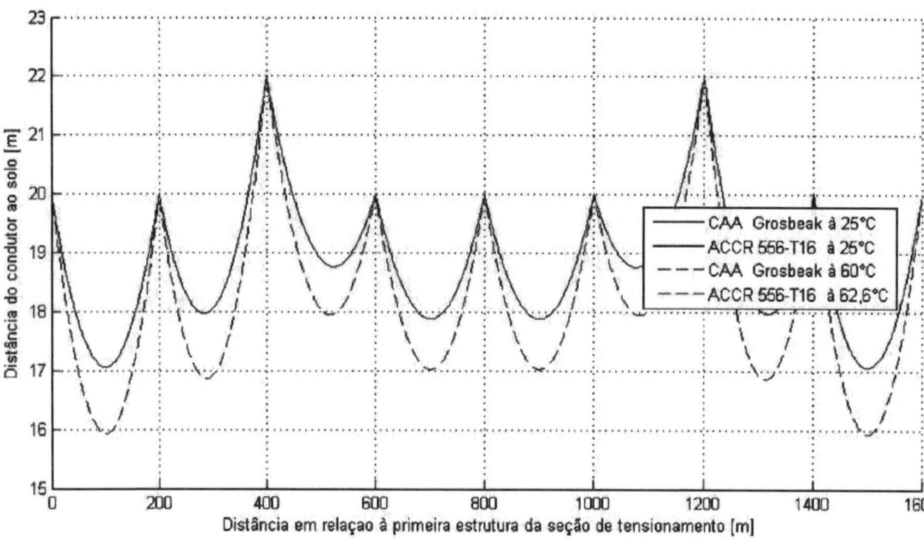

Figura 5.52 – Variação das distâncias do condutor ao solo devido à mudança de estado em uma seção de tensionamento constituída por cabos CAA Grosbeak e ACCR 556-T16.

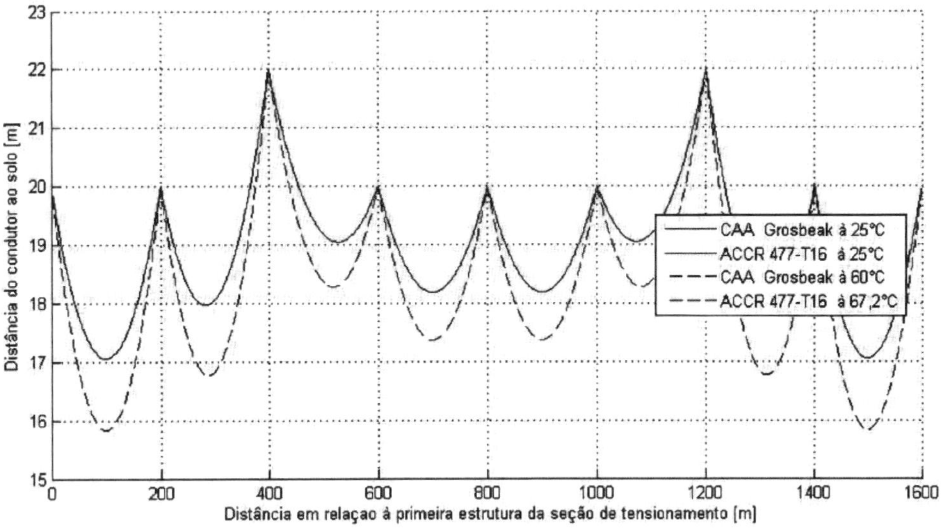

Figura 5.53 – Variação das distâncias do condutor ao solo devido à mudança de estado em uma seção de tensionamento constituída por cabos CAA Grosbeak e ACCR 477-T16.

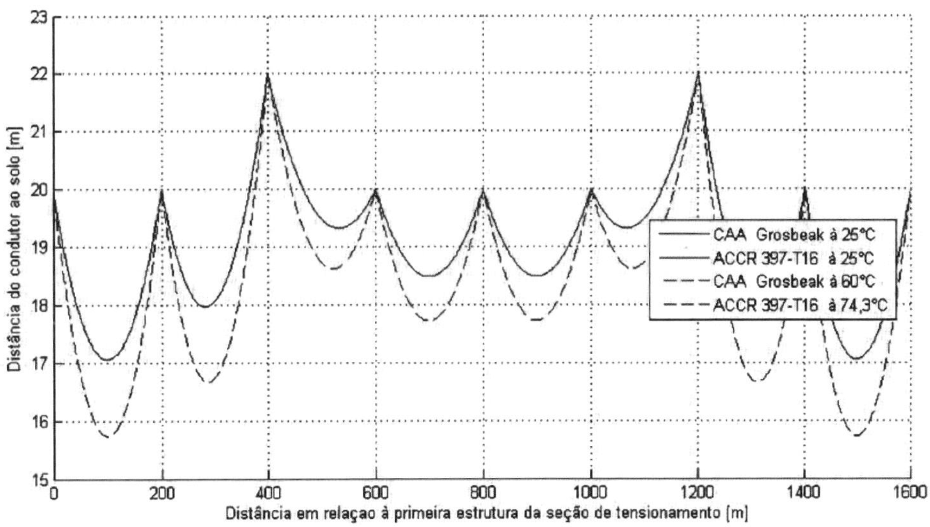

Figura 5.54 – Variação das distâncias do condutor ao solo devido à mudança de estado em uma seção de tensionamento constituída por cabos CAA Grosbeak e ACCR 397-T16.

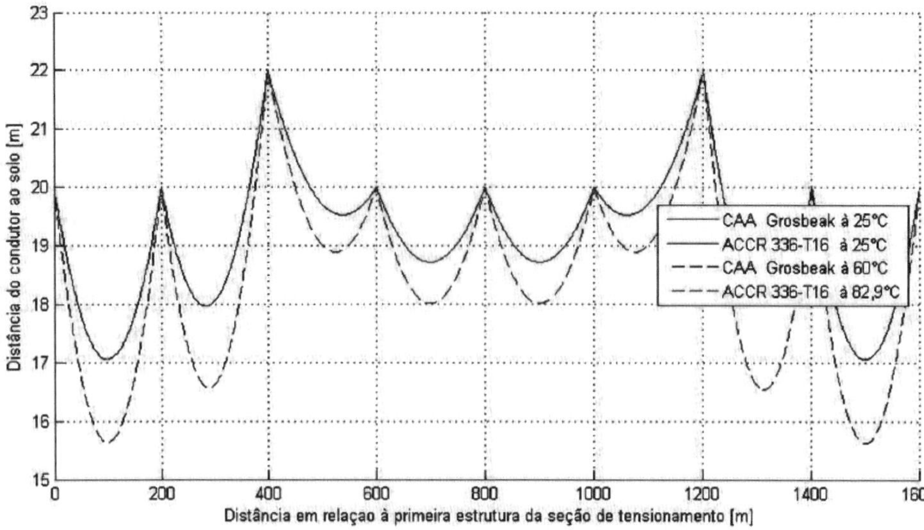

Figura 5.55 – Variação das distâncias do condutor ao solo devido à mudança de estado em uma seção de tensionamento constituída por cabos CAA Grosbeak e ACCR 336-T16.

- **Caso 4**: suspensão ancorada sem elemento vertical

Na Tabela 5.21, é apresentada a variação em todos os vãos da seção de tensionamento, das distâncias do condutor ao solo em relação aos valores da LT de referência quando os cabos são percorridos por uma corrente de 615,9 A. O conjunto de suspensão ancorada sem elemento vertical funciona praticamente como uma amarração. Os esforços mecânicos não são mais distribuídos entre os vãos adjacentes às estruturas com as cadeias de falsa amarração. É como se houvesse três seções de tensionamento.

Como não há deslocamento da terceira e sétima cadeias de isoladores no sentido dos vãos com cabos CAA Grosbeak, o ganho na distância de segurança no quarto e no quinto vãos é inferior aos valores obtidos para os casos anteriores, conforme pode ser observado na Tabela 5.21. Com a utilização da suspensão ancorada sem elemento vertical, todos os condutores analisados podem ser empregados, levando em consideração apenas os aspectos relacionados às distâncias do condutor ao solo.

A tração horizontal em cada vão é igual ao valor que seria obtido caso a seção de tensionamento fosse constituída apenas por um tipo de cabo. Na Tabela 5.22, são registrados os valores da tração horizontal para o caso em estudo. As terceira e sétima estruturas da seção de tensionamento serão solicitadas por esforços longitudinais no sentido dos vãos com cabos CAA Grosbeak devido à desigualdade de tração horizontal em seus vãos adjacentes.

Tabela 5.21 – Variação das distâncias do condutor ao solo

Condutor dos vãos centrais		Ganho na distância do condutor ao solo por vão [m]							
		1	2	3	4	5	6	7	8
	CAL Flint	0,00	1,15	1,54	0,40	0,40	1,54	1,15	0,00
ACCR	636-T16	0,00	1,15	1,73	0,60	0,60	1,73	1,15	0,00
ACCR	556-T16	0,00	1,15	1,96	0,83	0,83	1,96	1,15	0,00
ACCR	477-T16	0,00	1,15	2,19	1,08	1,08	2,19	1,15	0,00
ACCR	397-T16	0,00	1,15	2,42	1,32	1,32	2,42	1,15	0,00
ACCR	336-T16	0,00	1,15	2,60	1,51	1,51	2,60	1,15	0,00

Tabela 5.22 – Tração horizontal nos condutores

Condutor dos vãos centrais		Tração horizontal em cada vão [10^3 kgf]							
		1	2	3	4	5	6	7	8
	CAL Flint	1,65	1,65	1,45	1,45	1,45	1,45	1,65	1,65
ACCR	636-T16	1,65	1,65	1,60	1,59	1,59	1,59	1,65	1,65
ACCR	556-T16	1,65	1,65	1,50	1,50	1,50	1,50	1,65	1,65
ACCR	477-T16	1,65	1,65	1,40	1,40	1,40	1,40	1,65	1,65
ACCR	397-T16	1,65	1,65	1,27	1,27	1,27	1,27	1,65	1,65
ACCR	336-T16	1,65	1,65	1,16	1,16	1,16	1,16	1,65	1,65

Os valores dos esforços que devem ser absorvidos por essas estruturas são mostrados na Tabela 5.23. Quanto menor a bitola do cabo, maior será o esforço submetido à estrutura e, mesmo com a adoção de reforços, seu desempenho pode ser comprometido. Os esforços longitudinais nas primeira e nona estruturas serão iguais aos sofridos por elas quando aplicado apenas o cabo CAA Grosbeak ao tramo.

Tabela 5.23 – Esforço longitudinal nas estruturas do tramo

Condutor dos vãos centrais		Tração horizontal em cada estrutura [kgf]								
		1	2	3	4	5	6	7	8	9
	CAL Flint	1648	0	196	0	0	0	196	0	1648
ACCR	636-T16	1648	0	55	0	0	0	55	0	1648
ACCR	556-T16	1648	0	145	0	0	0	145	0	1648
ACCR	477-T16	1648	0	252	0	0	0	252	0	1648
ACCR	397-T16	1648	0	375	0	0	0	375	0	1648
ACCR	336-T16	1648	0	487	0	0	0	487	0	1648

Os cabos de uma LT, quando submetidos a ventos brandos (em torno de 2 m/s) e trações superiores a 20% de sua carga de ruptura, podem ser gradualmente deteriorados por fadiga mecânica do material. A evolução do desgaste provoca o rompimento dos fios do cabo (BEZERRA; JUNIOR; LUNA, 1999). Se a ruptura acontecer dentro do grampo de suspensão, dificilmente será vista durante as inspeções tradicionais. Para agravar a situação, o mesmo vento que provoca a vibração eólica resfria o condutor de forma que o efeito térmico do ponto de fadiga é mascarado.

Um aumento no carregamento da linha pode provocar a ruptura de todos os fios e consequente queda do cabo. Como os cabos estudados foram tensionados com 20% da carga de ruptura do cabo CAA Grosbeak, é necessário avaliar se essa situação é superada, principalmente na aplicação dos cabos de bitola inferior que têm carga de ruptura até 55% menor do que a utilizada nos cálculos, optando ou não pela utilização de amortecedores de vibração.

Nas Figuras 5.56 a 5.61, são mostradas as distâncias dos cabos ao solo, obtidas a partir do algoritmo desenvolvido, de seções de tensionamento com condutores distintos separados por conjuntos de suspensão ancorada sem elemento vertical.

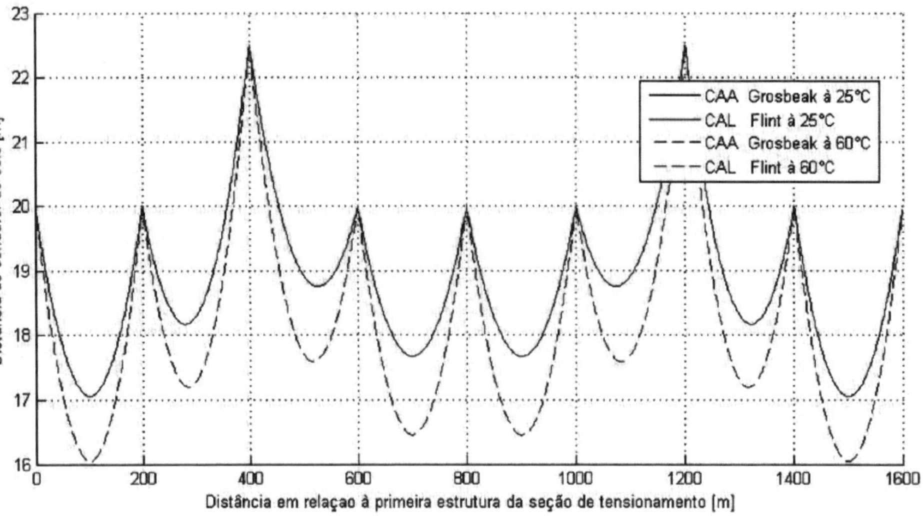

Figura 5.56 – Variação das distâncias do condutor ao solo devido à mudança de estado em uma seção de tensionamento constituída por cabos CAA Grosbeak e CAA Flint.

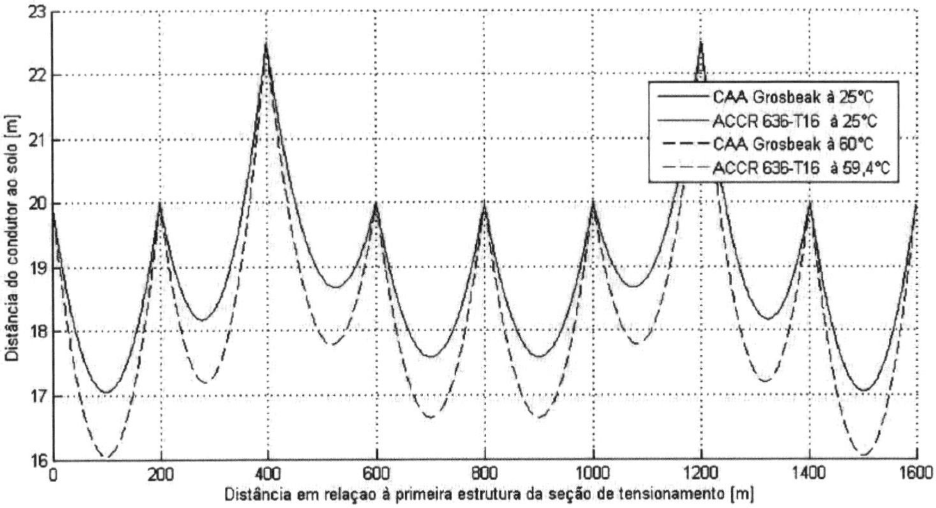

Figura 5.57 – Variação das distâncias do condutor ao solo devido à mudança de estado em uma seção de tensionamento constituída por cabos CAA Grosbeak e ACCR 636-T16.

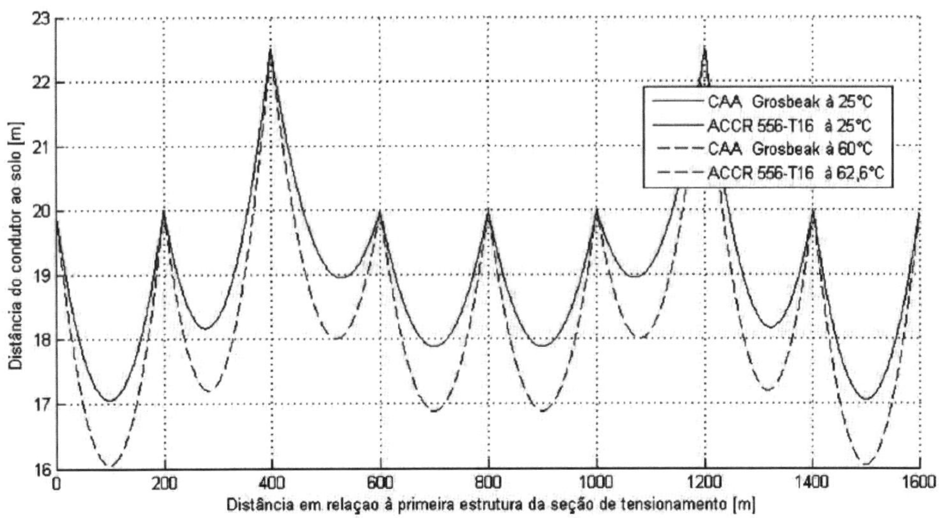

Figura 5.58 – Variação das distâncias do condutor ao solo devido à mudança de estado em uma seção de tensionamento constituída por cabos CAA Grosbeak e ACCR 556-T16.

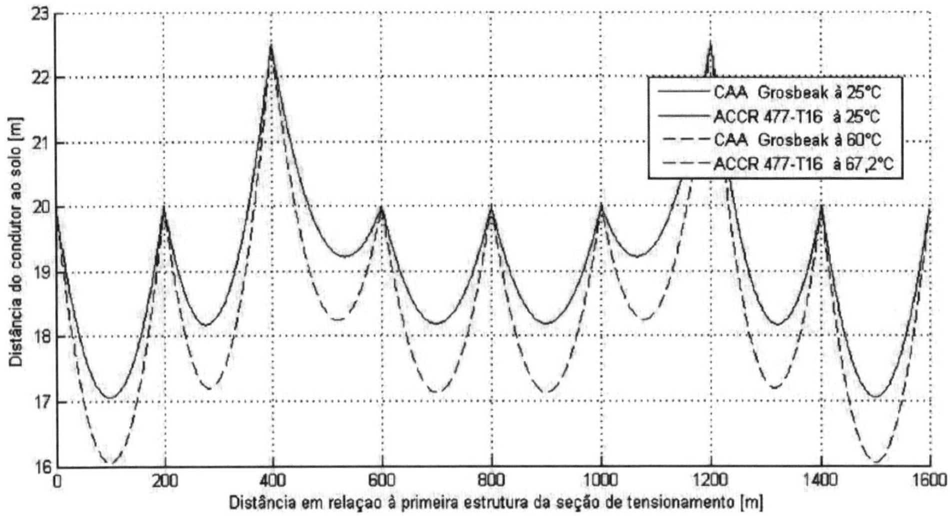

Figura 5.59 – Variação das distâncias do condutor ao solo devido à mudança de estado em uma seção de tensionamento constituída por cabos CAA Grosbeak e ACCR 477-T16.

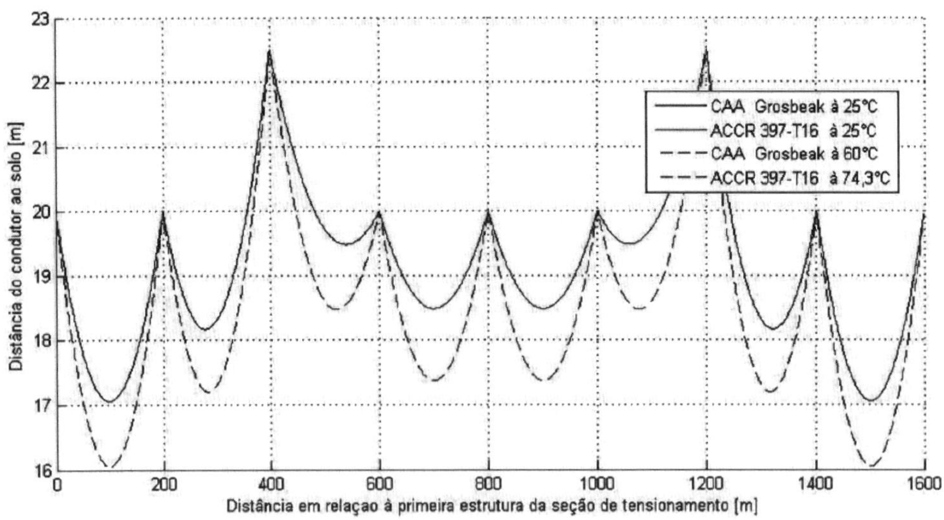

Figura 5.60 – Variação das distâncias do condutor ao solo devido à mudança de estado em uma seção de tensionamento constituída por cabos CAA Grosbeak e ACCR 397-T16.

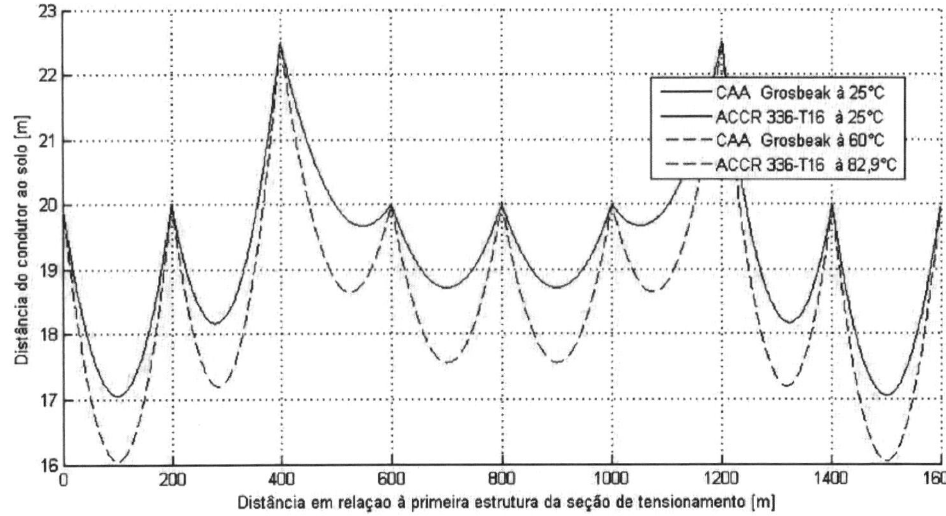

Figura 5.61 – Variação das distâncias do condutor ao solo devido à mudança de estado em uma seção de tensionamento constituída por cabos CAA Grosbeak e ACCR 336-T16.

5.4.3 CONSIDERAÇÕES FINAIS SOBRE OS ESTUDOS DE CASO (SUB2)

A utilização de cadeias de isoladores de suspensão formada em falsa amarração é uma prática bastante difundida nas concessionárias de energia elétrica. Apesar de geralmente apresentem uma melhor relação custo-benefício quando comparadas a outras técnicas disponíveis no setor para correção das distâncias do condutor ao solo ou obstáculo, existe a possibilidade de superação dos esforços mecânicos no tramo alterado no caso de queda de uma torre.

Com o emprego desta técnica em associação com a aplicação de condutores especiais em vãos específicos, reduzem-se as trações horizontais nos cabos. No caso de uso de um conjunto de suspensão ancorado com ou sem redução parcial do comprimento do seu elemento vertical e com o conjunto de falsa amarração sem elemento vertical, os ganhos nas distâncias são maiores.

O condutor especial pode ser empregado em trechos limitados por conjuntos de falsa amarração, fornecendo um ganho nas distâncias com limitações técnicas inferiores às que seriam obtidas com a conversão de todas as estruturas de suspensão do trecho para suspensão ancorada. Desse modo, o custo do condutor especial é compensado pelo menor custo na conversão da transformação das estruturas e pelo maior ganho nas distâncias do cabo ao solo. Embora os estudos de caso tenham sido realizados para uma seção de tensionamento com vãos iguais e nivelados, a metodologia proposta neste trabalho se aplica a vãos nivelados e desnivelados desiguais sob qualquer temperatura. Essa validação foi apresentada no tópico anterior. Ressalte-se ainda que o ganho de ampacidade pode ser obtido com a correção pontual das distâncias de segurança citadas.

Na Tabela 5.24, são mostradas as soluções que podem ser aplicadas em cada caso estudado, quando enfocadas apenas as distâncias do condutor ao solo por vão. Contudo, conforme registros feitos na Tabela 5.25, a tração horizontal nos condutores conduz à necessidade de utilização de reforços quando o esforço longitudinal resultante na estrutura que foi convertida em falsa ancoragem possa vir a prejudicar o desempenho da linha.

Tabela 5.24 – Variação nas distâncias do condutor ao solo

Caso		Condutor dos vãos centrais 1	Ganho na distância do condutor ao solo por vão [m]							
			2	3	4	5	6	7	8	
Conv.		CAA Grosbeak	0,00	1,15	1,15	-0,00	-0,00	1,15	1,15	0,00
1	ACCR	636-T16	-0,05	-0,05	0,66	0,66	0,66	0,66	-0,05	-0,05
2	ACCR	636-T16	-0,05	0,54	1,25	0,66	0,66	1,25	0,54	-0,05
	ACCR	556-T16	-0,13	0,46	1,58	0,98	0,98	1,58	0,46	-0,13
3	ACCR	636-T16	-0,04	0,88	1,58	0,65	0,65	1,58	0,88	-0,04
	ACCR	556-T16	-0,12	0,81	1,89	0,97	0,97	1,89	0,81	-0,12
4		CAL Flint	0,00	1,15	1,54	0,40	0,40	1,54	1,15	0,00
	ACCR	636-T16	0,00	1,15	1,73	0,60	0,60	1,73	1,15	0,00
	ACCR	556-T16	0,00	1,15	1,96	0,83	0,83	1,96	1,15	0,00
	ACCR	477-T16	0,00	1,15	2,19	1,08	1,08	2,19	1,15	0,00
	ACCR	397-T16	0,00	1,15	2,42	1,32	1,32	2,42	1,15	0,00
	ACCR	336-T16	0,00	1,15	2,60	1,51	1,51	2,60	1,15	0,00

Tabela 5.25 – Tração horizontal nos condutores (continua)

Solução	Condutor dos vãos centrais	Tração horizontal em cada vão [10^3 kgf]							
		1	2	3	4	5	6	7	8
Caso 1	ACCR 636-T16	1,626	1,625	1,623	1,622	1,622	1,623	1,625	1,626
Caso 2	ACCR 636-T16	1,627	1,626	1,622	1,621	1,621	1,622	1,626	1,627
	ACCR 556-T16	1,594	1,592	1,583	1,581	1,581	1,583	1,592	1,594
Caso 3	ACCR 636-T16	1,629	1,628	1,619	1,619	1,619	1,619	1,628	1,629
	ACCR 556-T16	1,598	1,596	1,576	1,574	1,574	1,576	1,596	1,598

Tabela 5.25 – Tração horizontal nos condutores (continuação)

Solução	Condutor dos vãos centrais	Tração horizontal em cada vão [10^3 kgf]							
		1	2	3	4	5	6	7	8
Caso 4	CAL Flint	1,648	1,648	1,452	1,452	1,452	1,452	1,648	1,648
	ACCR 636-T16	1,648	1,648	1,593	1,593	1,593	1,593	1,648	1,648
	ACCR 556-T16	1,648	1,648	1,503	1,503	1,503	1,503	1,648	1,648
	ACCR 477-T16	1,648	1,648	1,396	1,396	1,396	1,396	1,648	1,648
	ACCR 397-T16	1,648	1,648	1,272	1,272	1,272	1,272	1,648	1,648
	ACCR 336-T16	1,648	1,648	1,160	1,160	1,160	1,160	1,648	1,648

Na Tabela 5.26, são comparados os custos e ganhos nas alturas do condutor com a aplicação da conversão das cadeias de suspensão em falsa amarração, com elemento vertical de mesmo comprimento da cadeia de suspensão, isoladamente ou em associação com o cabo ACCR 636-T16. Observa-se que estão sendo considerados apenas os custos dos condutores e da transformação de uma estrutura em suspensão em semiancoragem, obtidos com profissionais do setor elétrico. Com o emprego do conjunto de falsa ancoragem, ocorre um ganho nas distâncias apenas nos vãos adjacentes às estruturas que sofreram a modificação. O ganho passa a ser 50% superior, sem violentar a linha, com a aplicação do cabo ACCR.

Tabela 5.26 – Variação nas distâncias do condutor ao solo e custo de cada solução

Solução	Ganho na distância do condutor ao solo por vão [m]								Custo (R$)
	1	2	3	4	5	6	7	8	
Convencional (apenas aplicação da falsa amarração)	0,00	1,15	1,1509	0,00	0,00	1,15	1,15	0,00	24.000,00
Caso 1 com ACCR 636-T16 nos vãos centrais	-0,05	-0,05	0,66	0,66	0,66	0,66	-0,05	-0,05	92.789,40

Como foi comentado inicialmente, a LT de referência poderia vir a operar a 65 °C, permitindo, desta forma, um aumento na capacidade de transmissão de aproximadamente 13%. Para uma tensão de 230 kV, seria obtido um ganho de capacidade de 31 MW. Com a tarifa para kWh igual a R$ 0,23081 e para kW igual a R$ 69,10104, valores aplicados pela Celpe para o poder público, o aumento mensal na venda de energia seria de R$ 7.293.811,00, ou seja, o investimento seria totalmente remunerado no primeiro mês de operação da linha repotencializada (mais precisamente no primeiro dia).

5.5 COMENTÁRIOS FINAIS SOBRE A TÉCNICA DE TRAMO MISTO

Para aplicar a técnica supracitada, foi necessário desenvolver uma modelagem para cálculo das tensões mecânicas e flechas em uma seção de tensionamento com condutores diferentes em vãos nivelados ou desnivelados a qualquer temperatura. Foram incluídas também situações em que a temperatura do condutor varia ao longo do tramo. Os métodos tradicionais trabalham apenas com uma temperatura para todos os vãos, o que não seria consistente para condutores diferentes já que, para uma mesma corrente, existiriam temperaturas desiguais. Há métodos que consideram essa diferença, porém o condutor no tramo é o mesmo.

Para determinar as temperaturas, foram utilizados os modelos de equação de equilíbrio térmico. *A priori*, foram comparados quatro modelos (House e Tuttle, Morgan, Cigré e IEEE) e sua sensibilidade aos parâmetros meteorológicos. A validade de algumas equações, a forma de determinar a resistência elétrica e a velocidade de vento apontam que o modelo do IEEE se apresenta mais consistente para avaliações do comportamento térmico de condutores especiais, embora a resolução 191 da Aneel recomende a utilização do modelo do Cigré para estudos de ampacidade.

A escolha dos condutores foi realizada a partir do estudo das suas características, suas limitações e seus tipos frequentemente utilizados pelas concessionárias, como também dos que oferecem maior capacidade de transporte de energia elétrica.

5.5.1 VANTAGENS DA MODELAGEM PROPOSTA

O conceito do vão regulador é amplamente utilizado para calcular as flechas e tensões mecânicas em LT, porém para seções com vãos de comprimento bastante diferentes do vão regulador e a altas temperaturas, podem ser produzidos erros significativos nos cálculos. Novos métodos têm sido propostos. Há métodos que consideram o deslocamento da cadeia de isoladores da sua posição inicial com a variação da temperatura, mas se aplicam apenas a vãos nivelados. E há aqueles que se aplicam a qualquer vão e temperatura, porém não preveem a utilização de condutores diferentes. A modelagem apresentada pode ser empregada para calcular as tensões mecânicas e flechas de vãos nivelados e/ou vãos desnivelados, iguais ou desiguais, a qualquer temperatura, e ainda abrange a aplicação de condutores diferentes no mesmo tramo, condição básica para utilização da técnica apresentada.

O uso dos condutores especiais em associação com cadeias de isoladores de falsa amarração se mostrou bastante promissor.

As trações nos cabos, quando utilizada falsa amarração com redução parcial do comprimento do seu elemento vertical, são inferiores aos valores obtidos com a utilização de apenas um condutor no vão, reduzindo, desta forma, as limitações técnicas.

O conjunto de suspensão ancorada também pode ser utilizado sem elemento vertical, proporcionando maiores ganhos nas distâncias do condutor ao solo.

O custo do condutor especial é compensado pelo menor custo na conversão da transformação das estruturas e pelo maior ganho nas distâncias do cabo ao solo, além do ganho na repotencialização sem interferir no comportamento dinâmico da estrutura, dependendo da solução adotada.

Com a aplicação da metodologia evidencia-se a redução de custos na repotencialização das linhas, visto que são evitados o descarte do condutor antigo e a instalação de estruturas adicionais em grande escala.

Esse tema foi objeto de publicação em periódicos internacionais, no afã de divulgar os excelentes resultados obtidos, fruto da metodologia de recapacitação desenvolvida (SILVA; BEZERRA, 2011; BEZERRA, 2016).

5.5.2 DESAFIOS PARA APRIMORAMENTO DA METODOLOGIA

São registrados, a seguir, alguns aprimoramentos que podem ser buscados para o fortalecimento da metodologia proposta:

- implementação de um tramo experimental para aplicação da técnica proposta com a instalação de sistema de sensores para monitoração da distância do condutor ao solo;
- validação complementar dos modelos por meio de monitorações no trecho experimental;
- interação com a indústria no sentido de adaptar as conexões de cabos de diferentes características;
- análise do efeito magnético devido à condução de corrente elétrica em cabos CAA com uma camada de alumínio, visto que algumas referências sugerem que sejam utilizados valores de resistência elétrica 20% superior aos fornecidos em catálogos, enquanto outras recomendam a utilização dos valores sem correção, afirmando que o efeito magnético já foi considerado nas medições;
- aplicar técnicas de apoio à decisão nos estudos ou simulações, buscando a otimização do processo de escolha das alternativas que levem ao melhor desempenho da linha, enfocando os aspectos de custo e benefício.

REFERÊNCIAS

3M. *3M™ aluminum conductor composite reinforced (ACCR) technical summary.* Disponível em: http://multimedia.mmm.com/mws/mediawebserver.dyn?666666 0Zjcf6lVs6EVs66SN_JCOrrrrQ-. Acesso em: 6 maio 2009.

ABNT – ASSOCIAÇÃO BRASILEIRA DE NORMAS TÉCNICAS. Cabos de alumínio com alma de aço para linhas aéreas, NBR 7270. 1988.

ABNT – ASSOCIAÇÃO BRASILEIRA DE NORMAS TÉCNICAS. Cabos de alumínio nus com alma de aço zincado para linhas aéreas – Especificação, NBR 7270. [*S. l.*], 2009.

ADAMS, H. W. Stell supported aluminum conductors (SSAC) for overhead transmission lines. *IEEE Transactions on Power Apparatus and Systems*, v. PAS-93, n. 5, p. 1700-1705, Sept. 1974.

ANEEL - AGÊNCIA NACIONAL DE ENERGIA ELÉTRICA. Cálculo da capacidade operativa de longa duração das linhas aéreas de transmissão. Nota Técnica nº 028/2004. 2004.

ANEEL - AGÊNCIA NACIONAL DE ENERGIA ELÉTRICA. Procedimentos para a determinação da capacidade operativa das instalações de transmissão integrantes da rede básica e das demais instalações de transmissão pertencentes ao sistema interligado nacional, das funções transmissão e dos pagamentos base correspondentes. Nota Técnica nº 038/2005. [*S. l.*], 2005a.

ANEEL - AGÊNCIA NACIONAL DE ENERGIA ELÉTRICA. Resolução Normativa nº 191 de 12 de Dezembro de 2005. [*S. l.*], 2005b.

BATÁVIA ENGENHARIA E CONSULTORIA. *Apreciação quanto à Nota Técnica nº028/2004*. [*S. l.*], 2005.

BEZERRA, J. M. B.; AMARAL, W. L. S.; JUNIOR, O. R. *Limites de carregamento de linhas de transmissão*: definição e expansão. Curso de Extensão Universitária. Recife: UFPE, 1998.

BEZERRA, J. M. B.; JUNIOR, O. R.; LUNA, R. Monitoração de parâmetros eletromecânicos de linhas de transmissão com vistas à avaliação do estado operacional e recapacitação. *In*: SEMINÁRIO NACIONAL DE PRODUÇÃO E TRANSMISSÃO DE ENERGIA ELÉTRICA, 15., out. 1999, Foz do Iguaçu.

BEZERRA, J. M. B. *et al.* Field validation of a new model for uprating transmission lines. *Electric Power Systems Research*, v. 134, p. 30-37, 2016.

BORGES, R. C. M. *Cálculo do nascer e pôr do sol*. Porto Alegre: Instituto de informática da UFRGS. Disponível em: http://www.inf.ufrgs.br/~cabral/Nascer_Por_Sol.html. Acesso em: 8 ago. 2009.

BRAGA. G. E. A Experiência da Cemig na instalação de cabos condutores aéreos para altas temperatura de operação - aspectos construtivos, de segurança e confiabilidade das linhas. *In*: SEMINÁRIO NACIONAL DE PRODUÇÃO E TRANSMISSÃO DE ENERGIA ELÉTRICA, 25., 2019, Belo Horizonte. *Anais*... Belo Horizonte, 2019.

CAMARGO, C. C. B. *Transmissão de energia elétrica*. Florianópolis: Ed. da UFSC, 1984.

CHEN, S. L.; BLACK, W. Z.; LOARD, H. W. Closure on "high temperature ampacity model for overhead conductors". *IEEE Transactions on Power Delivery*, v. 18, n. 2, p. 647, abr. 2003.

CIGRÉ. The thermal behaviour of overhead conductors. Section 1 and 2: mathematical model for evaluation of conductor temperature in the steady state and the application thereof. *Electra*, n. 144, p. 107-125, Oct. 1992.

CIGRÉ. *Results of the questionnaire concerning high temperature conductor fittings*. [*S. l.*], 2005.

CTC – COMPOSITE TECHNOLOGY CORPORATION. ACCC® Conductor Installations. Disponível em: https://www.ctcglobal.com/project-map/. Acesso em: 30 out. 2020.

CTC – COMPOSITE TECHNOLOGY CORPORATION. *ACCC Summary Technical Report*. Disponível em: http://www.compositetechcorp.com/TestSummary/ACCC%20Summary%20Technical%20Report.pdf. Acesso em: 4 maio 2009a.

CTC – COMPOSITE TECHNOLOGY CORPORATION. ACCC Frequently Asked Questions. Disponível em: http://www.compositetechcorp.com/TestSummary/FrequentlyAskedQuestions.pdf. Acesso em: 4 maio 2009b.

CTEEP – COMPANHIA DE TRANSMISSÃO DE ENERGIA ELÉTRICA PAULISTA. Companhia de Transmissão de Energia Elétrica Paulista utiliza o ACCR para recapacitação de linha de transmissão na travessia do Rio Paraná. *Fator Brasil*, 24 Mar. 2004. Disponível em: http://www.revistafatorbrasil.com.br/ver_noticia.php?not=71731. Acesso em: 29 abr. 2009.

DAWSON, D. Composites connect with the world of cabling. *Composites World*, 2 Jan. 2006. Disponível em: http://www.compositesworld.com/articles/composites-connect-with-the-world-of-cabling.aspx. Acesso em: 5 maio 2009.

DOMINGUITE, M. C. C.; OLIVEIRA, L. C. S.; DEVE, H. Teste de campo em condições críticas para condutor para linha e transmissão suportado por compósito sem alma de aço. *In*: SEMINÁRIO NACIONAL DE PRODUÇÃO E TRANSMISSÃO DE ENERGIA ELÉTRICA, 19., out. 2007, Rio de Janeiro.

EDUARDO, J. V.; NOGUEIRA, A. E. A.; JUNIOR, O. R. Determinação das capacidades operativas das linhas de transmissão de acordo com a Resolução Normativa 191 da ANEEL – a Visão da CHESF. *In*: SEMINÁRIO NACIONAL DE PRODUÇÃO E TRANSMISSÃO DE ENERGIA ELÉTRICA, 19., out. 2007, Rio de Janeiro.

FARMAIN, G. Alumínio liga 1120 – CAL 1120 para linhas de transmissão e de distribuição. *O Setor Elétrico*, n. 133, p. 82-83, 2017.

FILHO, J. I. S.; LISBOA, E. F. A.; JUNIOR, L. F. E. Influência da variação das flechas dos condutores de vãos contínuos na avaliação da ampacidade estatística e no monitoramento de LT's. *In*: SEMINÁRIO NACIONAL DE PRODUÇÃO E TRANSMISSÃO DE ENERGIA ELÉTRICA, 17., out. 2003,, Uberlândia.

HOFFMANN J. N. *et al.* Condutores de Alumínio liga 1120 e Alternativas de Feixes para 500 kV. *In*: SEMINÁRIO NACIONAL DE PRODUÇÃO E TRANSMISSÃO DE ENERGIA ELÉTRICA, 2015. *Anais*... Foz do Iguaçu, 2015.

HOLMAN, J. P. *Heat transfer*. 8. ed. New York: McGraw-Hill, 1997.

HOUSE, H. E.; TUTTLE, P. D. Current-carrying capacity of ACSR. *Power Apparatus and Systems, Part III. Transactions of the American Institute of Electrical Engineers*, v. 77, n. 3, p. 1169-1173, Apr. 1958.

IEEE - INSTITUTE OF ELECTRICAL AND ELECTRONIC ENGINEERS. Standard for calculating the current-temperature of bare overhead conductors. *IEEE Std 738-2006 (Revision of IEEE Std 738-1993)*, 2007.

INMET - INSTITUTO NACIONAL DE METEOROLOGIA. Disponível em: https://portal.inmet.gov.br/uploads/notastecnicas/BALAN%C3%87O-RECIFE-inverno_2021_FINAL.pdAcesso em: 10 junho. 2022.

JOHNSON, D. J.; ANDERSON T. L.; DEVE H. E. A new generation of high performance conductors. *Power Engineering Society Summer Meeting, 2001 IEEE*, Vancouver, v. 1, p. 175-179, July 2001.

JUNIOR, A. E. B. *et al.* Utilização de cabos de alumínio liga 6201 em linhas de transmissão 230 kV - casos práticos. *In*: SEMINÁRIO NACIONAL DE PRODUÇÃO E TRANSMISSÂO DE ENERGIA ELÉTRICA, 18., out. 2005, Curitiba.

JUNIOR, O. R. *et al.* A utilização de condutores de liga de Al termorresistente na repotencialização de LT de transmissão e sub-transmissão. *In*: SEMINÁRIO NACIONAL DE PRODUÇÃO E TRANSMISSÂO DE ENERGIA ELÉTRICA, 15., out. 1999, Foz do Iguaçu.

KESHAVARZIAN, M.; PRIEBE, C. H. Sag and tension calculations for overhead transmission lines at high temperatures - modified ruling span method. *IEEE Transactions on Power Delivery*, v. 15, n. 2, p. 777-783, Apr. 2000.

KIESSLING, F. *et al. Overhead power lines*: planning, design, construction. New York: Springer. 2003.

LABEGALINI, P. R. *et al. Projetos mecânicos das linhas aéreas de transmissão*. 2. ed. São Paulo: Editora Edgar Blucher, 2005.

MCADAMS, W. H. *Heat transmission*. 3. ed. New York: McGraw-Hill, 1954.

MORGAN, V. T. The thermal rating of overhead-line conductors. Part II: a sensitivity analysis of the parameters in the steady-state thermal model. *Electric Power Systems Research*, n. 6, p. 287-300, 1983.

MORGAN, V. T. The thermal rating of overhead-line conductors. Part I: the steady-state thermal model. *Electric Power Systems Research*, n. 5, p. 119-139, 1982.

MOTLIS, Y. *et al.* Limitations of the ruling span method for overhead line conductors at high operating temperatures. *IEEE Transactions on Power Delivery*, v. 14, n. 2, p. 549-560, abr. 1999.

MOTLIS, Y. *et al.* Limitations of the ruling span method for overhead line conductors at high operating temperatures. *IEEE Transactions on Power Delivery*, v. 14, n. 2, p. 549-560, abr. 1999.

NASCIMENTO, C. A. *et al.* Aumento da capacidade de transmissão de linhas aéreas utilizando cabo CAA de liga de alumínio termorresistente. *In*: SEMINÁRIO NACIONAL DE PRODUÇÃO E TRANSMISSÂO DE ENERGIA ELÉTRICA, 15., out. 1999, Foz do Iguaçu.

NEXANS. *Alumínio*: condutores nus. [*S. l.*: *s. n.*], 2008.

PREFEITURA DO RECIFE. *A cidade do Recife*. Disponível em: http://www.recife.pe.gov.br/pr /secplanejamento/inforec/. Acesso em: 8 ago. 2009.

ROTHSTEIN, O. J.; NICODEM, E. J. V.; DUARTE, A. L. Aplicação das capacidades operativas de linhas de transmissão segundo Resolução Normativa ANEEL nº 191/2005 – experiência da Eletrosul. *In*: SIMPÓSIO DE ESPECIALISTAS EM PLANEJAMENTO DA OPERAÇÃO E EXPANSÃO ELÉTRICA, 11., mar. 2009, Belém.

SAKABE, S. *et al.* Development of extremely-low-sag Invar reinforced ACSR (XTACIR). *IEEE transactions on Power Apparatus and Systems*, v. PAS-100, n. 4, p. 1505-1511, Apr. 1981.

SCHIMIDT, N. P. Comparison between IEEE and CIGRE Ampacity Standards. *IEEE Transactions on Power Delivery*, v. 14, n. 4, p. 1555-1559, Oct. 1999.

SILVA A. A. P. Modelagem para repotencialização de linhas de transmissão através da aplicação de condutores especiais. Dissertação (Mestrado) – Programa de Pós-Graduação em Engenharia Elétrica da Universidade Federal de Pernambuco, 2009.

SILVA A. A. P.; BEZERRA J. M. B. A model for uprating transmission lines by using HTLS conductors. *IEEE Transactions on Power Delivery*, v. 26, p. 2180-2188, 2011.

SILVA, A. A. P.; BEZERRA, J. M. B. Applicability and limitations of ampacity models for HTLS conductors. *Electric Power Systems Research*, v. 93, p. 61-66, 2012.

SILVA, M. A. V. *Meteorologia e climatologia*. Recife, 2006.

SUMITOMO ELECTRIC USA. *High temperature up-rating conductors*. [*S. l.*], 2002. Disponível em: http://www.sumitomoelectricusa.com/scripts/products/prp/urcond.cfm. Acesso em: 6 maio 2009.

TRASH, F. R. T. Transmission conductors – a review of the design and selection criteria. Southwire Company. Disponível em: http://www.southwire.com/processGetArticle.do?commonId=6b884ff260ef1010VgnVCM1000002702a8c0. Acesso em: 9 abr. 2008.

VARELA, J. *Apreciação quanto à Nota Técnica nº 028/2004*. [*S. l.*], 2005.

YAMASOE, M. A. *Apostila da Disciplina Meteorologia II*. São Paulo: Instituto de Astronomia, Geofísica e Ciências Atmosféricas da Universidade de São Paulo, 2006.

YURI. *Climatologia*: radiação solar. Disponível em: http://fisica.uems.br/arquivos/fismeioamb/cap2-Radiacao.pdf. Acesso em: 11 ago. 2009.

ZAMORA, I. *et al.* High-temperature conductors: a solution in the uprating of overhead transmission lines. *Power Tech Proceedings, 2001 IEEE Porto*, v. 4, set. 2001.

CAPÍTULO 6
CONSIDERAÇÕES FINAIS

José Maurício de Barros Bezerra

Ao longo dos capítulos que compõem este livro, diversas tecnologias de recapacitação de linhas de transmissão foram analisadas. Modelos e respectivas validações foram construídos. Buscou-se estudar casos específicos os mais aproximados possíveis de situações reais. Foram registradas adaptações e melhorias que podem ser incorporadas às metodologias propostas.

Contudo, o assunto não foi exaurido. Outras tantas tecnologias existem e outras tantas podem ser meticulosamente desenvolvidas. As existentes requerem estruturações técnico-científicas e novas metodologias carecem de investimento em pesquisas.

Entre as existentes que podem sofrer aprimoramentos/estruturações e detalhamentos, destacam-se (PESSOA, 2017; SILVA, 2009) as técnicas descritas adiante.

Reisolamento: é a maneira de recapacitar a LT aumentando o seu nível de tensão; esta solução é adotada quando o nível de regulagem da tensão é um fator limitante ou quando não existe solução de traçado para novas LT (GEWEHR, 1991); é uma técnica bastante econômica, podendo chegar a apenas 20% do valor de uma nova LT (MOREIRA *et al.*, 1999).

Expansão de feixe de subcondutores: surgiu na Rússia, berço da linha de potência natural elevada (LPNE); consolidou-se atrelada à necessidade de transferência de grandes blocos de energia a grandes distâncias, quando se deparava com a queda acentuada de tensão e da instabilidade do sistema elétrico (JUNIOR; MAIA; NETO, 1993); a introdução desta tecnologia no Brasil teve início em 1992 e vem se desenvolvendo em larga escala desde então (PIRES, 2009).

Monitoramento em tempo real: é voltada para a aferição do comportamento eletromecânico do cabo condutor; pode aumentar a capacidade de transporte da linha entre 10% e 30%; essa capacidade adicional pode ser alcançada com um custo geralmente pequeno comparando com outras técnicas de recapacitação (SEPPA, 2002); o monitoramento também é bastante difundido quando há urgência de sobrecarregar uma linha por um curto intervalo de tempo (JUNIOR; DOMINGUES, 2015); as monitorações podem ser feitas de forma direta (medição da temperatura do condutor) ou de forma indireta (medição das condições atmosféricas, alturas dos condutores em pontos críticos, aferição da tração dos condutores ou vibrações eólicas nos cabos).

Ampacidade estatística: o enfoque estatístico determina a ampacidade a partir de séries horárias da temperatura superficial do condutor, obtidas pela aplicação de um modelo da equação de equilíbrio térmico a séries históricas de dados meteorológicos para correntes específicas, ou de medições diretas da temperatura do condutor ou, ainda, indiretamente pela medição de flecha ou tração mecânica do cabo (ABNT/CE-3.11.01, 2006); essas séries horárias correspondem às condições climáticas mais críticas da região atravessada pela linha e permitem uma avaliação mais precisa, possibilitando um aumento dos níveis de carregamento e dimensionamento mais econômico das LT sem que haja decréscimo da confiabilidade operacional (FILHO, 2003).

A metodologia estatística, adotada na revisão da NBR 5422 em curso, calcula a ampacidade para a condição operacional nominal e em sobrecorrente em função de dois riscos predefinidos: o risco térmico em relação a uma dada temperatura e risco de falha do espaçamento mínimo; o risco térmico corresponde à probabilidade de que uma determinada temperatura do condutor venha a ser excedida, conforme representado na Figura 6.1 (ABNT/CE-3.11.01, 2006), e o risco de falha do espaçamento é a probabilidade de falha da LT por ocorrência de rompimento do isolamento do espaçamento do condutor ao solo, aos obstáculos atravessados pela linha ou que dela se aproximem.

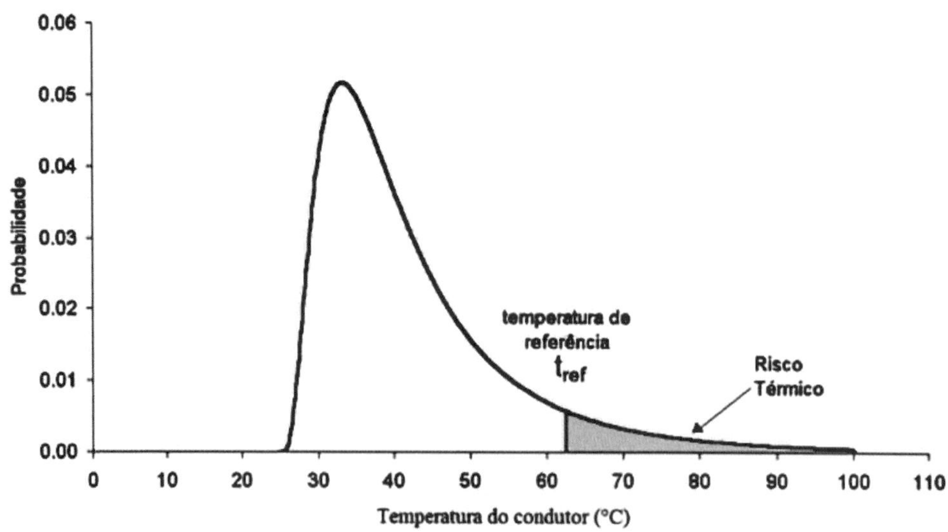

Figura 6.1 – Representação do risco térmico da série horária de temperaturas superficiais do condutor, percorrido por uma determinada corrente, sob condições meteorológicas especificas. Fonte: ABNT/CE-3.11.01, 2006.

Método NIP/Tuck: consiste em duas maneiras de retirada de cabo nos vãos com violação de altura cabo-obstáculo. Quando um vão está com excesso de flecha, simplesmente remove-se um pedaço do cabo daquele vão; esta técnica se chama "NIP". Há, portanto, um aumento de tração mecânica daquele vão, diminuindo a flecha do condutor.

No caso de haver vãos adjacentes com folga de distâncias de segurança e o vão consecutivo com cabo baixo, simplesmente desliza-se o grampo do cabo condutor para aumentar a quantidade de cabo no vão que está com folga e diminui-se a quantidade de cabo no vão problemático. É como remover cabo do vão com cabo baixo e entregá-lo para o vão que tem folga nas distâncias de segurança. Este procedimento não corta cabo, apenas há o reposicionamento do grampo de suspensão por meio do regrampeamento deslocado da cadeia; esta técnica denomina-se "TUCK".

Para aplicação do método NIP/TUCK, pode-se prever o balanço da cadeia de isoladores dentro de um limite aceitável. Normalmente se executa primeiro o corte (NIP); isso faz a cadeia de isoladores balançar entre esses dois vãos (vante e ré da estrutura analisada). Para diminuição do balanço da cadeia, pode haver o regrampeamento (TUCK) uma única vez, no máximo 0,5 m do ponto anteriormente grampeado (BELANGER *et al.*, 2013; LU; PFRIMMER; KIELOCH, 2006).

Retrofitting: implica a substituição das linhas existentes por outras de maior capacidade, aproveitando as mesmas faixas de servidão; neste caso, devem ser considerados criteriosamente os custos de desmontagem e a montagem das novas LT (WIEDMER, 2007).

A diversidade de alternativas tecnológicas para recapacitação de linhas de transmissão enseja a necessidade de introdução de técnicas estruturadas de apoio à decisão quanto à escolha mais adequada para cada aplicação, incorporando ponderadamente os custos e benefícios de cada uma delas.

Registra-se, por fim, a riqueza do tema, principalmente quando se enfoca o clamor social para o fortalecimento de ações voltadas para a sustentabilidade do nosso planeta. Algumas contribuições foram dadas nesta obra. Fica o desafio para que novas gerações modernizem e expandam a tecnologia, no afã de enaltecer o jargão ecológico que embasa as metodologias ora descritas.

REFERÊNCIAS

ABNT/CE-3.11.01. Comissão de revisão da NBR 5422. Projeto de Revisão da ABNT NBR 5422. [*S. l.*], ago. 2006.

BELANGER, M. E. *et al.* Nip/Tuck method – a solution to providing additional conductor-to-ground clearances for transmission lines. *In*: ANNUAL TRANSMISSION AND SUBSTATION DESIGN AND OPERATION SYMPOSIUM (TSDOS), 46., 2013.

FILHO, J. I. S.; LISBOA, E. F. A.; JUNIOR L. F. E. Influência da variação das flechas dos condutores de vãos contínuos na avaliação da ampacidade estatística e no monitoramento de LT's. *In*: SNPTEE – SEMINÁRIO NACIONAL DE PRODUÇÃO E TRANSMISSÃO DE ENERGIA ELÉTRICA, 17., out. 2003, Uberlândia.

GEWEHR, O. P. Técnicas de recapacitação de linhas de transmissão. *In*: SNPTEE – SEMINÁRIO NACIONAL DE PRODUÇÃO E TRANSMISSÃO DE ENERGIA ELÉTRICA, 11., 1991, Rio de Janeiro.

JUNIOR, R. O.; MAIA, M. J. A.; NETO, A. P. Linhas não convencionais de potência natural elevada (LPNE): estudos paramétricos para utilização em 69 kV e 138 kV. *In*: SNPTEE – SEMINÁRIO NACIONAL DE PRODUÇÃO E TRANSMISSÃO DE ENERGIA ELÉTRICA, 12., 1993, Recife.

JUNIOR, O. R.; DOMINGUES, L. A. M. C. Aumento das capacidades de linhas de transmissão de conexão de parques eólicos através da correlação de variáveis ambientais, correntes e temperaturas nos condutores. *In*: SNPTEE – SEMINÁRIO NACIONAL DE PRODUÇÃO E TRANSMISSÃO DE ENERGIA ELÉTRICA, 13., 2015, Foz do Iguaçu.

LU, M.; PFRIMMER, G.; KIELOCH, Z. Upgrading an existing 138 kV transmission line in Manitoba. *2006 IEEE Power Engineering Society General Meeting*, p. 1-6, 2006.

MOREIRA, I. S. *et al.* Reisolamentos e reformas de linhas de transmissão – a experiência da Copel. *In*: SNPTEE – SEMINÁRIO NACIONAL DE PRODUÇÃO E TRANSMISSÃO DE ENERGIA ELÉTRICA, 15., 1999, Foz do Iguaçu.

PESSOA L. V. G. *Proposta de tecnologia para recapacitação de linhas de transmissão baseado na relocação de estruturas de concreto.* Dissertação (Mestrado) – Programa de Pós-Graduação em Engenharia Elétrica da Universidade Federal de Pernambuco, Recife, 2017.

PIRES, R. C. *Componentes de linhas de transmissão.* [*S. l.*: *s. n.*], 2009. Disponível em: http://slideplayer.com.br/slide/10872063/. Acesso em: 7 jun. 2022.

SEPPA, T. O. Increasing transmission capacity by real time monitoring. *Power Engineering Society Winter Meeting*, p. 1208-1211, 2002.

SILVA A. A P. *Modelagem para repotencialização de linhas de transmissão através da aplicação de condutores especiais.* Dissertação (Mestrado) – Programa de Pós-Graduação em Engenharia Elétrica da Universidade Federal de Pernambuco, Recife, 2009.

WIEDMER, R. S. *et al.* Recapacitação de linhas de transmissão 138 kV utilizando cabo de alumínio liga 6201. *In*: SNPTEE – SEMINÁRIO NACIONAL DE PRODUÇÃO E TRANSMISSÃO DE ENERGIA ELÉTRICA, 19., out. 2007, Rio de Janeiro.